图1 雪松（张百川摄）

图2 白杆（张百川摄）

图3 砂地柏（张百川摄）

图4 白皮松树干（张百川摄）

图5 矮紫杉（张百川摄）

图6 北美乔松（张百川摄）

图7 红松（张百川摄）

图8 水杉(张百川摄)

图12 杜松(张百川摄)

图9 白玉兰(张百川摄)

图13 悬铃木(张百川摄)

图10 暴马丁香树干(张百川摄)

图14 黄檗树干(张百川摄)

图11 构树果实(张百川摄)

图15 糠椴(张百川摄)

图16 梓树花序(张百川摄)

图20 黄栌秋叶(张百川摄)

图17 火炬树果序(张百川摄)

图21 鹅掌楸(张百川摄)

图18 灯台树(张百川摄)

图22 广玉兰(张百川摄)

图19 国槐果实(张百川摄)

图23 碧桃(张百川摄)

图24 枫香（张百川摄）

图28 含笑（张百川摄）

图25 日本晚樱（张百川摄）

图29 桂花（张百川摄）

图26 菜豆树（张百川摄）

图30 兰屿肉桂（张百川摄）

图27 印度胶榕（张百川摄）

图31 冬青（张百川摄）

图32 鸡麻（张百川摄）

图36 垂丝海棠（张百川摄）

图33 紫荆（张百川摄）

图37 鸡树条荚蒾（张百川摄）

图34 玫瑰（张百川摄）

图38 白玉棠（张百川摄）

图35 红枫（张百川摄）

图39 山麻杆（张百川摄）

图40 紫薇（张百川摄）

图44 三角梅（张百川摄）

图41 木绣球（张百川摄）

图45 金银木（张百川摄）

图42 红丁香（张百川摄）

图46 八角金盘（张百川摄）

图43 鹅掌柴（张百川摄）

图47 海桐（张百川摄）

图48　金叶女贞（张百川摄）

图52　红叶石楠（张百川摄）

图49　红花檵木（张百川摄）

图53　山茶（张百川摄）

图50　阔叶十大功劳（张百川摄）

图54　枸骨（张百川摄）

图51　花叶络石（张百川摄）

图55　美国凌霄（张百川摄）

图56　杠柳（张百川摄）

图60　美国爬山虎秋叶（张百川摄）

图57　金银花（张百川摄）

图61　木香（张百川摄）

图58　霸王棕（张百川摄）

图62　刚竹（张百川摄）

图59　早园竹（张百川摄）

图63　佛肚竹（张百川摄）

高职高专园林专业系列规划教材

园 林 树 木

主　编　张百川
副主编　彭四江　周益平
参　编　杨沐苑　郭继荣　倪国平
　　　　李艳萍　刘静波
主　审　张义勇

机械工业出版社

本书按照高职高专园林工程技术专业和相关专业的教学基础要求、采用"项目—任务"的形式编写,力求继承与创新、全面与系统、实用与适用,体现职业教育教材的特点。全书设3个项目,分别为园林树木分类与应用基础、裸子植物门园林树木分类和被子植物门园林树木分类。每个项目包括不同任务,全书共有9个任务,每个任务由"任务描述""任务分析""任务目标""任务实施""知识链接""学习评价""复习思考"7个环节组成。项目二、项目三园林树木分类从"识别特征""分布与习性""观赏与应用"3方面详细介绍了裸子植物树木34种、被子植物树木311种,此外还涉及变种、品种等相关种类100多种。

本书适用于高职高专院校、应用型本科院校、成人高校及二级职业技术院校、继续教育学院和民办高校的农业技术类(园艺技术、观光农业、植物保护等)、林业技术类(园林技术、林业技术、森林资源保护、森林生态旅游等)、土建类(园林工程技术、环境艺术设计等)专业学生及教师使用,也可作为相关从业人员的培训教材。

图书在版编目(CIP)数据

园林树木/张百川主编. —北京:机械工业出版社,2015.10
高职高专园林专业系列规划教材
ISBN 978-7-111-51760-3

Ⅰ.①园… Ⅱ.①张… Ⅲ.①园林树木—高等职业教育—教材
Ⅳ.①S68

中国版本图书馆 CIP 数据核字(2015)第 234262 号

机械工业出版社(北京市百万庄大街22号 邮政编码100037)
策划编辑:时 颂 责任编辑:时 颂
责任校对:刘志文 封面设计:张 静
责任印制:李 洋
三河市国英印务有限公司印刷
2015年11月第1版第1次印刷
184mm×260mm・14印张・4插页・343千字
标准书号:ISBN 978-7-111-51760-3
定价:38.00元

凡购本书,如有缺页、倒页、脱页,由本社发行部调换

电话服务   网络服务
服务咨询热线:010-88361066   机 工 官 网:www.cmpbook.com
读者购书热线:010-68326294   机 工 官 博:weibo.com/cmp1952
            010-88379203   金 书 网:www.golden-book.com
封面无防伪标均为盗版   教育服务网: www.cmpedu.com

高职高专园林专业系列规划教材
编审委员会名单

主 任 委 员： 李志强
副主任委员：（排名不分先后）

迟全元　夏振平　徐　琰　崔怀祖　郭宇珍
潘　利　董凤丽　郑永莉　管　虹　张百川
李艳萍　姚　岚　付　蓉　赵恒晶　李　卓
王　蕾　杨少彤　高　卿

委　　　员：（排名不分先后）

姚飞飞　武金翠　周道姗　胡青青　吴　昊
刘艳武　汤春梅　雒新艳　雍东鹤　胡　莹
孔俊杰　魏麟懿　司马金桃　张　锐　刘浩然
李加林　肇丹丹　成文竞　赵　敏　龙黎黎
李　凯　温明霞　丁旭坚　张俊丽　吕晓琴
毕红艳　彭四江　周益平　秦冬梅　邹原东
孟庆敏　周丽霞　左利娟　张荣荣　时　颂

出 版 说 明

近年来，随着我国的城市化进程和环境建设的高速发展，全国各地都出现了园林景观设计的热潮，园林学科发展速度不断加快，对园林类具备高等职业技能的人才需求也随之不断加大。为了贯彻落实国务院《关于大力推进职业教育改革与发展的决定》的精神，我们通过深入调查，组织了全国二十余所高职高专院校的一批优秀教师，编写出版了本套"高职高专园林专业系列规划教材"。

本套教材以"高等职业教育园林工程技术专业教学基本要求"为纲，编写中注重培养学生的实践能力，基础理论贯彻"实用为主、必需和够用为度"的原则，基本知识采用广而不深、点到为止的编写方法，基本技能贯穿教学的始终。在编写中，力求文字叙述简明扼要、通俗易懂。本套教材结合了专业建设、课程建设和教学改革成果，在广泛的调查和研讨的基础上进行规划和编写，在编写中紧密结合职业要求，力争能满足高职高专教学需要，并推动高职高专园林专业的教材建设。

本套教材包括园林专业的16门主干课程，编者来自全国多所在园林专业领域积极进行教育教学研究，并取得优秀成果的高等职业院校。在未来的2~3年内，我们将陆续推出工程造价、工程监理、市政工程等土建类各专业的教材及实训教材，最终出版一系列体系完整、内容优秀、特色鲜明的高职高专土建类专业教材。

本套教材适用于高职高专院校、应用型本科院校、成人高校及二级职业技术院校、继续教育学院和民办高校的园林及相关专业使用，也可作为相关从业人员的培训教材。

机械工业出版社
2015 年 5 月

丛 书 序

为了全面贯彻国务院《关于大力推进职业教育改革与发展的决定》，认真落实教育部《关于全面提高高等职业教育教学质量的若干意见》，培养园林行业紧缺的工程管理型、技术应用型人材，依照高职高专教育土建类专业教学指导委员会规划园林类专业分指导委员会编制的园林专业的教育标准、培养方案及主干课程教学大纲，我们组织了全国多所在该专业领域积极进行教育教学改革，并取得许多优秀成果的高等职业院校的老师共同编写了这套"高职高专园林专业系列规划教材"。

本套教材包括园林专业的《园林绘画》《园林设计初步》《园林制图（含习题集）》《园林测量》《中外园林史》《园林计算机辅助制图》《园林植物》《园林植物病虫害防治》《园林树木》《花卉识别与应用》《园林植物栽培与养护》《园林工程计价》《园林施工图设计》《园林规划设计》《园林建筑设计》《园林建筑材料与构造》等16个分册，较好地体现了土建类高等职业教育培养"施工型""能力型""成品型"人才的特征。本着遵循专业人才培养的总体目标和体现职业型、技术型的特色以及反映最新课程改革成果的原则，整套教材在体系的构建、内容的选择、知识的互融、彼此的衔接和应用的便捷上不但可为一线老师的教学和学生的学习提供有效的帮助，而且必定会有力推进高职高专园林专业教育教学改革的进程。

教学改革是一项在探索中不断前进的过程，教材建设也必将随之不断革故鼎新，希望使用该系列教材的院校以及老师和同学们及时将你们的意见、要求反馈给我们，以使该系列教材不断完善，成为反映高等职业教育园林专业改革最新成果的精品系列教材。

高职高专园林专业系列规划教材编审委员会
2015 年 5 月

前　言

党的十八大提出的建设"生态文明""美丽中国"和实现"中国梦"等口号，助推了我国园林绿化事业的迅猛发展。园林树木是园林绿化植物应用的主体，所开设的课程是园林相关专业的核心课程之一，针对高等职业教育人才培养目标和园林专业建设要求，机械工业出版社组织编写了本书。

《园林树木》教材的开发和编写，是基于工作过程，以就业为导向，以职业能力培养为本，以学习任务为教学单元，以"园林树木识别"和"园林树木应用"两个关键能力培养为目标的，将教学内容整合为3大项目、9个任务。教材结构设计上改变学科性教材体系特点，突出高职就业岗位的实用性与职业资格的相关性；在树种选择上兼顾南北方常见树种，尽可能适应各地区和行业的需要。

本书由河北旅游职业学院张百川主编，并负责全书统稿；广州大学市政技术学院彭四江、广州城建职业学院周益平担任副主编；天津国土资源和房屋职业学院杨沐苑、甘肃林业职业技术学院郭继荣、河北旅游职业学院刘静波、浙江湖州职业技术学院倪国平以及河北旅游职业学院李艳萍担任参编；全书由河北旅游职业学院园艺系主任张义勇教授负责主审。编写分工如下：张百川编写项目一任务一、项目三任务一落叶乔木中木兰科~蔷薇科、项目三任务二落叶灌木中蔷薇科与忍冬科；彭四江编写项目一任务三、任务四，项目三任务一常绿乔木，项目三任务二落叶灌木中豆科~马鞭草科；周益平编写项目三任务二常绿灌木和任务四；杨沐苑编写项目三任务三；郭继荣编写项目一任务二、项目三任务一落叶乔木含羞草科~紫葳科；倪国平编写项目二、项目三任务二落叶灌木中蜡梅科~茶藨子科；李艳萍负责树种插图处理；刘静波负责内容校正和附录。本书的彩图部分全由张百川拍摄提供。

本书的编写得到了河北旅游职业学院、广州大学市政技术学院、广州城建职业学院、甘肃林业职业技术学院、天津国土资源和房屋职业学院、浙江湖州职业技术学院等院校大力支持；在编写本书过程中，编者参考了一些学者的观点及研究成果，并参阅了有关教材、专著等图文资料。值此出版之际，对以上单位和个人表示衷心感谢。

由于编者水平有限，教材中难免有不妥之处，恳请有关专家、同行和广大读者批评指正。

编　者

目　录

出版说明
丛书序
前言

项目一　园林树木分类与应用基础……… 1
　任务一　园林树木特性与习性的
　　　　　认知………………………………… 2
　　【任务描述】………………………………… 2
　　【任务分析】………………………………… 2
　　【任务目标】………………………………… 2
　　【任务实施】………………………………… 2
　　【知识链接】野生树种的开发
　　　　　　　 利用 ………………………… 14
　　【学习评价】……………………………… 16
　　【复习思考】……………………………… 17
　任务二　园林树木分类的认知 ………… 17
　　【任务描述】……………………………… 17
　　【任务分析】……………………………… 17
　　【任务目标】……………………………… 17
　　【任务实施】……………………………… 17
　　【知识链接】我国被子植物的
　　　　　　　 多样性 ……………………… 23
　　【学习评价】……………………………… 24
　　【复习思考】……………………………… 24
　任务三　园林树木配植的认知
　　【任务描述】……………………………… 25
　　【任务分析】……………………………… 25
　　【任务目标】……………………………… 25
　　【任务实施】……………………………… 25
　　【知识链接】园林树木的功能
　　　　　　　 配植 ………………………… 30
　　【学习评价】……………………………… 31

　　【复习思考】……………………………… 32
　任务四　园林树种规划的认知 ………… 32
　　【任务描述】……………………………… 32
　　【任务分析】……………………………… 32
　　【任务目标】……………………………… 32
　　【任务实施】……………………………… 32
　　【知识链接】基调树种、骨干树种
　　　　　　　 与一般树种 ………………… 35
　　【学习评价】……………………………… 36
　　【复习思考】……………………………… 36

项目二　裸子植物门园林树木分类 …… 37
　任务　裸子植物园林树木分类 ………… 38
　　【任务描述】……………………………… 38
　　【任务分析】……………………………… 38
　　【任务目标】……………………………… 38
　　【任务实施】……………………………… 38
　　【知识链接】裸子植物概说 …………… 53
　　【学习评价】……………………………… 53
　　【复习思考】……………………………… 54

项目三　被子植物门园林树木分类 …… 55
　任务一　乔木类园林树木分类 ………… 56
　　【任务描述】……………………………… 56
　　【任务分析】……………………………… 56
　　【任务目标】……………………………… 56
　　【任务实施】……………………………… 56
　　【知识链接】被子植物概述与乔木
　　　　　　　 概说 ……………………… 123
　　【学习评价】……………………………… 125
　　【复习思考】……………………………… 126
　任务二　灌木类园林树木分类……… 126

【任务描述】……………… 126
【任务分析】……………… 126
【任务目标】……………… 127
【任务实施】……………… 127
【知识链接】灌木概说 …… 175
【学习评价】……………… 176
【复习思考】……………… 177

任务三 藤本类园林树木分类……… 177
【任务描述】……………… 177
【任务分析】……………… 177
【任务目标】……………… 177
【任务实施】……………… 178
【知识链接】藤本植物概说 …… 193
【学习评价】……………… 195
【复习思考】……………… 196

任务四 观赏棕榈和竹类园林树木
　　　 分类……………………… 196
【任务描述】……………… 196
【任务分析】……………… 196
【任务目标】……………… 196
【任务实施】……………… 196
【知识链接】竹类概说 …… 207
【学习评价】……………… 208
【复习思考】……………… 208

**附录：我国主要园林树种生长习性与
　　　园林用途速查表**……… 210

参考文献……………………… 214

项目一 园林树木分类与应用基础

　　园林绿化离不开树木，没有树木就没有园林。园林树种的多少、优劣对城乡绿化的质量水平影响很大，具有举足轻重的特殊地位，其特殊的观赏特性与强大的生态作用是其他园林植物无法取代的。据不完全统计，我国树木约有8000种以上，虽然现在我国很多城市绿化树种不过几百种，但实际上具有良好观赏特性的可资利用的园林树种在千种以上。在园林绿化的实际工作中，针对区域气候特点和不同绿地的生态环境与造景要求科学合理地选择和应用园林树木进行绿化设计和施工，以及更好地挖掘和利用园林树木资源进行树种规划，是每一个园林工作者应该具备的实践技能，这种技能简而言之，即园林树木的识别与应用能力。本项目为项目二裸子植物门园林树木分类和项目三被子植物门园林树木分类的具体树种认知奠定基础，共设计4个任务，即任务一园林树木特性与习性的认知、任务二园林树木分类的认知、任务三园林树木配植的认知及任务四园林树种规划的认知。

　　（1）了解园林树木的概念、作用、资源状况以及主要的生长特性和生态习性，能够在实践中合理分析园林树木的观赏特性和造景作用。

园林树木

(2) 了解园林树木的分类原理和分类系统，能够根据园林建设中要求的分类方法实地对园林树木进行科学分类。

(3) 理解并掌握园林树木配植原理和原则，能够根据园林树木特点合理地运用配植方式。

(4) 了解我国园林树木的分布特点，理解并掌握园林树种规划的原则。

任务一　园林树木特性与习性的认知

【任务描述】

本任务主要是对园林树木基本特点的认知，内容包括园林树木的概念、作用；园林树木的观赏特性；园林树木的造景作用；园林树木的生物学特性；园林树木的生态学特性。

【任务分析】

本任务的学习应以植物形态分类知识为基础，结合园林绿地现场教学和丰富的实际案例，引导学生认真观察、分析，突出感性认识，采用树种调查任务驱动的模式，完成理论指导下的实践认知。

【任务目标】

理解园林树木的概念、作用；了解我国园林树木资源特点；了解并掌握园林树木的主要生长特性和生态习性；能够在绿化实践中合理分析园林树木的观赏特性和造景作用。

【任务实施】

结合校内树木园或其他绿化树木进行现场教学，运用多媒体进行案例分析讨论，引导学生学习基本理论；发挥学生学习小组作用，布置树种实地调查任务。

一、材料与用具

本地区生长正常的各类树种、照相机、手持放大镜、解剖镜、枝剪、记录夹等。

二、任务实施步骤

(1) 学习基础理论。

(2) 完成某绿地园林树木的生长特点与观赏特性调查报告（Word 格式或 PPT 格式），要求调查代表性树种 20 种以上。园林树木生长特点与观赏特性调查记录表见表 1-1-1。

项目一　园林树木分类与应用基础

表 1-1-1　园林树木生长特点与观赏特性调查记录表

序号	树种名称	树木生长特点								观赏部位及特点
		生长习性（乔、灌、藤）	树形	干皮特点	分枝方式	叶片类型	叶形特点	开花类型	花色	果实类型	
1											
2											
…											

后附调查图片。

（3）完成本地区有代表性的 10~15 种园林树木的物候期观察记录，其观察记录表见表 1-1-2。

表 1-1-2　园林树木物候期观察记录表

序号	树种名称	观察项目												备注
		芽膨胀期	芽开放期	放叶期	展叶期	叶变色期	叶始落期	叶全落期	始花期	终花期	果实发育期	果始熟期	果成熟期	
1														
2														
…														

后附调查图片。

三、基础理论

（一）园林树木的概念、作用

1. 园林树木相关概念

（1）园林。从传统园林的角度而言，园林是指在一定的地域范围内，利用并改造天然山水地貌，或进行人工开辟，配以花草树木及建筑设施，从而构成一个供游人游赏、休憩的环境；而从现代园林发展的角度来看，园林的界定更为广泛，它涵盖各类公园、城镇绿化景观及自然保护区域在内的，自然与人工为一体的，供社会公众游憩、娱乐的环境。也就是说，狭义的园林是指一般的公园、花园、庭园等；广义的园林除此之外，还包括风景区、旅游区、植物园、城市绿化（如园林城市等）、公路绿化以及机关、学校、厂矿的建设和家庭的装饰，甚至包括自然保护区、森林公园、疗养院、各类专类园等。

（2）树木，是木本植物的总称，包括乔木、灌木和木质藤本。

（3）园林树木，指在城乡各类园林绿地及风景名胜区等地栽植的各种木本植物。凡适合在城乡各类型园林绿地、风景名胜区、休疗养胜地、森林公园等建设中应用的，能够起到绿化美化、改善环境、保护环境作用的木本植物统称为园林树木。

园林树木与观赏树木既有区别又有联系。很多园林树木是花、果、叶、枝或树形美丽的观赏树木，但园林树木也包括虽不以美观见长，但在城市与工矿区绿化及风景区建设中能起到卫生防护和改善环境作用的树种。因此，园林树木所包括的范围要比观赏树木更广。事实上，任何一种园林树木种植应用后都有绿化美化的观赏效果，反过来任何一种观赏树木种植应用后也都具有改善环境的功能作用。所以，二者也可以理解为是同一类木本植物不同角度

的称谓。

2. 园林树木的作用

（1）园林树木的美化作用。园林树木大多具有一定的观赏价值，往往一年四季呈现出各种绮丽的色彩或香味，表现出各种体形和线条，通过精心选择和配植，在美化环境、美化市容市貌、衬托建筑以及园林风景构图等方面具有突出的作用。园林树木的美化作用，主要表现为园林树木的色彩美、形态美、芳香美和意境美等个体美以及树木自然成丛、成片、成林的群体美。

1）园林树木的色彩美。园林树木的色彩美主要体现在园林树木叶色、花色、果色和枝干颜色上。园林树木美化作用体现在各种颜色的花、叶、果实和枝干，以及在不同季节的表现上。园林树木色彩的作用是多方面的，它可以使人激动或镇定，使人温暖或凉爽，进而影响人的情绪和对环境的反应。例如，浅绿色、嫩绿色给人生气勃勃的欢快感；深绿色给人幽静安定的感觉；红叶、黄叶以及各种颜色的鲜花给人轻松、欢快和兴奋的感觉。在风景园林设计中，色彩还是联系过去、现在与将来的桥梁，使园林春、夏、秋、冬四季有景，时时变化，如落叶树种从嫩绿的新叶、鲜艳的花朵，到深绿的老叶、果实的成熟，反映着季节的更替，给人以惊奇、兴奋等丰富的心理感受。色彩还可使园林植物的体量和空间产生变大或缩小的视觉效果，突出景物的美感和层次变化。园林树木的色彩运用，要与环境气氛协调统一，如陵园与儿童游乐园绿化树种在色彩的运用上就截然不同，如果运用合理，都能凸显其美学特征。

2）园林树木的形态美。园林树木的冠形有圆柱形、尖塔形、伞形、球形等十几种；干形有直立干、并生干、丛生干、匍匐干等；叶形更为复杂，有的非常奇特，如鹅掌楸的叶形似中国传统马褂，银杏的叶形似扇；花形既表现在单朵花上，也表现在花序上，十分丰富；果形如佛手形、罗汉形等。应该说园林树木的冠形、干形、枝形、叶形、花形、果形，以及毛、刺、卷须等树体附属物都极其丰富，凸显了园林树木个体的形态美，充分表现了园林树木的观赏价值。

园林树木种类繁多，体形各异，各有独特的造型之美。在园林作品中，有时为了突出主题和树木某一方面的美学特征，采取孤植的方法，使观赏者能得到更为强烈的美学感受。

3）园林树木的芳香美。比如桂花、九里香、白兰花、玫瑰、各种丁香、沙枣、茉莉、刺槐等，香花树种表现的芳香美为园林增添了令人清爽的特色景观。园林树木的花、叶等器官释放的芳香气味，通过人的嗅觉传达更为独特的心理感受。有的园林树种的花虽不引人注目，但它散发出的芳香物质，使人心旷神怡。

4）园林树木的意境美。园林树木的意境美是指园林树木色彩美、形态美等具象美之外的抽象美、联想美，让人感觉园林是一种"凝固的诗，立体的画"。它与各国、各民族的历史文化、风俗习惯、教育水平等有关。我国的诗词、神话与风俗习惯中，往往会以某个树种作为一种象征，广为传颂，从而使树木"人格化"。如珙桐独特的花形犹如和平鸽，象征着和平；松柏四季常青，象征着长寿或坚贞不屈的革命精神；青青翠竹，以其虚怀若谷、淡泊宁静、洁身自好的品格，备受世人推崇，在园林设计中更是渲染诗情画意境界的佳品。

（2）园林树木的防护作用。园林树木一般形体高大、枝叶茂密、根系发达，具有不可替代的改善和保护环境的作用。

1）保护环境作用。主要表现在降低噪声、保持水土、杀灭细菌和监测环境等方面。茂密的树木能吸收和阻挡噪声,据测算,10m 宽的林带可以降低噪声 10~20(dB);树冠吸收和截留降雨、根系阻滞泥土流失、枯枝落叶吸收雨水等都可起到明显的水土保持作用;有些树种具有杀灭细菌的保健作用,如 1hm² 的圆柏每天能分泌 30kg 的杀菌素,杀灭肺结核、伤寒、白喉等病菌;有些树种对环境污染非常敏感,可以作为监测环境的信号。

2)改善环境作用。园林树木具有制造氧气、吸收二氧化碳、吸附烟尘和吸收有害气体等净化空气的作用;还有提高空气湿度、调节气温等调节小气候的作用。植物一般因光合作用吸收的二氧化碳要比呼吸作用排出的二氧化碳多 20 多倍,因此园林树木能减少空气中的二氧化碳而增加空气中的氧气,特别是在人口日趋稠密、汽车尾气及工业生产等二氧化碳排放日趋严重的现代城市,园林树木的广泛栽培十分有益。空气中的灰尘与工厂、建筑工程等释放的粉尘等都是污染环境的有害物质,有数据表明,树木的大面积凹凸不平的枝叶及一些附属结构能大量阻滞和吸附空气中的灰尘和粉尘;城市工业生产中产生的二氧化硫、氟化氢等有毒气体也可通过栽植一些抗性强和吸收能力强的树种有效减少,比如臭椿、榆树、桑树、皂荚等对二氧化硫吸收能力很强,大叶黄杨、女贞、梧桐等对氟化氢的吸收能力很强。树木生长过程中要蒸腾掉根系所吸收水分的 99.8%,因此,通过种植树木可提高空气湿度;同时,通过树木的遮挡还可发挥夏季降低气温和冬春防风的作用。

(3)园林树木的生产作用。园林树木的生产作用包括直接生产作用和结合生产作用。直接生产作用是指将苗木、大树、桩景、木材等直接出售,还包括在风景区、旅游区等产生的风景旅游收入等;结合生产作用是指树木发挥绿化作用的同时能提供适当的林副产品,如核桃、梨、杏、银杏、板栗、葡萄等果树类产生的果实,玫瑰等香料树种提供的香精原料,桑叶养蚕、漆树割漆等。当然,绿化工作中首先考虑的是园林树木的美化作用和防护作用,园林树木的生产作用是次要的,但有时为突出特色可以适当应用。

3. 我国园林树木资源概况

(1)我国园林树木资源特点:

1)种类繁多,形态多样。我国地域广阔,地形复杂,园林树木资源十分丰富,有"世界园林之母"的美称。原产中国的树木有 9000 种以上,其中乔木约 2500 多种,灌木、藤本 6000 种左右,有近 50% 的树种经过驯化可用于园林景观建设中,而原产欧洲的乔木仅有 250 多种,原产北美的乔木也只有 600 多种。另外,因为中国地域广、立地环境多样、栽培历史悠久,自然形成或在长期栽培中培育出了众多独具特色的品种和类型。

2)分布集中。中国,尤其是华西地区是世界著名的园林树木分布中心之一,很多著名的花木如山茶、杜鹃、丁香、海棠、绣线菊等都以中国为世界分布中心。有些科、属的树种又在国内一定的区域内集中分布,如西南山区是杜鹃花的分布中心,两广地区是木兰科树种的现代分布中心。

3)特点突出。中国特殊的地理条件和地质历史演变形成了特殊的植物生境,使得中国的特有树种相当丰富,有很多的特有科、属、种。如珙桐、梅花、桂花、牡丹、鹅掌楸等特有种,金钱松属、水杉属、水松属、棣棠属等特有属,银杏科、杜仲科、珙桐科等特有科。此外,中国很多园林树木资源具备特殊的抗逆性和抗病能力。

4)对世界园林贡献大。中国丰富的树木资源为其他国家提供了大量营造园林景观的素材,如英国丘园,引种了中国耐寒乔灌木及松杉类树种 1377 种,占该园引自全球树木的 33.5%;在彼得格勒和乌克兰,约 10% 的乔灌木引自中国,此外,法国、意大利、德国、日本等众多国家都引栽了大量的中国园林树种。

(2) 我国园林树木资源利用现状与发展趋势。目前，我国城市园林绿地中应用的树种有限，一般大城市为200～400种，而中小城市仅100种左右，尤其是优良品种应用很不够，这与我国丰富的树木资源是不相称的。我国园林树木资源虽然丰富，但大量可供观赏的种类仍处于野生状态而未得到开发利用；另一方面，园林绿化中应用的种类又相对贫乏，栽培品种的不足和退化，也大大影响了植物造景的效果。现在，各类彩色树种和垂枝等造型奇特的树种越来越受到重视，进一步丰富了园林的色彩、形体和线条。因此，有效地开发利用园林树木野生资源和培育有特色的新品种成为丰富我国城市园林树木资源的必然途径。

(二) 园林树木观赏特性

园林树木种类繁多，不同树种形态各异，具有不同的观赏特色，而且可随季节的变换及树龄的增长丰富和发展。园林树木的观赏特性主要表现在形态、色彩等各个方面，以个体美或群体美的形式构成园林美景的主体。

1. 树形的观赏性

树形由树冠及树干组成，树冠由主枝、侧枝、叶及一部分主干组成。不同的树种各具独特的树形，这主要由遗传性决定，但也受外界环境的影响，如在园林中人工整形修剪等养护因素能起决定作用。

一般所谓某种树有什么样的树形，大抵是指在正常的生长环境下，其成年树的外貌。通常各种园林树木的树形可分为下述各类型（图1-1-1）：

球形：如黄栌等。　　　　　　　　平顶形：如合欢等。
塔形：如雪松等。　　　　　　　　伞形：如龙爪槐、垂枝榆等。
圆柱形：如杜松、箭杆杨等。　　　卵圆形：如毛白杨、法桐等。
倒卵形：如白玉兰等。

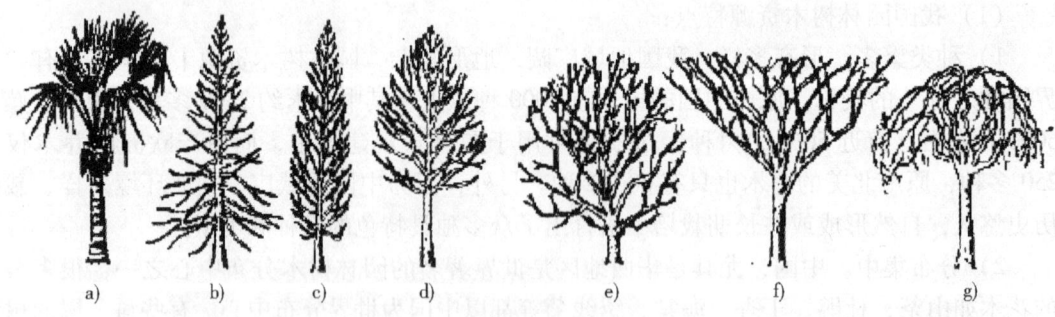

图1-1-1　树形
a) 棕榈形　b) 尖塔形　c) 圆柱形　d) 卵形　e) 圆球形　f) 平顶形　g) 伞形

在园林美化配植中，树形是构景的基本要素之一，它对园林境界的创造起着巨大的作用。为了加强小地形的高耸感，可在小土丘的上方种植长尖形的树种，在山基栽植矮小、扁圆形的树种，也可在其四周种植浑圆形的乔灌木；为了与远景联系并取得呼应、衬托的效果，可在广场后方的通道两旁各植树形高耸的乔木一株，这样就可在强调主景之后又引出新的层次。

各种树形的美化效果并非机械不变的，它常依配植的方式及周围景物的影响而有不同程度的变化。但是总的来说，凡具有尖塔状及圆锥状树形者，多有严肃端庄的效果；具有柱状狭窄树冠者，多有高耸静谧的效果；具有圆盾、钟形树冠者，多有雄伟浑厚的效果；而一些垂枝类型者，常营造出优雅、和平的气氛。

2. 叶的观赏性

园林树木的叶片形态、色彩十分丰富。从叶的观赏特性来讲，主要体现在以下几个方面：

（1）叶的大小、形状。树木的叶形变化万千，各具特色。按照树叶的大小和形态，将叶形划分为大型叶类、中型叶类和小型叶类三大类。大型叶类叶片巨大，但整株树上数量不多，如巴西棕其叶片长可达20m以上；小型叶类叶片狭窄，细小或细长，如麻黄、柽柳、侧柏等的鳞片叶宽仅几毫米；中型叶类叶片宽阔，大小介于小型叶与大型叶类之间，形态多种多样，有圆形、卵形、椭圆形、心脏形、三角形、扇形、马褂形、匙形等。一般而言，原产于热带湿润地区的植物，叶多较大，如芭蕉、椰子、棕榈等；而产于寒冷干燥地区的植物，叶多较小，如榆、槐等。

不同形状和大小的叶片，具有不同的观赏特性。例如棕榈、蒲葵、椰子、龟背竹等具有热带情调，但是大型的掌状叶给人朴素的感觉，大型的羽状叶却给人轻快、洒脱的感觉；生于温带的鸡爪槭的叶形会营造轻快的气氛，但产于温带的合欢与产于亚热带及热带的凤凰木，却因叶形的相似而均产生轻盈秀丽的效果。

（2）叶的质地。不同质地，产生不同质感，观赏效果也就大为不同。革质的叶片，具有较强的反光能力，由于叶片较厚、颜色较浓暗，故有光影闪烁的效果；纸质、膜质叶片，常呈半透明状，常给人以恬静之感；至于粗糙多毛的叶片，则多富于野趣。

由于叶片质地不同，再与叶形联系起来，可使整个树冠产生不同的质感，例如绒柏的整个树冠有柔软秀美的效果，而枸骨的树冠则具有坚硬多刺、剑拔弩张的效果。一般人在使用植物做观赏装饰时对叶形、叶色等均能重视，但是常常忽略质感方面的运用。

（3）叶的色彩。树木的叶色变化丰富，在叶的观赏特性中，叶色的观赏价值最高，它决定了树木色彩的类型和基调，被认为是园林色彩的主要创造者。根据叶色的特点可分为以下几类：

1）基本叶色类。绿色属叶子的基本颜色，仔细观察则有嫩绿、浅绿、鲜绿、浓绿、黄绿、赤绿、褐绿、蓝绿、墨绿、亮绿、暗绿等复杂差异。从大类上看，按树叶绿色由深至浅的顺序，大致为常绿针叶树、常绿阔叶树、落叶树。

2）春色叶类及新叶有色类。树木的叶色常因季节的不同而发生变化，对春季新发的嫩叶叶色显著不同的，统称为"春色叶树"，如臭椿、七叶树的春叶呈紫红色。有些常绿树的新叶不限于春季发生，一般称为"新叶有色类"。对于新叶有色的树种而言，新叶初展时，如花朵一样艳丽，能产生类似开花的观赏效果。

3）秋色叶类。凡在秋季叶子叶色比较均匀一致、持续时间长、观赏价值高的树种，均称为"秋色叶树"。秋季叶色的变化形成独特的秋色景观，在园林树种的色彩美学中具有重要地位。秋叶呈红色或紫红色者如鸡爪槭、五角枫、茶条槭、糖槭、枫香、地锦、五叶地锦、黄栌等；秋叶呈黄色或黄褐色者如银杏、白蜡、鹅掌楸、复叶槭、桑、金钱松等。

园林实践中，由于秋色叶期较长，故早为各国所重视。例如在我国北方每年深秋观赏黄栌红叶，而南方则以枫香、乌桕的红叶著称；在欧美的秋色叶中，红木、桦类等最为夺目；而在日本则以槭树最为普遍。

4）双色叶类。一些树种其叶背与叶表的颜色显著不同，这类树种称为"双色叶树"，如胡颓子、栓皮栎、红背桂等。

5）斑色叶类。一些树种叶上具有两种以上颜色，以一种颜色为底色，叶上有斑点或花纹，这类树种称为斑色叶树种，如变叶木、洒金桃叶珊瑚、金边大叶黄杨、花叶络石等。

3. 花的观赏性

此类树种以其花形、花色、花香、花大而多取胜。园林树木的花朵，有不同的形状和大小，在色彩上更是千变万化。单朵的花又可排聚成大小不同、式样各异的花序。

由于存在上述这些复杂的变化，就形成不同的观赏效果。例如艳红的石榴花如火如荼，营造出热情兴奋的气氛；白色的丁香花似乎赋有悠闲淡雅的气质；雪青色的繁密小花如六月雪、薄皮木等，则形成了一幅恬静自然的图画。

由于花器和其附属物的变化，形成了许多欣赏上的奇趣。例如金丝桃花朵上的金黄色小蕊，长长地伸出华冠之外；带有白色巨苞的珙桐花，宛若群鸽栖息枝梢。

花序的形式也很重要，虽然有些种类的花朵很小，但排列成庞大的花序后，反而比具有大花的种类还要美观。例如小花溲疏的花虽小，却比大花溲疏的效果还好。花的观赏效果，不仅由花朵或花序本身的形貌、色彩、香气决定，还与其在树上的分布、叶簇的陪衬关系以及着花枝条的生长习性密切相关。

此外，开花的季节、开放时期的长短以及开放期内花色的转变等，均有不同的观赏意义。

4. 果实的观赏性

大多园林树木的果实，在草木枯萎、花凋叶落、景色单调的秋冬季节成熟，此时，果实累累，满挂枝头，为园林景观增色添彩。许多果实既有很高的经济价值，又有突出的美化作用。园林中为了观赏目的而选择观果树种时，须注意形与色两方面。一般果实的形状以奇、巨、丰为佳；果实的颜色则丰富多彩，有的鲜艳夺目，有的平淡清秀，有的玲珑剔透，尚有果实具花纹的。此外，由于果实光泽、透明度等的不同，又有许多细微的变化。在选用观果树种时，最好选择果实不易脱落且浆汁较少的，以便长期观赏和减少污染。

5. 枝干的观赏性

一些树木枝条、干皮的颜色和类型也具有一定的观赏特性，一般具有独特的风姿或奇特的色彩。

（1）枝。树木的枝条，除因其生长习性直接影响树形外，它的颜色也具有一定的观赏意义。尤其是当深秋叶落后，枝干的颜色更为醒目。对于枝条具有美丽色彩的树木，称为观枝树种。习见供赏红色枝条的有红瑞木、杏、山杏等；可赏古铜色枝的有山桃等；而于冬季欲赏青翠碧绿色彩时则可植梧桐、棣棠、青榨槭等。

（2）干皮。一些乔木干皮的形态、色泽也很有观赏价值。以树皮的外形而言，可分为以下几个类型：

1）干皮形态。

光滑树皮，表面平滑无裂，例如许多树木青年期的树皮大多呈平滑状，典型者如胡桃幼树、柠檬桉等。

横纹树皮，表面呈浅而细的横纹状，如山桃、桃、樱花等。

片裂树皮，表面呈不规则的片状剥落，如白皮松、悬铃木、木瓜、榔榆等。

丝裂树皮，表面呈纵而薄的丝状脱落，如青年期的柏类。

纵裂树皮，表面呈不规则的纵条状或近于人字状的浅裂，多数树种均属于此类。

纵沟树皮，表面纵纹较深，呈纵条或近于人字状的深沟，例如老年期的胡桃、板栗等。

长方裂纹树皮，表面呈长方形之裂纹，例如柿、君迁子等。

粗糙树皮，表面既不平滑，又无较深沟纹，而是呈不规则脱落之粗糙状，如云杉、硕桦等。

2）干皮色彩。干皮有显著颜色的树种举例如下：

呈暗紫色的，如紫竹。

呈红褐色的，如马尾松、杉木、山桃等。

呈黄色的，如金竹、黄桦等。

呈灰褐色的，一般树种常为此色。

呈绿色者，如竹、梧桐等。

呈斑驳色彩的，如黄金间碧玉竹、碧玉间黄金竹、木瓜等。

呈白或灰色者，如白皮松、白桦、胡桃、毛白杨、朴树、山茶、悬铃木、柠檬桉等。

树干的皮色对美化配植起着很大的作用。例如在街道上用白色树干的树种，可产生极好的美化及扩大路宽范围的视觉效果。在进行丛植配景时，也要注意树干颜色之间的关系。

6. 刺、毛、根的观赏性

很多树木的刺、毛等附属物，也有一定的观赏价值，如皂荚树干的分枝刺、江南槐小枝的刚毛、刺楸干上的皮刺等。有些树木裸露的根也具有很高的观赏价值，如榆、松、银杏、榕树等，特别是热带、亚热带一些树种的板根、气生根等。

（三）园林树木的造景作用

植物是造园最主要的材料要素之一，也是最为特殊的要素，因为它是有生命的，相对稳定又始终处于不断变化之中。随着自身的生长和环境气候的变化，植物不断在大小、色彩和形态等各方面改变其形体外貌，比任何其他造园材料都具有生动的、变化的特性，呈现生机盎然的景象，给人赏心悦目的审美感受。

1. 园林树木造景

植物有大、中、小乔木，高、低灌木，地被植物，以及草本花卉等，将它们合理地相互组合种植，能构造出层次丰富、画面深邃的空间环境。乔木在园林中起到骨架作用，称为主景，在造景中可形成郁郁葱葱的林海、优美的树丛、千姿百态的独赏树等景色。乔木还可借助盘扎、修剪等整形措施创造出各种造型，如动物造型、建筑模型和树桩盆景等。灌木在造景上作为乔木的陪衬，可以增加树木在高低层次上的变化，尤其是耐荫的灌木，与乔木配合起来可成为主体绿化的重要组成部分。灌木还可以突出花、果、叶等方面的观赏效果，在造景中常利用灌木的组合配植，做成各种绿篱、模纹图案、彩带等，也可以组织和分隔较小的空间，阻挡较低的视线。

园林树木的造景作用突出表现在构成景观、分隔空间、改观地形、丰富色彩、烘托气氛、控制视线、呈现季节特色、填充空隙和覆盖地表等方面。

2. 园林树木配植的艺术效果

各种不同植物的配植组合，能形成千变万化的景观，给人以丰富多彩的艺术感受，树木配植的艺术效果是多方面的、复杂的。

（1）对比和衬托。造景时，树形、色彩、线条、质地及比例都要有一定的差异和变化，在形态上形成对比，才能表现出美的景色。在形成对比的同时又要使植物之间保持一定的相似性，加强统一感，形成既生动活泼，又和谐统一的场景。

（2）动势和均衡。各树种除具有不同的姿态外，还具有生长速度、季相、体量和质地的变化。在配植上要考虑植物的生长和季相问题，以免产生不平衡的状况。如色彩浓重、体量庞大、数量繁多、质地粗厚、枝叶茂密的树木种类，给人厚重感，相反，色彩素淡、体量小巧、数量较少、质地轻柔、枝叶疏朗的植物种类，则给人轻盈感。

（3）起伏和韵律。树木的配植除了重视自身的形态外，还要注意与其他植物共同形成的立体轮廓和空间变换，要高低搭配得当，有起有伏，形成一定的节奏韵律。

（4）层次和背景。为保持景观的丰富多彩，宜采用乔木、灌木、花草、地被植物等进行多层次配植，不同花色、花期的植物相间配植。高大的乔木宜用作背景，且栽植密度大，形成一个绿色屏障，在色调上要与前景在色度上形成差异，以加强衬托效果。

（5）色相与季相。植物的枝、叶、花、果等有着丰富的色彩。在配植上，既可以单色表现，也可以多色配合、对比处理等。此外，还要注意植物在春、夏、秋、冬四季的季相变化，使不同花期或有季相变化的植物分层栽植，或用草本植物弥补树木花期较短的缺陷，以延长植物景观的观赏期。

此外，根据园林树木和环境的特点，在树木配植上还要注意树种应用的丰富感、稳定感以及强调与缓解、严肃与轻快、韵味与联想等美学原理。

（四）园林树木的生物学特性

园林树木的生物学特性是指园林树木的个体生长发育规律和生长周期各阶段的性状表现，从种子萌发、幼苗、幼树逐步发育到开花结果，直到最后衰老死亡整个生命过程的发生发展规律，从树木外形、生长速度、寿命长短、繁殖方式、开花结实等特性。树木的生物学特性是一种内在的特性，主要决定于树种的遗传因素，如不同树种的寿命长短不同、树形不同、开花结实的时间和习性不同等，但这种特性也会受到环境的影响而发生一定程度的变化，如正常情况下银杏20年左右结籽，如果水肥条件好、人为管理到位可以提前5~6年甚至更短时间结籽。

1. 园林树木的生命周期

树木是多年生植物，寿命可达几十年到几百年甚至上千年，实生树木一般要经过幼年期、青年期、成年期和老年期。树木的营养繁殖一般都用树冠上1~2年生枝条或根部幼嫩部位为材料，从发育阶段上讲一般已过幼年期，又没有性成熟过程，只要生长正常，有成花诱导条件，随时可以开花结实，所以营养繁殖的树木一般只有成年期和老年期。营养繁殖树的发育特性取决于繁殖材料的来源，如果取自实生成年树冠外围的枝条，本身就具有开花潜力，繁殖后是实生母树的继续，所以开花早；如果取材于实生苗的基部或根茎，发育阶段年轻，开花就迟。

树木是世界上寿命最长的生物，不同树种寿命长短差异较大，如银杏、红松可达3000年，巨杉可达4000年以上，而杨树寿命仅为一、二百年。测定乔木寿命一般可用数木质部年轮的方法，但要注意区分真假年轮。对于灌木因根茎萌蘖性强不容易测定其寿命，有些灌木看似矮小，但寿命可达几百年。

从种子萌发后，树根和树冠就会逐渐向外扩展空间，形成各级骨干根与侧生根、骨干枝与侧生枝，呈离心生长的方式，直到生长到一定限度为止。当因枝叶茂密而树冠内膛光照恶化，逐年呈离心方式由骨干枝基部开始向外枯落时，便形成了树木的离心秃裸。在离心生长日趋衰弱的过程中，有长寿潜伏芽的树种由主枝外向内逐步萌生徒长枝开始树冠更新，呈向心更新的现象，随之的衰亡为向心枯亡。离心生长与离心秃裸和向心更新与向心枯亡两条规律直接影响园林树木外形和树冠的变化，而树木外形和树冠的变化直接影响树木的观赏价值和与之相衬托的整个景观效果。

2. 园林树木的年周期与物候观测

园林树木一年内随着季节改变，在生理活动和形态表现上呈现生长发育的周期性变化称为年周期，又称生物气候学时期，简称物候期，包括每年的萌芽、展叶、抽梢、开花、结实和落叶休眠等生长活动。不同的树种具有不同的物候期。

通过物候观测研究本地区园林树木的年周期变化规律，对园林植物生产、园林建设具有重要意义。如本地区树种的育苗、移植、嫁接、管理时间的安排以及在园林设计中绿化树种的选择配植、病虫害和各种自然灾害的防治等都要首先掌握树种的物候期。

（1）树木的年周期。落叶树木的年周期分为生长期和休眠期，从春季萌芽开始到秋季落叶前为生长期，从秋季落叶后到第二年春季萌芽前为休眠期。从生长期转入休眠期和从休眠期转入生长期的过程属于过渡期，过渡期树木的抗性弱，易因环境较大变化而受害。常绿树的年周期与落叶树不同，因为常绿树的叶子寿命长，当年不脱落，叶子寿命因树种而异，但二年生以上的叶子是陆续脱落的。常绿针叶树老叶一般在秋冬季脱落，常绿阔叶树老叶一般在春季于新叶开展时脱落。

1）休眠期转入生长期。这一过程的长短因树种而异，此时期树木的抗寒力和抗旱力下降，由于我国北方春季气温波动大，易发生芽受冻或枯梢现象。树木休眠期间仍进行着缓慢的生命活动，树木春季何时萌芽，关键取决于休眠到萌芽所需的积温和萌芽前3~4周的日平均气温。有些树种如杨、柳、榆树的花芽萌发所需要的积温较叶芽低，所以先开花后发叶，否则叶后开花。

2）生长期。树木的生长期指从萌芽到落叶的时期。本时期长短因树种、树龄而不同，但同一树种生长期的长短一般不因地域的南北、海拔的高低、小气候环境的差异而不同。北方树木的生长期一般为4~7个月。

3）生长期转入休眠期。树木各部位进入休眠期早晚不同，光照时间的长短是导致落叶和进入休眠期的主要因素。

4）休眠期。树木休眠期的长短取决于树种的遗传性。有些树木必须通过一定的低温阶段才能萌芽生长，北方树种南移，常会因为低温不足而表现为花芽少、新梢节间短。

（2）树木的物候观测。进行树木的物候观测首先要确定树种，选择壮龄健康的正常植株编号，然后定期观测并记录。观测内容一般包括树液流动、冬芽膨胀、冬芽开放、新梢生长、新芽形成、放叶、展叶、叶变色、叶始落、叶全落、始花、终花、果实发育、果实或种子成熟、果实或种子脱落等物候期。

3. 园林树木主要器官的生物学特性

（1）枝干生长。枝、芽的特性决定了枝干系统和树形，也是整形修剪的依据。

1）枝的生长类型。枝有垂直向上生长的，也有水平或下垂生长的，依枝茎生长习性可分为直立生长、攀缘生长和匍匐生长三类。

2）分枝方式。树木除少数种（如棕榈科的很多种类）不分枝外，大致包括总状分枝（单轴分枝）式、合轴分枝式和假二叉分枝式。由于枝条的顶芽生长优势形成通直的主干，同时依次发生侧枝，侧枝又以同样的方式发生次侧枝，这种具明显主轴的分枝方式称为总状分枝，如银杏、松树等裸子植物；合轴分枝是指枝的顶芽经一段时期生长后，先端分化花芽或自枯，而由邻近侧芽代替其延长生长，以后依次按上述方式分枝生长，形成曲折的主轴，如桃树、杏树、苹果、梨树等果树；假二叉分枝是指具有对生芽的树种，顶芽分化花芽或自枯，而由其下对生芽同时萌枝生长接替，形成叉状侧枝，如此继续分枝，外形像二叉分枝，故称假二叉分枝，如丁香、泡桐、水蜡等树种。

（2）开花。正常的花芽中花粉粒和胚囊发育成熟，花萼与花冠展开的现象称为开花。

1）开花顺序性特点。树种间开花顺序与花芽萌动先后一致；同种、不同品种开花早晚不同；同一树体不同部位的枝条开花早晚不同，一般短花枝先开，长花枝和腋花芽后开，阳面比阴面先开；同一花序开花早晚也不同，如伞形花序的苹果顶花先开，而梨树边花先开。

2）开花类别。包括先花后叶类、花叶同放类和先叶后花类。先花后叶类树木先开花后长叶，如连翘、迎春、玉兰等；先叶后花类树木先长新梢，展叶后开花，一般夏秋季开花，在树木中是开花最迟的一类，如木槿、紫薇、珍珠梅、桂花等；花叶同放类树木开花与展叶同时进行，如海棠、苹果等。

3）每年开花次数。有一次开花、二次开花和多次开花三类。多数树种一年开一次花。二次开花也叫再次开花，主要是因为花芽发育不完全或因树体营养不足导致部分花芽延迟到春末或夏初才开花，如梨、苹果等；或者秋季发生再次开花现象，是典型的二次开花，既可由不良条件引起，也可由条件改善引起，还可由两个条件交替引起，如连翘有时秋季开花。多次开花是指有些树种或品种具有一年内多次开花的习性，如茉莉、月季等。

（3）结果。被子植物授粉受精后，子房膨大发育成果实称为结果。为使果实发育充分，必须给予适当的栽培措施，如提高树体储藏营养、花前追施氮肥并灌水、花期防治病虫害、花后叶面施肥、保障通风透光等。

（五）园林树木的生态学特性

园林树木的生态学特性是指园林树木在系统发育中，长期生长在一定环境条件下而形成的对特定环境条件的要求和适应能力。构成树木生态环境的各种因素称为生态因素，生态因素大致可分为气候、土壤、地形和生物四大类。其中园林树木生长发育必不可少的因子，称为生存因子，如光照、水分、空气等。

1. 气候因子

气候因子包括温度、光照、水分、空气和风。

（1）温度。温度是关系树木能否在该地区生存和其分布范围的主要因素，它影响着植物的地理分布，制约着植物生长发育速度和植物体内的生化代谢等一系列生理机制。

园林树木自种子萌发、发芽生长到开花结果，都需要一定的温度条件，凡超过了树木所能忍受的最高温度或最低温度，都会引起树木生理活动的停止。同一树木对温度的要求和适应范围随树龄的增长和所处的环境条件的不同而有差异，通常情况下，树木随树龄的增加适应性加强，而在幼苗和幼树阶段则适应性较弱。不同的树木对温度的要求是不同的，不同树种都有自身的适应范围，树木对温度的要求和适应范围决定了其分布范围，谚语"樟不过江、杉不过淮"说的就是这个道理。

树木生长的温度范围一般为 4~36℃，但是因植物种类和发育阶段不同而差异很大。热带植物如椰子、橡胶等要求日平均温度在 18℃ 以上才能开始生长；亚热带植物如柑橘、香樟、竹等在 15℃ 左右开始生长；暖温带植物如桃、紫叶李、槐等在 10℃，甚至不到 10℃ 就能开始生长；温带树种紫杉、白杨、云杉在 5℃ 时就能开始生长。一般植物在 0~35℃ 的温度范围内随温度上升，生长加快，随温度降低，生长减慢。

根据对温度的要求和适应范围将树木分为四类，即最喜温树种又称热带树种，如椰子、木棉等；喜温树种又称亚热带树种，如杉木、柑橘、棕榈等；耐寒树种又称温带树种，如苹果、核桃、刺槐等；最耐寒树种又称寒带树种，如落叶松、白桦、红松等。

城市一般会比周围郊区的年平均气温高 0.5~1.5℃。由于城市温度较高，春天来的相对较早，秋天结束较迟，无霜期延长，极端温度趋于缓和。

(2) 光照。光是绿色植物进行光合作用不可缺少的能量源泉，植物只有在光照下才能正常生长、开花和结实。光也影响植物的形态结构和解剖特征。

根据树木对光照强度的不同要求，可分为喜光树种、耐荫树种和中性树种。喜光树种又称阳性树种，这类树木从幼年期起就需要充足的阳光才能正常生长发育，不能在庇荫环境下正常生长和完成更新，如松属、落叶松属、桦木属、桉树属、杨属、柳属、泡桐属、合欢属、刺楸、臭椿、悬铃木、核桃、乌桕、黄连木等；耐荫树种又称阴性树种，指具有较强的耐荫能力，在一定的荫庇条件下能正常生长发育的树木，如红豆杉属、冷杉属、云杉属、八角金盘、八仙花、桃叶珊瑚属等；中性树种又称中等耐荫树种，界于喜光和耐荫树种之间，如槐、圆柏、樟树、珍珠梅、七叶树、元宝枫等。

(3) 水分。树木的生长发育离不开水分，水分的多少直接影响着植物的分布、生长和发育。不同树木对水分的要求及适应能力不同。《中国植被》中以年降水量 500mm 作为全国湿润地区和干旱地区的分界线。

根据树木对水分的需要和适应能力可分为耐旱树种、喜湿树种和中生树种。耐旱树种又称旱生树种，这类树种的根系通常极为发达，其叶常退化为膜质鞘状或叶面有发达的角质层、蜡质或绒毛，具极强的耐旱能力，如梭梭树、沙拐枣、木麻黄、相思树等。喜湿树种又称湿生树种，需要生长在潮润多湿环境中，这类树种的根系短而浅，在长期淹水条件下，树干基部膨大，具有呼吸根，如水松、枫杨、柳属、落羽杉、红树等。中生树种：介于湿生和旱生两者之间，喜生于土壤湿润、排水良好的环境，绝大多数树木都属此类，如油松、麻栎、杉木、枫杨等。

城市由于街道和路面封闭，自然降水大多排到下水道，树木得不到充足的水分，此外因温度较高，蒸腾量小，使城市的相对湿度和绝对湿度均较低。要保证城市园林树木的水分平衡，往往需要人工灌溉措施。

(4) 空气。空气和园林树木之间的相互影响是多方面的。绿色植物在进行光合作用时，吸收二氧化碳，呼出氧气，在进行呼吸作用时，吸收氧气，呼出二氧化硫。树木能调节大气中的二氧化碳含量，起到净化空气的功能。空气中虽然含氮量很多，但不能被树木直接吸收，需要通过根瘤菌将游离氮气固定后才能利用。

近年来由于工业的迅速发展，大气污染日趋严重。城市环境中主要有二氧化硫、氟化氢、氯化氢、氯气、二氧化氮等有害气体，超过一定浓度则对树木有害。不同树种对大气污染的抗性不同，树木受害的反应也不同。抗二氧化硫的树种如银杏、侧柏、构树、皂荚、刺槐、旱柳、榆树、臭椿等；抗氯化氢的树种如合欢、五叶地锦、黄檗、紫荆、槐树、紫藤、杠柳等；抗氟化氢的树种如白皮松、侧柏、杜松、构树、榆树、槐树、丝绵木、紫荆、紫穗槐、泡桐、悬铃木等。依据树种对空气中的有毒有害物质的抗性强弱可分为抗性强的树种如臭椿等、抗性弱的树种如雪松等和占据大多数的抗性中等树种。

（5）风。风对树木有利也有害。对于风媒花树木，如银杏雄株的花粉可借风传至十里之外；风对树木的果实、种子传播也有利，尤其是翅果类和带毛的种子。

但是风也影响树木的生长，主要表现为大风或台风对树木的机械损伤，如吹折主干等；长期的旱风使空气变得干燥，增强蒸腾作用，使树木枯萎等。根据树木根系深浅和树冠的大小及形状，可将树木分为抗风力强的树种和抗风力弱的树种，前者如杨属、栎属、松属、银杏等，后者如刺槐、泡桐、悬铃木等。

2. 土壤因子

土壤是树木生长的基础，不同的土壤有不同的物理性质、化学性质、有机质含量、微生物及肥力质量，在一定程度上会影响到树木的分布及其生长发育。

根据树种对土壤肥力的要求可分为瘠土树种和肥土树种，瘠土树种能在干旱、瘠薄的土壤中正常生长，如油松等；肥土树种需要肥沃深厚的土壤，肥力不足则生长不良，此为大多数树种。土壤质地是土壤物理性质的主要性状，通常将土壤分为沙土、壤土和黏土三类，多数树种适生于壤土。土地酸碱度是土壤化学性质的综合反应，主要取决于土壤中盐基饱和状况，根据树种对土壤酸碱度的需求可分为三类：

（1）酸性土树种。适生土壤的pH值在4.0～6.5之间，如马尾松、山茶、橡皮树、棕榈、石楠、栀子花、柑橘、茉莉、含笑、苏铁等。

（2）钙质土树种。适生土壤的pH值在6.5～7.5之间，土壤为石灰岩发育的钙质土，如青檀、南天竹、花楸、黄连木等。

（3）盐碱土树种。适生土壤的pH值在7.5～8.5之间，如柽柳、红树、椰子、梭梭等。

我国土壤酸碱度的变化规律是由南方的强酸性、酸性到江淮的弱酸性，再过渡到北方的中性和碱性，但我国东北部和山东半岛例外，为弱酸性和中性土壤。

3. 地形因子

地形包括海拔高度、坡向、坡位、坡度、山脉河流走向及地形起伏等。坡向影响日照的时间和强度，北坡日照时间短、温度低、湿度较大，一般多生长耐阴湿的树种；南坡日照时间长、温度高、湿度较小，多生长阳性旱生的树种。如华北低山地区油松多分布在阴坡或半阴坡，而阳坡仅生长一些耐干旱的灌木。

4. 生物因子

树木和其他动植物、微生物生长在一起，相互间有着密切的关系，不同种类的动植物、微生物对树木的分布、生长、繁殖产生有益或有害的影响。不同树种之间常因对生活条件的要求与适应能力不同而发生相互抑制或促进的作用，即使同一树种组成的单纯林中，不同个体之间及其与杂草、灌木间的关系，也发生着抑制或促进的作用。

【知识链接】野生树种的开发利用

中国园林树木引种已有5000多年的历史，至今积累了丰富的树种驯化和栽植的经验，也培育了很多著名品种，但目前开发利用的野生树种资源还远远不能满足园林绿化事业的要求,也与被誉为"世界园林之母"的植物资源大国和有着9000种以上树种资源的世界分布中心之一的称号极不相称。

目前我国在园林绿化中应用的树种还很少,只占中国树木资源的一小部分,大约为10%,我国北方城市应用树种一般在400种左右,南方城市在800种左右,而国外一般城市应用树种在1000种以上,因此还存在较大差距。我国应加大开发利用适应本地区特点、有一定绿化观赏价值的野生树种资源,改变生产上一味追求培育和引进新品种的观念,应该说野生树种资源开发利用的市场潜力巨大,前途广阔。

1. 野生树种开发利用的主要内容

野生树种开发利用的主要内容通常包括野生树种资源的调查、制定引种规划和实施方案以及进行引种驯化工作三个方面。

(1) 野生观赏树种资源的调查。该项工作是进行野生树种开发利用的基础性工作,目的是查清野生树种资源种类、数量和分布规律,主要内容包括野生树种资源名录、主要野生树种的数量和生长状况、野生树种资源分布图与说明书等。

(2) 制定引种规划和实施方案。在掌握野生树种资源种类、数量和分布规律的基础上,结合园林绿化需求,制定引种规划和实施方案。规划要符合科学性、先进性和可行性原则,坚持保护和开发并重。规划要提出引种试验和生产推广的规模、范围、条件和收益等,按规划再制定具体的实施方案。实施方案应包括引种树木的种类、数量、时间、地点,繁殖材料的收集、繁殖技术和试验过程、观察记录等内容。

(3) 引种驯化工作。园林树木引种是将外地或外国的树种引入到没有该树种的地区,使之在新地区生长发育,增加本地区树种资源的过程。园林树种驯化是指通过自然选择及各种人工栽培技术,改变引进树种的遗传特性,使之适应新的生态环境,使未经人类种植管理的自然野生的树种成为栽培树种、外地树种成为本地树种或归还种的技术活动。引种过程中,因为是异地栽培、异境而生,所以对新环境的适应程度就是树种引种成败的关键。一般来说,决定引种成败的环境因子有温度、湿度、日照、海拔、土壤等。树木引种驯化应注意气候相似的原则,而气候相似主要是指温度相似,因为温度是影响树木分布的限制因子,它决定着树木的分布区,所以在纬度相似地区之间的引种容易获得成功,而不同纬度之间引种,要从垂直带谱上寻找气候相似地区的植物,否则不易成功。

园林树木引种驯化一般要经过引种试验、引种评价和繁殖推广三个阶段,才能引种成功。

引种试验包括引种试栽、适应性和区域性试验阶段。试栽阶段首先进行繁殖材料的选择,然后进行育苗试验和幼苗生长习性与适应性观察。适应性和区域性试验阶段对选择出来的种类苗木,进行适应性和区域性试验,并进行生物学特性和栽培技术研究,要求在露地栽培条件下能正常生长发育、有较强抗性并且无严重病虫害等,主要性状表现应近似或优于在野生分布区,生长量和观赏价值能达到目的要求。试验地点的选择应考虑引种树木的生态要求,而且能代表引进地区的温度、土壤、地形和海拔等气候条件,应至少选择三个试验点。

引种评价从以下五个方面进行综合评价,从而决定是否繁殖推广。

1) 引种树木在试验区的生物学特性和适应性表现。

2) 根据引种树木的生长指标、观赏特性及抗逆性等方面的表现,分析引种效益。

3) 根据各试验区的试验观察结果,分析最适宜的种源区和可扩大的栽培范围,为生产区划提出依据。

4）提出行之有效的栽培管理措施。

5）根据不同立地的适应性观察，进行引种树木新变异性状的筛选与利用。

通过引种试验和综合评价，如已经达到或基本达到引种的目的要求，就可以进一步组织批量生产和推广应用。批量生产是引种试验得出评价后的补充和验证，进行引种试验、评价和批量生产后，认为达到或基本达到引种成功标准，符合引种目标时，应及时进行引种成果鉴定，提出生产推广意见。

引种驯化成功的标准是：

1）被引种树木在引种区不再需要特殊的保护措施就能安全越冬或越夏，并且生长良好，能正常开花结果；对于观叶、观形类树种，不开花结果也算成功。

2）没有改变被引树种原来的优良性状、降低经济价值或观赏价值。

3）被引种树种能够使用原来的繁殖方法进行正常的繁殖。

2. 野生树木开发利用的方向和途径

（1）野生树木开发利用的主要方向。首先应重点开发利用观赏价值大、经济效益高的种类；其次，根据引种地区特点，就地取材那些分布广泛、适应性强、繁殖容易的树种直接应用于园林绿化，既节约资金投入，又能很快形成具有地方特色的园林景观；第三，对那些适应性较差、观赏价值较高的树种采取逐步引种的方法，先驯化后推广；第四，对珍稀濒危树种，禁止直接利用，应利用现代生物技术手段如组织培养等对其保存、扩繁后再利用；第五，对观赏性状不尽人意的可作为育种材料，通过育种手段改变其不良性状，形成具有地方特色的花木品种；第六，注重引进树种的多用途开发，如作为切花材料等。

（2）野生树木开发利用的主要途径。第一，根据树种的生物学特性确定引种和繁殖方法；第二，选择适宜的引种季节和引种方式；第三，多学科参与园林树木的开发利用工作，如园林树木学、风景园林学、土壤学、景观生态学等；第四，充分利用现代科学技术如生物技术、组织培养技术等为选育新品种提供基础。

总之，进行野生树种资源的开发和利用，必须根据树种的生态习性、观赏特性、资源状况等，采取适当的方法和途径，科学规划，避免盲目开发造成野生植物资源的破坏和人力、物力与财力的浪费。

【学习评价】

学生成绩评分标准见表1-1-3。

表1-1-3　学生成绩评分标准

任务一　园林树木特性与习性的认知			
序号	评价项目	评价内容	分值
1	学习态度	全勤（5分）；学习积极主动，态度认真、努力（5分）；回答问题准确率高（5分）	15
2	学习方法	能够充分准备理论资料（5分）；任务调查计划周密、实施到位（5分）；善于运用多种手段，具有一定的探索精神（5分）	15
3	团队精神	积极参加小组合作，团队意识强（5分）；共同研究、认真讨论，解决问题效率高（5分）	10
4	能力水平	任务报告按时完成，内容完整、表述正确（30分）；条理清晰、电子版报告图文并茂（10分）；实践能力突出（10分）；完成任务有创新之处（10分）	60

项目一　园林树木分类与应用基础

【复习思考】

1. 园林树木与观赏树木的关系如何？
2. 为什么说园林树木在园林绿化中的作用不可替代？
3. 园林树木观赏特性的突出表现有哪些？
4. 为什么有些树木有一年多次开花现象？
5. 树木栽培需要考虑哪些生态习性？

任务二　园林树木分类的认知

【任务描述】

本任务主要介绍园林树木的分类知识，包括系统分类法和人为分类法；植物的分类单位与命名原则；植物检索表的使用及植物的鉴定。

【任务分析】

本任务的学习应以植物分类知识为基础，结合园林绿地现场教学和丰富的实际案例，引导学生认真观察、分析，突出感性认识，采用园林树木鉴定任务驱动的模式，完成理论指导下的实践认知。

【任务目标】

理解园林树木分类的单位及方法；了解园林树木自然分类的几个系统及特点；掌握拉丁学名的命名原则；了解系统分类的历史；掌握人为分类法应用价值；了解几种主要的人为分类方式；学会使用和编制植物检索表。

【任务实施】

结合校内树木进行现场教学，运用多媒体进行案例分析讨论，引导学生学习基本理论；发挥学生学习小组作用，布置树木鉴定的任务。

一、材料与用具

本地区生长正常的各类树种、放大镜、解剖刀、解剖针、枝剪、记录夹、工具书（当地树木志、园林树木检索表）等。

二、任务实施步骤

（1）学习基础理论。

（2）调查树种，编制树种分类检索表。

1）对校园内所有树种进行形态特征观察，并做好记录。

2）汇总调查记录，并编制本校园内的树种名录。

3）根据平行检索表的编制原则，借助有关工具书，为树种名录内的树种编制平行检索表。

三、基础理论

（一）系统分类法

植物系统分类法是依据植物亲缘关系的亲疏和进化过程进行分类的方法，着重反映植物界的亲缘关系和由低级到高级的系统演化关系。其任务不仅要识别物种、鉴定名称，而且还要阐明物种之间的亲缘关系和分类系统，进而研究物种的起源、分布中心、演化过程和演化趋向。

1. 系统分类的历史

地球上种子植物约有 20 万种，其分类历史可分以下几个时期：

（1）草本分类期。在明朝（16 世纪）我国著名的医学家李时珍（1518～1593）历尽千辛万苦，走遍全国各地，花了 27 年时间，写出了一部闻名世界的《本草纲目》。该书共 52 卷，1195 种植物，于 1595 年发表。他依据植物的外形和用途将植物分为草、谷、果、木、菜等 5 个部。

（2）机械分类期。瑞典植物分类学家林奈 1753 年根据雄蕊的有无、数目及着生情况将植物分为 24 个纲，其中 1～23 纲为显花植物（如一雄蕊纲、二雄蕊纲），第 24 纲为隐花植物。林奈当时自称这是自然分类系统，其实是人为的机械分类系统。

（3）系统分类期。举世闻名的英国博物学家、进化论的创始人达尔文（19 世纪）经过长期艰苦的标本采集和科研实践，他的进化论思想逐渐形成。1859 年，达尔文按植物的系统进化进行分类，完成了著名的《物种起源》。

自从达尔文的进化论提出后各家学说很多，现在我国和世界上较通用的是两个自然分类系统，恩格勒系统和哈钦松系统，又称假花学说和真花学说。

2. 植物的系统分类

（1）植物分类单位和植物命名。

1）分类单位。界、门、纲、目、科、属、种是各级分类单位。有时因在某一等级中不能确切而完全地包括其性状或系统关系时，可加设亚门、亚纲、亚目、亚科、亚属、亚种、变种、变型等以资细分。

种是分类的基本单位，集相近的种成属，由类似的属成科，科并为目，目集成纲，纲汇成门，最后由门合成界。这样循序定级，构成了植物界的自然分类系统。

物种简称种，是指具有一定的形态、生理特征以及一定自然分布区的生物种群，物种之间在生殖上是隔离的。亚种和变种两者均是种内变异类型，但亚种除了在形态构造上有显著的变化特点外，它也有一定范围的地带性分布区域；而变种仅在形态构造上有显著变化，没有明显的地带性分布区域。变型是指在形态特征上变异比较小的类型，如花色不同、花的重瓣或单瓣、毛的有无、叶面上有无色斑等。

2）植物命名。每种植物在不同的国度和地区，其名称也不相同，因而就易出现同物异名或同名异物的混乱现象，造成识别植物、利用植物、交流经验等的障碍。因此，有一个共同的命名法则是非常必要的。国际上规定，植物均须按照《国际植物命名法则》，用拉丁文或拉丁化的文字进行命名，这样的命名叫作学名，它是世界范围内通用的唯一正式名称。

植物的学名，是以瑞典植物学家林奈（C. Linnaeus）所提出的双名法给植物命名的。双名法以拉丁文表示，每一学名由属名和种名 2 部分组成，属名多为名词，第一个字母必须大写，种名多为形容词，种名后附以命名人姓氏。如银杏的学名为 *Ginkgo biloba* L.，其属名 Ginkgo 为中国广东话的拉丁文拼音；种名 *biloba* 为形容词，意为二裂的，形容银杏的叶片先端二裂状；最后的"L."为命名人林奈（Linnaeus）的缩写。

如果是亚种，其学名组成是：属名＋种名＋命名人＋sub.（亚种的缩写）＋亚种名＋亚种命名人。如紫花地丁 *Viola philippica* sub. *manda* W. Beck。

如果是变种，其学名组成是：属名＋种名＋命名人＋var.（变种的缩写）＋变种加词＋变种命名人，如柿子椒（茄科）*Capsicum frutescens* L. var. *grgrossum* Bail.。

（2）植物分类系统

目前分类系统在裸子植物门这部分是根据郑万钧编著的《中国植物志》第7卷系统排列；而被子植物门目前常采用恩格勒分类系统和哈钦松分类系统。

1）恩格勒（Adolf Engel, 1844～1930）分类系统的特点。

① 被子植物门分为单子叶植物和双子叶植物两个纲，单子叶植物纲在前（1964年新系统为双子叶植物纲在前）。

② 双子叶植物纲分为离瓣花和合瓣花两个亚纲，离瓣花亚纲在前。

③ 离瓣花亚纲按无被花、单被花、异被花的次序排列，因此把柔荑花序类作为原始的双子叶植物处理，放在最前面。

④ 在各类植物上又大致按子房上位→子房半下位→子房下位的次序排列。

由于恩格勒系统极其丰富，其系统较为稳定而实用，所以世界各国及我国北方多采用，例如《中国树木分类学》和《中国高等植物图鉴》等书均采用该系统。

2）哈钦松（John Hutchinson, 1884～1972）分类系统的特点。

① 认为单子叶植物比较进化，故排在双子叶植物之后。

② 在双子叶植物中将木本与草本分开，并认为木本为原始性状，草本为进化性状。

③ 认为花的各部分呈离生状态、花的各部分呈螺旋状排列、具有多数离生雄蕊、两性花等性状为原始的；而花的各部分呈合生、附生、合生雄蕊、单性花为进化的性状。

④ 单叶和互生是原始性状，复叶和对生为进化性状。

⑤ 单子叶植物起源于毛茛科，较双子叶植物进化。

目前很多人认为哈钦松系统较为合理，我国南方较为广泛地采用哈钦松分类系统，如《广州植物志》《海南植物志》等就是按哈钦松的分类系统编写的，但该系统未包括裸子植物。

（二）人为分类法

人为分类法是以植物系统分类法中的"种"为基础，根据园林树木的生长习性、观赏特性、园林用途等方面的差异及其综合特性，将各种园林树木主观地划归为不同的大类。人为分类法具有简单明了、操作和实用性强等优点，在园林生产上普遍采用。

1. 按生长习性分类

按照园林树木的生长习性大致可分为以下几类：

（1）乔木类。指树体高在5m以上，有明显主干（3m以上），分枝点距地面较高的树木。可分为常绿针叶乔木，如黑松、雪松、柳杉等；落叶针叶乔木，如金钱松、水杉、水松等；常绿阔叶乔木，如樟树、榕树、冬青等；落叶阔叶乔木，如槐树、毛白杨、七叶树等。

（2）灌木类。树体矮小，通常在5m以下，没有明显的主干，多数呈丛生状或分枝较低。如南天竹、桃叶珊瑚、月季、金钟花等，常用作观花、观叶、观果、基础种植以及盆栽观赏树种。

（3）藤蔓类。地上部分不能直立生长，常借助茎蔓、吸盘、吸附根、卷须、钩刺等攀附在其他支持物上生长。藤蔓类主要用于园林垂直绿化，如爬山虎、凌霄、络石、常春藤等。按攀附特性可分为缠绕攀缘类、钩刺攀缘类、卷须与叶攀缘类及吸附攀缘类等。

2. 按观赏性状分类

（1）观叶树木类，凡树木的叶色、叶形具有较高观赏价值的均为观叶树木类。如红乌桕、红背桂、花叶榕、黄榕、金叶连翘、银杏、鹅掌楸、鸡爪槭、黄栌、红叶李、八角金盘、日本五针松等。

（2）观姿树木类，指树冠在形状和姿态上有较高观赏价值的树木。如苏铁、南洋杉、雪松、龙爪槐、榕树、假槟榔、椰子、棕竹、垂柳等。

（3）观花树木类，指在花色、花形、花香上有突出表现的树木。如白玉兰、含笑、米兰、牡丹、蜡梅、珙桐、梅花、月季、山茶、杜鹃花等。

（4）观果树木类，指果实显著、丰满且挂果时间长的一类树木。如南天竹、火棘、金橘、石榴、柿子、木瓜、山楂、杨梅等。

（5）观枝干树木类，指其枝、干具有独特风姿、有奇特色泽或附属物等的一类树木。如木棉、柠檬桉、龙爪槐、梧桐、悬铃木、白皮松、白桦、榔榆、红瑞木等。

此外还有观根树，如落羽杉具有曲膝根、桑科榕属树种常有气生根等，这些在园林中均可用作观赏。

3. 按在园林绿化中的用途分类

（1）风景林木类。这类乔木树种多以丛植、群植、林植等方式，配植在建筑物、广场、草地周围，也可用于湖滨、山坡营建风景林或是开辟森林公园、建设疗养院、度假村、乡村花园等。

风景林木类树种以适应性强、耐粗放管理、栽植成活率高、种苗供给充足、少病虫危害、生长快、寿命长、对区域环境改善以及保护效果显著者为好。应用上应优先选用乡土树种，并根据习性、功能等方面的差异性，进行树种的搭配。

（2）防护林类。指能从空气中吸收有毒气体、阻滞尘埃、削弱噪声、防风固沙、保持水土的一类树木。根据它的功能可为分防护林带和城市绿化林带。如我国营造的大面积绿色长城"三北防护林工程"，就是一条巨型的防护林带。近年来，天津、上海、合肥等城市结合城区建设种植的500m宽的城市外围环状林带就是城市绿化林带，这种城市绿化林带可以与农田、果园、桑园、农田防护林等融为一体。

（3）行道树类。指栽植在道路系统，如公路、街道、园路、铁路等两侧，整齐排列，以遮阴、美化为目的的乔木树种。行道树为城乡绿化的骨干树，能统一、组合城市景观，体现城市与道路特色，创造宜人的空间环境。

公路、街道的行道树要求树冠整齐、冠幅大、树姿优美、树干下部及根部不萌生新枝、抗逆性强、根系发达、抗倒伏、生长迅速、寿命长、耐修剪、落叶整齐、无恶臭或其他凋落物污染环境以及大苗栽种容易成活。

我国树种资源丰富，各地适宜作公路、街道行道树的种类多，常见种类包括水杉、银杏、朴树、广玉兰、樟树、桉树、小叶榕、黄葛榕、木棉、重阳木、羊蹄甲、女贞、椰子、大王椰子、鹅掌楸、椴树、悬铃木、七叶树等。适宜作园路种植的花木和色叶木本植物有夹竹桃、黄槐、红叶李、合欢、鸡爪槭、紫薇、木槿、桂花等。

（4）孤植类。指以单株形式布置在花坛、广场、草地中央、道路交叉点、河流曲线转折处外侧、水池岸边、缓坡山冈、庭院角落、假山、登山道及园林建筑等处，起主景、局部点缀或遮阴作用的一类树木。

孤植树类表现的主题是树木的个体美，可以独立成景以供观赏。以姿态优美、开花结果茂盛、四季常绿、叶色秀丽、抗逆性强的喜光树种较为适宜，如苏铁、落羽杉、池杉、南洋杉、雪松、黄葛榕、小叶榕、广玉兰、悬铃木、樟树、木棉、凤凰木、紫薇、枫香、假槟榔、棕竹、蒲葵及其他造型类树木等。

（5）垂直绿化类。指用于墙面、栏杆、山石、棚架等处绿化的藤本植物。如墙面绿化可选用爬山虎、蛇葡萄、络石、薜荔、常春藤等具有吸盘或不定根的种类；棚架绿化宜用紫藤、葡萄、凌霄、叶子花等种类；陡岩绿化可用蔷薇、爬山虎和云南素馨等种类。

（6）绿篱类。指园林中用树木密集列植代替篱笆、栏杆、围墙等，起隔离、防护和美化作用的一类植物。通常以耐密植、耐修剪、养护管理简便、有一定观赏价值的种类为主。绿篱种类不同，选用的树种也会有一定差异。依绿篱高度可分为三类：

1）高篱类。篱高 2m 左右，起围墙作用，多不修剪。应以生长旺盛、高大的种类为主，如侧柏、罗汉松、厚皮香、桂花、红叶石楠、日本珊瑚树、丛生竹类等。

2）中篱类。篱高 1m 左右，多配植在建筑物旁和路边，起联系与分割作用，常作轻度修剪，多选用小蜡、福建茶、假连翘、六月雪、女贞等。

3）矮篱类。篱高 50cm 以内，主要植于规则式花坛、水池边缘，起装饰作用，需作强度修剪。应由萌芽力强的树种如瓜子黄杨、金叶女贞、红叶小檗、大叶黄杨等组成。

（7）造型类及树桩盆景、盆栽类。指经过人工整形制成的各种物像的单株或绿篱，故也称为球形类树木。这类树木的要求与绿篱类基本一致，但以常绿种类、生长较慢者更佳，如罗汉松、叶子花、六月雪、瓜子黄杨、日本五针松等。

树桩盆景是在盆中再现大自然风貌或表达特定意境的艺术品，对树种的选用要求与盆栽类有相似之处，均以适应性强、根系分布浅、耐干旱瘠薄、耐粗放管理、生长速度适中、能耐荫、寿命长以及花、果、叶有较高观赏价值的种类为宜。树桩盆景多要进行修剪与艺术造型，故材料选择应较盆栽类更严格，要求树种能耐修剪盘扎、萌芽力强、节间短缩、枝叶细小。比较常见的种类有银杏、金钱松、短叶罗汉松、榔榆、朴树、六月雪、紫藤、南天竹、紫薇等。

（8）木本地被类。指高度在 50cm 以内，铺展力强，处于园林绿地底层的一类树木。地被植物的应用，可以避免地表裸露、防止尘土飞扬和水土流失、调节小气候、丰富园林景观。地被类以耐荫、耐践踏、适应能力强的常绿种类为主，如蔓马缨丹、金连翘、铺地柏等。

（三）植物检索表

分类检索表是鉴定植物必不可少的工具，一般有分科、分属及分种三种。鉴别植物时，利用这些检索表可以初步查出该植物的科、属、种，然后再与植物志中该种植物的描述性状进行比对，如果完全相符才能确定为该种植物。

植物分类检索表采用二歧归类方法编制而成。即选择某些植物与另一些植物的主要区别特征编列成相对的项号，然后又分别在所属项下再选择主要的区别特征，再编列成相对应的项号，如此类推编项直到一定的分类等级。

查用检索表时，根据标本的特征与检索表上所记载的特征进行比较，如标本特征与记载相符合，则按项号逐次查阅；如其特征与检索表记载的某项号内容不符，则应查阅与该项相对应的一项，如此继续查对，便可检索出该标本的分类等级名称。

使用检索表时，首先应全面观察标本，然后再查阅检索表，当查阅到某一分类等级名称时，必须将标本特征与该分类等级的特征进行全面的核对，若两者相符合，则表示所查阅的结果是准确的。

常见的植物分类检索表有下列两种形式：

1. 等距检索表（定距检索表）

本类检索表中将每一对互相区别的特征分开编排在书页左侧一定距离处编为同样号码，其下一级的两个相对性状的描述又均在距左侧更大一些的距离处开始，如此逐级下去，距书页左侧越来越远，直至检索出所需要的名称为止。

现以松科分属检索表为例如下：

1. 叶针形，2、3或5针一束 ······ 松属 Pinus
1. 叶条形、稀针形，非束生
　　2. 枝仅具长枝，叶于枝上螺旋状着生
　　　3. 球果成熟后种鳞自中轴脱落，有圆形叶痕 ······ 冷杉属 Abies
　　　3. 球果成熟后种鳞宿存
　　　　4. 球果生于枝顶
　　　　　5. 球果大型，直立，种子连翅与种鳞近等长 ······ 油杉属 Keteleeria
　　　　　5. 球果小型，下垂，种子连翅短于种鳞
　　　　　　6. 小枝有微隆起的叶枕或无，叶有短柄
　　　　　　　7. 球果较大，苞鳞伸出种鳞外露，先端三裂 ······ 黄杉属 Pseudotsuga
　　　　　　　7. 球果较小，苞鳞不外露或微露，先端二裂 ······ 铁杉属 Tsuga
　　　　　　6. 小枝有显著隆起的叶枕，叶无柄 ······ 云杉属 Picea
　　　　4. 球果腋生，枝上端小枝节短，叶呈簇生状 ······ 银杉属 Cathaya
　　2. 枝分长短枝，叶于长枝上螺旋状着生、于短枝上簇生
　　　8. 叶条形、扁平、柔软，落叶树种
　　　　9. 小孢子叶球单生短枝顶，种鳞革质、宿存 ······ 落叶松属 Larix
　　　　9. 小孢子叶球簇生短枝顶，种鳞木质、成熟后脱落
　　　　　　······ 金钱松属 Pseudolarix
　　　8. 叶针形、坚硬，常绿树种 ······ 雪松属 Cedrus

由上例可以看出，等距检索表的优点是把相对性质的特征排列在同等距离，一目了然，便于应用，但如果编排的种类过多，检索表必然偏斜而浪费很多篇幅。我国的植物志、植物图鉴以及单独成册的植物检索表，大多采用等距检索表。

2. 平行检索表

本检索表中每一相对性状的描写紧紧并列以便比较。一种性状描述结束即列出所需的名称或是一个数字，此数字重新列于较低的一行之首，与另一组相对性状平行排列，如此继续下去，直至查出所需名称为止。

现以松科分属检索表为例如下：
1. 叶针形，2、3 或 5 针一束 …………………………………………… 松属 Pinus
1. 叶条形、稀针形，非束生 …………………………………………………………… 2
2. 枝仅具长枝，叶于枝上螺旋状着生 ………………………………………………… 3
2. 枝分长短枝，叶于长枝上螺旋状着生、于短枝上簇生 …………………………… 8
3. 球果成熟后种鳞自中轴脱落，有圆形叶痕 ………………………… 冷杉属 Abies
3. 球果成熟后种鳞宿存 ………………………………………………………………… 4
4. 球果生于枝顶 ………………………………………………………………………… 5
4. 球果腋生，枝上端小枝节短，叶呈簇生状 ………………………… 银杉属 Cathaya
5. 球果大型，直立，种子连翅与种鳞近等长 ………………………… 油杉属 Keteleeria
5. 球果小型，下垂，种子连翅短于种鳞 ……………………………………………… 6
6. 小枝有微隆起的叶枕或无，叶有短柄 ……………………………………………… 7
6. 小枝有显著隆起的叶枕，叶无柄 …………………………………… 云杉属 Picea
7. 球果较大，苞鳞伸出种鳞外露，先端三裂 ………………………… 黄杉属 Pseudotsuga
7. 球果较小，苞鳞不外露或微露，先端二裂 ………………………… 铁杉属 Tsuga
8. 叶条形、扁平、柔软，落叶树种 …………………………………………………… 9
8. 叶针形、坚硬，常绿树种 …………………………………………… 雪松属 Cedrus
9. 小孢子叶球单生短枝顶，种鳞草质、宿存 ………………………… 落叶松属 Larix
9. 小孢子叶球簇生短枝顶，种鳞木质、成熟后脱落 ………………… 金钱松属 Pseudolarix

【知识链接】 我国被子植物的多样性

世界上被子植物物种最丰富的国家是地处热带的巴西和哥伦比亚，分别居第一和第二位。中国国土主要部分不在热带，但被子植物种数仍居世界第三位，约 300 余科，近 3 100 属，30 000 多种，科、属、种数目分别占世界被子植物的 75%、30% 和 10%。但是如果我们把多样性不仅理解为物种丰富度，而且也包括生态类型、起源差别以及分布特点等的多样，那么中国被子植物的多样性是其他国家所不能相比的。

中国有平均海拔 4 500m 以上的青藏高原，也有广阔的平原低地，山岭重叠、河川纵横、气候多样、地质古老，这些是决定中国生物多样性丰富多彩的主要因素，在被子植物方面表现最为清楚，中国被子植物多样性至少有以下三个特点：

1. 生态类型齐备

各种生活型的植物从乔木、半乔木（如梭梭属）、灌木、半灌木（如沙拐枣属）、小半灌木（如蒿属）直到多年生草本和一年生草本，无不具有。生态类群方面，从高山冻原植物（如多瓣木、松毛翠）到热带雨林种类；从超旱生荒漠植物到潮湿低地的湿生、水生种类；从高寒风大环境的青藏高原垫状植物到华南热带海滨的红树林，各种类型均有代表。

各个气候带都有大量代表科、属，例如，桦木科、壳斗科栎属的落叶树种，以及杨柳科、忍冬科、小檗科等是温带的代表；樟科、木兰科、山茶科、壳斗科的常绿树种，金缕梅科、冬青科、五加科、蓝果树科，还有单种的连香树科和水青树科等是亚热带的代表；至于中国热带森林中包含的科就更多了，常见的有龙脑香科、番荔枝科、橄榄科、山榄科、楝科、藤黄科、使君子科、天料木科、大戟科和四数木科等。

2. 原始古老成分很多

在植物系统学研究中，被认为是比较原始的或早期发生的被子植物类群，在中国分布不少，甚至有些仅仅分布于中国。中国的木兰科、毛茛科、水青树科、连香树科、三白草科、金粟兰科、金缕梅科和木通科等科的植物，在研究被子植物的起源和系统发育方面的重要性，早已为中外学者所公认。近年来，中国在被子植物化石的发现和研究方面取得了丰硕的成果，这些成果对于研究被子植物的物种多样性以及研究被子植物的系统发育，都十分重要的意义。

3. 特有类型极其丰富

中国被子植物有极其多样的分布区类型，其中特有类型所占比重极大。到目前为止，经统计中国被子植物特有属共有 246 个，特有种约 17 000 种。古老孑遗种伯乐树、连香树、领春木、昆栏树、银缕梅、水青树、半日花、四合木、鹅掌楸和珙桐等都是中国特有种。研究这些植物对于认识中国乃至世界被子植物的系统发育和物种多样性形成的历史过程都是极为重要的。

中国被子植物特有属、种主要分布于秦岭 – 大别山一线以南，横断山脉以东的东南部地区，其中又有三个特有属、种分布相对集中的特有现象中心：

（1）川东 – 鄂西 – 湘西北中心，这里的被子植物特有木本属几乎均为落叶乔木或灌木，具有温带性质；

（2）川西 – 滇西北中心，即横断山脉南段，这里的草本属在全部属中占的比例较高，被子植物的木本属几乎全为落叶乔木或灌木，青藏高原快速和强烈的隆升使本区产生大量新特有种，大大丰富了中国被子植物的多样性；

（3）滇东南 – 桂西中心，由于地理位置偏南，处于北回归线附近，居泛北极植物区和古热带植物区的分界线上，其乔木特有属中几乎一半为常绿植物，特有藤本属全部为木质藤本植物，它们所隶属的科均为热带分布的科，显示出明显的热带性。

【学习评价】

学生成绩评分标准见表 1-2-1。

表 1-2-1　学生成绩评分标准

任务二　园林树木分类的认知			
序号	评价项目	评价内容	分值
1	学习态度	全勤；学习积极主动，态度认真、努力；回答问题准确率高	15
2	学习方法	能够充分准备理论资料；任务调查计划周密、实施到位；善于运用多种手段，突出实践，效率高；具有一定的探索精神	15
3	团队精神	积极参加小组合作，团队意识强，共同研究、认真讨论，解决问题效率高	10
4	能力水平	任务报告按时完成，内容完整、表述正确；条理清晰、电子版报告图文并茂；完成任务有创新之处	60

【复习思考】

1. 恩格勒分类系统和哈钦松分类各具哪些特点？

2. 选 10 种当地常见树种,用等距式编制其分种检索表。
3. 树木按生长习性和观赏特性各分成哪几类?
4. 可以用作垂直绿化的树种有哪些?它们有哪些共同点?
5. 行道树有哪些功能?适合在本地作行道树的树种有哪些?

任务三　园林树木配植的认知

【任务描述】

本任务主要是对园林树木配植的认知,内容包括园林绿地环境类型;园林树种的选择与配植原则;园林树木配植的艺术手法及其园林树木的配植方式。

【任务分析】

本任务的学习应以园林绿地类型、配植手法和配植方式的知识为基础,结合园林绿地现场教学和丰富的实际案例,促使学生掌握树木的配植手法和配植方式,并引导学生认真观察、分析,突出感性认识,完成理论指导下的实践认知。

【任务目标】

了解园林绿地环境类型,了解并掌握园林树种的选择与配植原则;了解园林树木配植的艺术手法及方式,并且能够在绿化实践中合理地分析和运用。

【任务实施】

结合学校周边及所属城市有代表的绿化区域进行现场教学,运用多媒体进行案例分析讨论,结合实际,引导学生学习基本理论;发挥学生学习积极性,对常用的配植手法和配植方式进行分析、实践。

一、材料与用具

本地区各园林类型现场、照相机、速写本、记录本、卷尺、马克笔或彩色铅笔等。

二、任务实施步骤

(1)学习基础理论。

(2)完成某绿地的园林绿地环境类型分析调研报告(Word 格式或 PPT 格式),要求说明具体配植原则和使用的配植方式。

三、基础理论

(一)园林绿地环境类型

目前,我国园林绿地的类型尚无统一的分类方法,主要分为六类:公共绿地、居住绿地、专用绿地、道路交通绿地、风景游览绿地和生产防护绿地。

1. 公共绿地

这类绿地是指在市、区范围内供城市居民进行游览休憩、文化娱乐的具有综合性功能的较大型绿地,包括市、区级综合性公园、儿童公园、动物园、植物园、体育公园、纪念性园林、名胜古迹园林、游憩林荫市民广场等。

根据其服务对象的多样性，要求风景优美、植物种类丰富、四季景观变化多样，并有开阔的绿地和浓郁的林地。"水、石、绿"三元素有机结合，得到充分的发挥，形成令人赏心悦目的自然景观。植物种类多样，乔、灌、藤、草相结合；种植方式以孤植、列植、丛植、群植相结合。

2. 居住绿地

居住绿地是居住用地的一部分。居住用地中，除去居住建筑用地、居住区内部道路用地、中小学幼托建筑用地及生活杂务用地等外，就是可供绿化的用地。

居住用地除了改善小区气候和环境，还应该满足美化环境的需求。植物种类以乔、灌、藤、草相结合，注重香化和美化环境；种植方式以孤植、列植、丛植、群植相结合。

3. 专用绿地

是指该绿化用地是专属某一部门、某一单位使用的绿地，不对城市居民开放，而不是指具有专门功能与用途的专业绿地，其投资、管理也由部门、单位负责，不属城市园林部门。

根据其服务对象的专一性和对特殊环境条件的需求，植物种类以乔、灌、藤、草相结合，注重其功能性的发挥，同时又要注意美化环境，如污水厂、工厂等企业的绿地要注重植物对环境的改善作用；种植方式以孤植、列植、丛植、群植相结合。

4. 道路交通绿地

是指居住区级道路以上的道路绿地，包括行道树、路边绿地、交通岛绿地以及公路、铁路防护绿地。

根据所处的具体立地环境条件，植物的选择应以耐干旱、耐瘠薄、株形好、病虫害少的乔、灌、草本植物为主，以减少养护费用，同时注重其防晕、防眩的功能；种植方式多为群植，表现植物群落的整体美，栽植形式的变换距离以5km左右为宜。

用于引导行车方向，分隔机动车与非机动车，分隔对向车流，这类绿地一般都不宜种植高大的乔、灌木，以免影响司机的行车视线，应多种植小乔木、矮灌木、花卉或铺设草皮。

5. 风景游览绿地

是指著名的、独特的、大面积的自然风景。根据所处条件和服务对象的要求，植物的选择应以乔、灌、藤、草相结合，既要绿化环境又要美化环境，与周围的自然环境相协调；种植方式以孤植、对植、列植、丛植、群植相结合。

6. 生产防护绿地

包括苗圃、花圃、果园、林场、科研植物园、卫生防护林、风沙防护林、水土保持林、水源涵养林等，是郊区用地的一部分。这类绿地以其功能为主、观赏性为辅，主要以改善环境和为生产服务为主。种植方式以列植、群植相结合。

（二）园林树木配植的原则与艺术要求

园林树木的配植是通过人为手段将园林树木进行科学的组合，以满足园林各种功能和审美的要求，创造出生机盎然的园林景观。园林树木配植是园林植物配植的一部分，配植时应综合考虑、统筹安排，不应把树木与其他灌木、藤本和草本植物割裂开来。

1. 配植原则

（1）功能原则。不同类型的园林绿地，由于其设计目的的不同，主要功能要求也不一样，因此园林树木的配植首先要从园林的性质和主要功能出发，满足功能要求。

（2）适生原则。园林树木的选择必须根据当地生态条件，因地制宜，因地植树，同环境条件相协调。

（3）艺术原则。园林树木配植必须重视其艺术观赏效果，满足艺术要求，运用统一的艺术手法展现美学效果。

（4）经济原则。园林树木配植必须以最经济的投入获得最佳的绿化效果和最大的社会、经济及生态效益。

2. 艺术配植

运用艺术技法把各种植物组合起来，充分发挥园林树木的形象美及其他基本特性，使配植形式与总体艺术布局相协调，以创造优美、舒适和健康的环境。

（1）对比与调和。对比是植物配植中最常用的手法之一，对比意味着元素的差别，差别越大，对比越强，相反就越弱。植物配植中的对比因素很多，如大小、曲直、方向、黑白、明暗、色调、疏密、虚实及开合等都可以形成对比，通过对比突出主题、强化立意、丰富园林景观、增加自然亲切感。

1）色彩的对比与调和。园林树木配植中，经常应用色彩对比与调和的手法来丰富园林景观。园林树木因叶色、花色和干皮色而艳丽多彩（图1-3-1）。

2）形态的对比与调和。树木的大与小、树冠的形状、乔木与灌木、常绿树与落叶树、针叶树与阔叶树等都能形成鲜明的对比，它们经常出现在同一园林不同的绿化区段内，使园林景观丰富多彩（图1-3-2）。

图1-3-1　色彩的对比

图1-3-2　道路树木形态的对比

（2）平衡与动势。园林设计时在平面构图上讲究平衡，立面上则为稳定。园林植物景观是利用各种植物或其构成要素在形体、数目、色彩、质地以及线条等方面展现量的感受，并使人们在心理上从对称或不对称景观的重量感中感受稳定和动感，从而烘托环境气氛和区域的特色（图1-3-3）。

（3）韵律与节奏。在园林设计中，韵律是指动势或气韵的有秩序的反复，其中包含着近似因素或对比因素的交替、重复，在和谐、统一中包含着更富变化的反复。在园林布局中，常使同样的景物重复出现，这种同样景物的重复出现和布局，就是节奏与韵律在园林中的应用。道路两旁

图1-3-3　广州云台花园景观（色彩的动势）

和狭长形地带的植物配植最容易体现出韵律感。因此，植物配植要注意纵向的立体轮廓线和空间变换，做到高低搭配，有起有伏，产生节奏韵律，避免布局呆板。有规律地重复，有间隙地变化，在序列重复中产生节奏，在节奏变化中产生韵律，从而体现"只可意会不可言传"的意味。

（4）主调、基调、配调及转调。在连续风景序列中，仅有韵律和节奏还不够，要想达到和谐和统一，树种配植要有主调树种、基调树种和配调树种。

主调树种即骨干树种，它自始至终贯穿整个风景序列，是能表现地方特色和城市风貌的种类；基调树种是指各类园林绿地中应用频率高、使用数量大、能形成全城统一基调的树种；配调树种即序列中的小点缀，可以有较大的变化。

转调是主调的转换，由于季相不同，主调是可以转换的。主调中的急转调适用于有明显分段的连续序列和不同空间的连续序列。

（三）园林树木的配植方式

按照树木的生态习性、运用美学原理，依其姿态、色彩、干形进行平面和立面构图，使其进行不同形式的有机组合，构成千姿百态、引人入胜的景观。配植形式多种多样、千变万化，但常用的树木配植方式一般有规则式、自然式和混合式三种。

1. 规则式配植

选择规格基本一致的同种或多种树木排列成整齐对称的几何图形的配植方式称为规则式配植。规则式配植表现严谨，一定要中轴对称，株行距固定，同相可以反复连续，以欧式园林为代表，如法国凡尔赛宫广场绿化。规则式配植主要有以下几类方式：

（1）辐射对称配植方式（图1-3-4）。包括中心配植和环状配植。在规则式园林绿地中心或轴线交点上单株栽植称为中心植，中心植一般无庇荫要求，只是由于艺术构图的需要做主景用。该类树种多选用高大雄伟、树形整齐优美、具有特色且寿命较长、生长缓慢且有个性美的树，如雪松、香樟、木棉、榕树、凤凰木等。环状配植是指围绕某一中心把树木配植成圆形、椭圆形、方形或其他封闭图形，一般半圆形也视作环状配植。环状配植多是为陪衬主景，本身变化小、色泽暗，以免喧宾夺主。该树种多采用生长慢、枝密及体态较小的树种。

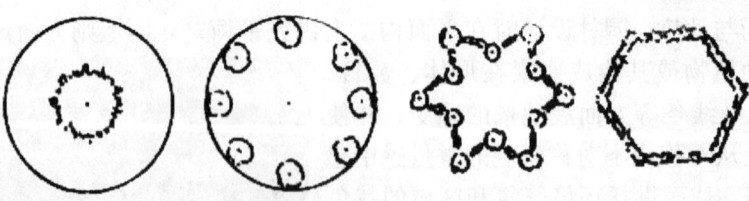

图1-3-4　辐射对称配植

（2）左右对称配植（图1-3-5）。包括对植、列植和三角式配植。对植是用同种两株或同类两丛规格基本一致的树木沿中轴线左右对称栽植。该类树为配景，要求树种形态整齐美观，多选用常绿树或花木；列植即直线配植，横为行，竖为列，既可单行也可多行，可用一种树也可用多种树，但行列植要注意株行距。

2. 自然式配植

自然式配植能表现自然植物的高低错落，疏密有致，变化多样。自然式配植不要求中轴

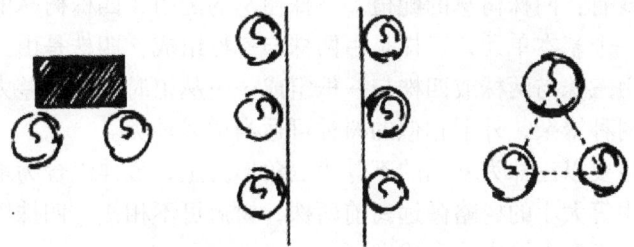

图 1-3-5 左右对称配植

对称，不要求株距一定，采用多相平衡法则，以体现"亲近自然、融入自然"的理念，以中国古典园林为代表，如苏州园林。

（1）孤植。在自然式园林绿地上栽植孤立树木称为孤植，是乔木的孤立种植类型。孤植不同于规则式的中心植，中心植一定要居中，而孤植一定要偏离中线。在特定的条件下，孤植也可以是两株到三株，紧密栽植，组成一个单元。但必须是同一树种，株距不超过1.5m，远看起来和单株栽植的效果相同。孤植树多用于面积较大的草坪、山冈、河边、湖畔、大型建筑物及广场边缘等地。孤植树下不得配植灌木。孤植树的主要功能是满足构图艺术的需要，作为局部空旷地段的主景，同时也可以庇荫（图1-3-6、图1-3-7）。孤植树作为主景是用以反映自然界个体植株充分生长发育的景观，外观上要挺拔繁茂、雄伟壮观、体型优美，如榕树、黄葛树、荷花玉兰、银杏、白兰等。

图 1-3-6 孤植（庇荫）

图 1-3-7 孤植（配植草坪）

孤植树应具备以下几个基本条件：植株的形体美且较大、枝叶茂密、树冠开阔，或是具有其他特殊观赏价值；生长健壮、寿命很长、能经受重大自然灾害，宜多选用当地乡土树种中久经考验的高大树种；树木不含毒素，没有带污染性并易脱落的花果，以免伤害游人或妨害游人的活动。

（2）丛植。两株以上至十株以下同种或异种树木较紧密的栽植在一起的配植方式称为丛植。丛植的功能主要以庇荫为主兼具观赏，或仅以观赏为主。配植树丛的地面，可以是自然植被或是草地、缀花草地，也可以配植山石或台地。

树丛可以分为单纯树丛及混交树丛两类。庇荫的树丛最好采用单纯树丛形式，一般不用灌木或少用灌木配植，通常以树冠开展的高大乔木为宜。而作为艺术构图上的主景、诱导、配景用的树丛，则多为乔灌木混交树丛。

丛植的配植形式有：两株树丛的配植、三株树丛的配植、四株树丛的配植、五株树丛的配植。两株丛植是一个基本单元，三株是由两株与一株组成，四株是由三株与一株或两株与两株组成，五株是由三株与两株或四株与一株组成……丛植时外形相差太大的树种不要超过五种以上，以避免树种繁杂，外形相似的树种可适当增多种类。

丛植的配点法主要以三株为基础的不等边三角形为主，最佳组合为最大者与最小者略微靠近，树冠相接，中等大小的树略微远离前两株，树冠可不相接。四株以上树丛也需要遵从不等边三角形原则，再配上镶嵌式方式即可。

（3）群植。群植的单种树木数量一般在十株以上至百株，树木配植成小面积的人工植物群落。树群所表现的主要为群体美，树群也像孤植树和树丛一样，是构图上的主景之一。因此树群应该布置在有足够距离的开朗场地上，如靠近林缘的大草坪、宽广的林中空地、水中的小岛屿、宽广水面的水滨、小山山坡上、土丘上等（图1-3-8、图1-3-9）。树群主要立面的前方，至少在树群高度的四倍、树群宽度的一倍半距离上留出空地，以便游人欣赏。

图1-3-8　林缘群植

图1-3-9　群植（乔灌木群落）

（4）林植。凡成片、成块大量栽植乔灌木，构成林地或森林景观的称为林植或树林。林植多用于大面积公园安静区、风景游览区或休、疗养区卫生防护林带。树林可分密林和疏林两种，密林的郁闭度达70%～100%，疏林的郁闭度在40%～70%，密林和疏林都有纯林和混交林。密林纯林应选用最富于观赏价值且生长健壮的地方树种。

疏林多与草地结合，成为"疏林草地"，夏天可庇荫，冬天有阳光，草坪空地供游憩、活动，林内景色变化多姿，深受游人喜爱。疏林的树种应有较高的观赏价值、生长健壮、树冠疏朗开展、四季有景可观。

（5）散植。单株或单丛在一定面积上几近均匀散布种植称为散植，又称散点植。每个点不如孤植树那样强调个体美或庇荫功能，但强调点与点之间呼应的动态联系，进而体现其韵律与节奏美。

3. 混合式配植

混合式配即自然式配植和规则式配植并用在同一园林绿地中，以现代园林为代表，如城市广场等。

【知识链接】园林树木的功能配植

园林树木的配植除了要符合美学的基本规律外，还应满足其特定的功能需要。功能配植是通过对园林树木的合理组合、搭配，达到最佳功能效果的树木配植方式。功能配植主要有以下几种方式：

1. 防护配植

（1）防污配植。利用树木可大量吸收污染物的特点，在污染源附近，根据污染物种类栽植吸收、抗毒能力强的树木，减少污染物的扩散。一般采取放射状或丛植方式种植。

（2）防尘配植。通过合理配植园林树木，减少地表尘土飞扬，加速飘尘降落、阻挡含尘气流向外扩散，将粉尘污染限制在一定范围。一般采用丛植、带状、环状或网状方式种植，种植行列应与尘源方向垂直，配植密度宜大，以混交复层林结构为佳。

（3）防音配植。林带的减噪效应优于树丛和树林，其总的效果取决于林带树种的组成、结构和林带的位置。构成林带的树木应枝叶茂密，分枝点低，平面种植点呈三角形，林带结构以紧密型为佳。

（4）防火配植。采用乔灌木混交林带的方式种植，品字形排列种植点。在居住区、易燃建筑物、城市郊区、森林公园栽植防火树木，可防止火灾蔓延。

（5）防风配植。防风林分为紧密型、通风型与疏透型三种。由乔木、小乔木、灌木组成，结合行数、栽植密度，起到不同强度的防风效果。

2. 视觉配植

（1）引导配植。在道路上合理配植树木，利用树木行列的变化来指示道路的走向、起伏，起到引导视线的作用。引导配植有两种常见形式，一种是在公路拐弯处的外侧，前面种矮树，后面栽高树，内侧多不植树，或仅栽少量整形的低矮灌木，以帮助驾驶员明确道路走向；第二种从起伏道路的峰顶开始，在道路两侧依次配植由低到高的树木，使驾驶员从远处驶来或当汽车越过峰顶时就能立刻看见前方树木的顶部，明确方向。

（2）遮蔽配植。配植方式主要有丛植、群植、列植三种，多采用树体高大、枝叶茂密、分枝点低、生长迅速的常绿树种。

（3）遮光配植。多采用单行或双行形式配植，以枝叶繁茂、树体空隙少、分枝低的种类为宜，树高在 15~20m 之间，以减缓夜间行驶时对面车辆射来的灯光对驾驶员或行人眼睛的刺激。

（4）明暗配植。利用树木来缓和光照强度急剧变化的配植方式，常用在隧道进出口附近光线明暗变化的过渡区，以保证行车安全。

3. 遮阴配植

利用树冠遮挡烈日，降低温度。以阔叶树为佳，选择枝叶茂密、树冠体量大、具有良好遮阴效果的树木。

4. 缓冲配植

利用树木来缓和交通事故造成的冲击碰撞，减轻事故危害程度，树种多选择分枝多、枝条长且柔软、韧性强的树种，低矮灌木和藤蔓树种为缓冲配植的理想材料。多采用带状、群植的种植方式。

【学习评价】

学生成绩评分标准见表 1-3-1。

表 1-3-1　学生成绩评分标准

任务三　园林树木配植的认知

序号	评价项目	评 价 内 容	分值
1	学习态度	全勤（5分）；学习积极主动，态度认真、努力（5分）；回答问题准确率高（5分）	15
2	学习方法	能够充分准备理论资料（5分）；任务调查计划周密、实施到位（5分）；善于运用多种手段，具有一定的探索精神（5分）	15
3	团队精神	积极参加小组合作，团队意识强（5分）；共同研究、认真讨论，解决问题效率高（5分）	10
4	能力水平	任务报告按时完成，内容完整、表述正确（30分）；条理清晰、电子版报告图文并茂（10分）；实践能力突出（10分）；完成任务有创新之处（10分）	60

【复习思考】

1. 你身边常见的园林绿地有哪些类型？
2. 园林树种选择与配植的原则有哪些？
3. 以某公园为例，其公园内常见的园林树木配植艺术手法有哪些？画出其中几个主景的配植方式示意图。

任务四　园林树种规划的认知

【任务描述】

本任务主要是增加对园林树种规划的认知，内容包括园林树木调查的意义、原则、方法和步骤；以及古树名木的调查与保护。

【任务分析】

本任务通过对园林树木进行调查，及时了解和掌握园林树木的种类、栽培类型、数量、分布、成长状态、养护管理等方面的现状，了解和分析存在的问题，能制定科学合理的栽培和养护管理等技术措施。

【任务目标】

了解园林树木调查、古树、名木的概念、意义及内容，掌握园林树木调查的方法和程序。

【任务实施】

结合学校周边城镇或具有悠久历史的一定区域（如寺庙）进行现场教学，运用多媒体进行案例分析讨论，引导学生学习基本理论；发挥学生学习小组作用，布置实地树种调查任务。

一、材料与用具

本地区生长正常的各类树种、照相机、卷尺、气温计、pH值试纸、枝剪、记录夹等。

二、任务实施步骤

（1）学习基础理论。

（2）完成某绿地园林树木生长特点与观赏特性的调查报告（Word 格式或 PPT 格式），要求调查代表性树种 20 种以上。

三、基础理论

园林树种规划是根据城市的性质，在树种调查的基础上，按比例选出一批适合当地自然条件、能较好地发挥园林绿化多种功能的树种，应用于园林建设中。

（一）城市园林树种调查与规划的意义

树种规划是对城市绿化用树作科学规划和合理布局。树种选择与规划是城市园林、建筑总体规划的一个重要组成部分，既要满足园林绿化的多种综合功能，又要适地适树、因地制宜。通过对现有的园林树木进行调查，了解树木应用现状及环境状况，是理论与实践相结合的学习方法，能够为将来的园林工作奠定基础。其意义体现在以下几个方面：

（1）了解一定区域现有的园林树木的现状，包括种类、数量、栽植方式、树木生长状况、绿化效果及树木生长环境的特点。

（2）了解树种特性及园林用途，为进行园林树木的规划设计打好基础，也为做好园林树木的栽植养护工作提供依据。

（3）进一步了解园林树木生长发育同周边环境的紧密关系，选出适合特定环境生长的园林树种，遵从适地适树原则。

（4）为制定、调整和检查城市园林绿地方针政策的编制和修订以及城市绿化发展、园林绿化考核工作提供依据。可使园林建设工作少走弯路、避免浪费、避免盲目性，可以有效地保证园林建设工作的发展和水平的提高。

（二）园林树种规划的原则

在对当地自然条件、自然植被、城镇绿化种类和比例、古树名木、历史资料等方面进行全面调查后，可着手进行树种规划。

1. 在满足园林绿化综合功能的基础上，要兼顾各绿地类型及城市性质进行规划

我国大、中、小城市在不断发展，不断增加，按 1983 年 10 月统计有 245 个。改革开放后出现了很多县级市，数量难以统计。每个城市可根据其历史、工业生产、风景名胜等来确定城市的性质，城市性质确定下来后，根据园林树木的三大功能（改善环境的生态功能、美化功能及生产功能）进行树种种类选择及规划。同一个城市中又应根据不同绿化类型及不同园林功能来选择树种，如行道树选择要求：树大荫浓、树冠整齐、主干通直；生长较快、长寿、耐修剪、耐移植、耐瘠薄、抗污染；树身洁净，没有恶臭或有刺的花、果（如银杏或构树就要选择雄株）等。

2. 以乡土树种为主，适地适树，因地制宜，适当选用已驯化的外来树种

城市的立地条件较差，上有"天罗"、下有"地网"，土层瘠薄且有砖瓦、水泥、石灰等杂物，大气污染严重，飘尘大。在这样苛刻的条件下，要把树种好，使树长好，必须遵从适地适树原则。

一般来说，本地原产的乡土树种最能体现地方风格和民族特色，群众喜闻乐见；适应本地的自然条件，最能抗灾难性气候，病虫害少；种苗易得且易成活，可大大节约人力、物力，便于加快城市普通绿化和园林绿化的速度。如华北的杨、柳、榆、槐、椿、油松、白皮松、五角枫、栾树、黄连木、白蜡、海棠等最能适合华北的气候条件。

适当选用经过驯化的外来树种非常重要，不少外来树种已证明基本能适应本地生长，即使它们偶尔遭遇灾难性天气的较大危害也要采取适当措施给予合理安排。如原产印度、伊朗的夹竹桃，15世纪后引入我国，其性强健、抗烟尘及有毒气体、不择土壤、病虫害少、花期长，目前已成为长江流域以南各城市的主要树种之一；悬铃木原产英国，现在我国很多城市都用其做行道树；白兰花和大王椰子在广州市被列为基调树种。这些外来树种已在我国大江南北园林绿化中广泛应用，安家落户了。

3. 以乔木为主，结合灌木、藤本、地被、花卉，为设计人工栽培群落提供丰富的素材

乔木是城镇园林绿化的骨架，具有良好的改善环境、保护环境、美化环境等作用，但仅仅用乔木绿化，则面貌显得单调，也不能充分发挥出生态效益。如由乔木、灌木、藤本、地被模拟自然植物群，组成有层次、有结构的人工植物群落，不但丰富了园林中的景色，增添了自然美感，而且最大限度地利用了空间，增加了单位面积的绿量，提高了生态效益，更为有效地改善了环境。

4. 选用长寿、珍贵树种，注意快长树与慢长树、常绿树与落叶树相结合

一座新建城市，为了早日展现城市的绿化面貌，或由于珍贵、慢长树种的苗木缺乏，先利用一些速生树种进行普遍绿化的做法是正确的。快长树能迅速形成绿化面貌，但它们往往寿命短，一旦长大绿树成荫，而由于衰老要砍伐更新再种小树，群众往往不能理解，同时也影响了园林景色；慢长树种往往长寿，能使城市绿化景观有一段相对较长的稳定时期，但在小树阶段往往难以达到园林绿化功能的需求。为此让快长树与慢长树间隔配植，快长树迅速成荫，待其将影响慢长树生长，而且慢长树也已长大到一定程度的时候，就要坚决地去掉快长树，留下慢长树，这样就不会剧烈地影响绿化面貌，群众也能理解。

5. 基调树种和骨干树种的要求

基调树种和骨干树种应对本地气候及当地的具体条件有较强的适应性，抗逆性强，病虫害少，特别是没有毁灭性病虫害，能抵抗、吸收多种有害气体，大苗易于成活，栽植管理简便。如桑科黄葛树和构树都是成长快、适应性强、抗毒及吸毒能力强，适合在工矿区大量栽种的树种。其中，黄葛树高大壮观、根系强大，已成为某市的基调树种。

(三) 树种调查和规划的方法和步骤

1. 打好理论基础

根据本地气候和土壤特点，研究植树绿化中存在的不利因素与有利因素，为树种规划打下好的理论基础。

2. 组织力量，开展调查研究

调查工作包括现状植被的调查和历史资料分析，调查工作应尽可能深入细致，摸清城市不同地点的树木现状，制定合理的"适地适树"规划。

3. 制定初步方案，讨论修改

根据调查研究结果，针对本地风土特点提出草案，征求意见，修改定案。

4. 确定基调树种和骨干树种

在制定树种规划时要特别重视对城市基调树种和骨干树种的选择。

5. 确定主要树种的比例

主要树种的比例包括乔木与灌木的比例、落叶树与常绿树的比例。确定合理的树种比

例，目的是有计划的生产、培育苗木，使苗木的种类、数量符合各类型园林绿地的需求。

(四) 古树名木的调查与保护

1. 古树名木的概念及保护意义

古树 (Old Trees) 是指树龄达 100 年以上者。古城、寺庙及古陵墓等地常有大量古树，如天目山开山老店的银杏树、金钱松和柳杉。古树是活的历史见证，是当地最适合种植的树种，可以成为树种规划中的基调树种或骨干树种。

古树调查还有以下价值：

(1) 对古树立地条件的分析，可指导改善立地条件。如北海白塔上白皮松（乾隆封为白袍将军）、油松（被封为"遮阴侯"）存活千年以上仍生长良好，研究人员发现古人铺装的是倒梯形的透气砖，各块砖间的间隙似一个个容水的小水库，砖底土面上还撒有骨粉，这对我们养护古树有极大的指导意义。

(2) 古树的冠幅不仅表达了所需的营养面积，也可作为种植疏密的参考。

(3) 古树的树姿、树皮、根茎等各种形态变化直接涉及植物形态、生理、生态等多方面的问题，值得探讨。

名木 (Famous Trees) 是指具有纪念性、历史意义的或国家、地方的珍稀名贵树种，也有说法是指国内外一些国家领导人或名人手植的树木。如黄山迎客松、景山公园崇祯皇帝上吊的槐树、山东曲阜孔子手植的桧柏、苏州清、奇、古、怪四棵桧柏、杭州的斑皮抽水树、铜钱树等。

古树名木两者有时集于一身，如陕西黄陵轩辕庙内的两株古柏，一株是"皇帝手植柏"，高近 20m，基围长 10m，是我国最大的古柏之一；另一株是"挂甲柏"，枝干斑痕累累，纵横成行，柏胶渗出，晶莹夺目，相传是汉武帝挂甲所致。古树名木不仅可以构成美丽的景观，而且是活的文物，对我国的历史及诗画艺术研究有很大价值，也可为研究古气候变化及树木的生命周期提供重要资料，它们对于一个城镇的树种规划具有重要的参考价值。古树一旦死亡，则无法再现，所以应加强管理与保护。

2. 古树名木的保护

首先，要制定古树名木的保护法规。我国国民古树名木保护意识较薄弱，各地砍伐、损伤古树名木的事件时有发生，急需采取措施改善现状。因此应加强宣传教育，使广大园林工作者和群众了解保护古树名木的意义，更重要的是制定相应的法规，使对古树名木的保护有法可依。

其次，要针对不同情况采取具体的保护措施。古树名木所处的具体环境各异，加速其衰老的原因以及威胁其生存的原因也不同，要根据具体情况分别采取保护措施。如古树中常有中空、树干倾斜或偏冠等现象，应加支撑设施，以免因雨雪风霜等造成折枝或连根倒伏等不可挽回的损伤。对病虫害、树洞及伤口等需及时防治与妥善处理。

【知识链接】基调树种、骨干树种与一般树种

木本植物规划中树种分为基调树种、骨干树种及一般树种。

基调树种，指各类园林绿地中应用频率高、使用数量大、能形成全城统一基调的树种。种类不宜过多，一般为 4~5 种，但数量上宜多，常为标志这一城市绿化面貌的代表树种。基调树种往往是市树或本地区最优秀的树种。如广州称棉城，大量应用木棉，福州称榕城

（小叶榕），成都称蓉城（木芙蓉），新会称葵城（蒲葵），还有重庆的黄葛树，郑州的悬铃木，天津的绒毛白蜡，昆明的悬铃木、银桦、蓝桉，北京的国槐、侧柏、白皮松、油松等都属于基调树种。

骨干树种，指自始至终贯穿整个风景序列，能表现地方特色和城市风貌的树种，通常为 5~20 种。

一般树种，体现生物多样性，丰富城市色彩，数量不限，通常可选用 100 种或更多。

【学习评价】

学生成绩评分标准见表 1-4-1。

表 1-4-1　学生成绩评分标准

序号	评价项目	评价内容	分值
		任务四　园林树种规划的认知	
1	学习态度	全勤（5 分）；学习积极主动，态度认真、努力（5 分）；回答问题准确率高（5 分）	15
2	学习方法	能够充分准备理论资料（5 分）；任务调查计划周密、实施到位（5 分）；善于运用多种手段，具有一定的探索精神（5 分）	15
3	团队精神	积极参加小组合作，团队意识强（5 分）；共同研究、认真讨论，解决问题效率高（5 分）	10
4	能力水平	任务报告按时完成，内容完整、表述正确（30 分）；条理清晰、电子版报告图文并茂（10 分）；实践能力突出（10 分），完成任务有创新之处（10 分）	60

【复习思考】

1. 园林树木调查有哪些意义？
2. 园林树种规划时应遵从哪些原则？
3. 古树名木保护的意义是什么？有何保护措施？

项目二 裸子植物门园林树木分类

项目引言

裸子植物为原始的种子植物,与被子植物的区别是胚珠裸露,不为子房所包被,不形成果实。叶多为针形、鳞片形、线形、椭圆形、披针形,罕为扇形。花单性,罕两性。种子有胚乳,胚直生,子叶一至多数。裸子植物多为高大的乔木,广布于北半球温带至寒带地区以及亚热带的高山地区。全世界的裸子植物共有12科71属约800种,我国有11科41属250余种,包括自国外引种栽培的1科8属51种,几乎占全世界总量的三分之一。

裸子植物分布广泛,是我国森林植被的主要树种、世界上木材生产的主要树种以及我国绿化及观赏的主要树种。

本项目的内容主要是裸子植物在园林绿化中常见种类的识别与应用。根据绿化工作实际要求,设计一个学习任务,即裸子植物园林树木分类。

学习目标

(1)掌握本地区常见裸子植物门园林树木的识别特征,能够准确鉴别形态相似树种;能够准确识别常见应用的裸子植物门园林树种30~40种以上。

(2)能够根据可以应用本地区的裸子植物门绿化树种观赏特点和生态习性进行树种规划。

(3)能够根据园林绿地类型的不同需求合理选用适宜的树种。

任务　裸子植物园林树木分类

【任务描述】

本任务旨在学习裸子植物门中常用的园林树种，掌握各树种的识别特征、分布习性、观赏特色和园林应用特点。

【任务分析】

本任务的学习以植物形态分类学知识为基础，结合项目一园林树木分类与应用基础的有关理论，按照科、属、种的体系，通过树木识别与应用调查任务驱动的形式，认知园林常见应用的裸子植物门树种，能够准确鉴别并合理应用。在学习过程中，注意先掌握各科代表性树种，善于运用特征比较法，举一反三，掌握其他相关树种；要特别注意区别形态相似的树种。

【任务目标】

准确识别本地区常用的裸子植物；掌握相关树种的观赏特色和园林应用特点；掌握主要树种特别是代表性乔木树种的主要习性；能够根据常见树种的观赏特点和应用特点进行合理配植。

【任务实施】

教师运用多媒体进行案例式教学，同时利用校内树木园、本地区公园和城市绿地通过现场教学或实训实习等形式，引导学生认知代表性树种；发挥学生主体学习作用，布置以学习小组为单位合作完成树种实地调查任务，主要内容包括各裸子植物门园林树种的识别特征、观赏特点和园林应用特点。

一、材料与用具

本地区生长正常的各种裸子植物门园林树种、照相机、手持放大镜、解剖镜、枝剪、记录夹等。

二、任务实施步骤

（1）运用多种教学手段，如多媒体教学、现场教学、实训实习等，教师指导学生学习代表性裸子植物。

（2）完成本地区裸子植物门园林树种调查报告（Word 格式或 PPT 格式），要求调查代表性树种 20 种以上。

裸子植物园林树种识别与应用调查记录表见表 2-1。

表 2-1　裸子植物园林树种识别与应用调查记录表

序号	树种	科属	识别要点	观赏特点	主要生态习性	园林应用特点
1						
2						
…						

后附树种图片。

三、树种认知

1. 苏铁科苏铁属

（1）苏铁（凤尾蕉、凤尾松、避火蕉、铁树）*Cycas revoluta* Thunb.（图2-1）

【识别特征】①常绿棕榈状木本植物，茎高达5m。②叶羽状，长达0.5～2.4m，厚革质而坚硬，羽片条形，长达18cm，边缘显著反卷。③雄球花长圆柱形，小孢子叶木质，密被黄褐色绒毛，背面着生多数药囊；雄球花略呈扁球形，大孢子叶宽卵形，有羽状裂，密被黄褐色棉毛，在下部两侧着生2～4个裸露的直生胚珠。④花期6～8月；种子10月成熟，熟时红色。

【分布与习性】原产中国南部，在福建、台湾、广东各省均有。日本、印度及菲律宾也有分布。喜暖热湿润气候，不耐寒，在温度低于0℃时极易受害。生长速度缓慢，寿命可达200余年。俗传"铁树60年开一次花"，实则十余年以上的植株在南方每年均可开花。

【观赏与应用】苏铁体型优美，有反映热带风光的观赏效果，常布置于花坛的中心或盆栽布置于大型会场内供装饰用。

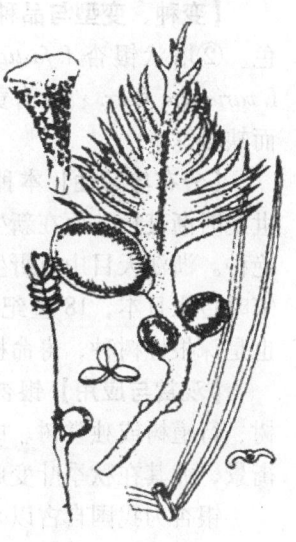

图2-1 苏铁

（2）华南苏铁（刺叶苏铁）*Cycas rumphii* Miq.

【识别特征】①常绿木本，高2～4m，分枝或不分枝。②叶丛呈较直上生长状，羽状叶长1～2m，羽片宽条形，长15～38cm，宽0.5～1.5cm，叶缘扁平或微反卷，叶上部之羽片渐短，近顶端处者长仅数毫米，叶柄有刺。③春夏开花，大孢子叶边缘细裂而短如刺齿。④种子卵形或近球形。

【分布与习性】产印尼、澳大利亚北部、马来西亚至非洲马达加斯加等地。适应性较强。

【观赏与应用】株型秀美，在世界热带和亚热带地区常见栽培。广州、南京、上海有盆栽，我国华南一些植物园有少量栽培。

2. 银杏科银杏属

银杏（白果树、公孙树）*Ginkgo biloba* L.（图2-2）

【识别特征】①落叶大乔木，高达40m，干部直径达3m以上。树冠广卵圆形，青壮年期树冠圆锥形。②树皮灰褐色，深纵裂。主枝斜出，近轮生，枝有长枝、短枝之分。一年生枝的长枝呈浅棕黄色，后则变为灰白色，并有细纵裂纹，短枝细被叶痕。③叶扇形，有二叉状叶脉，顶端常2裂，基部楔形，有长柄，互生于长枝而簇生于短枝上。④雌雄异株，球花生于短枝顶端的叶腋或苞腋，雄球花4～6朵，无花被，长圆形，下垂，呈柔荑花序状，雄蕊多数，螺旋状排列，各有花药2，雌球花也无花被，有长柄，顶端有1～2盘状珠座，每座上有1直生胚珠。花期4～5月，风

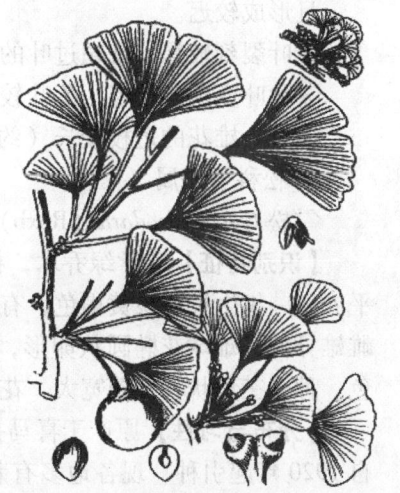

图2-2 银杏

媒花。⑤种子核果状，椭圆形，径2cm，熟时呈淡黄色或橙黄色，外被白粉，外种皮肉质，有臭味，中种皮白色，骨质，内种皮膜质，胚乳肉质，味甘微苦，子叶2片。种子9~10月成熟。

【变种、变型与品种】有较高观赏价值的有以下种类：①黄叶银杏 f. *aurea* Beiss.：叶黄色。②塔状银杏 f. *fastigiata* Rehd.：大枝的开展度较小，树冠呈尖塔柱形。③斑叶银杏 f. *variegata* Carr.：叶有黄斑。④垂枝银杏'Pendula'：枝下垂。⑤裂银杏'lacinata'叶形大而缺刻深。

【分布与习性】本种为孑遗树种（活化石），在古生代及中生代很繁盛，至新生代第三世纪时渐衰亡，而在新生代第四世纪由于冰川期的原因，使中欧及北美等地的本科树木完全绝种。浙江天目山有野生银杏，沈阳以南、广州以北各地均有栽培，而以江南一带较多。在宋时传入日本，18世纪中叶又由日本传至欧洲，以后再由欧洲传至美洲。银杏为阳性树，也是深根性树种，寿命极长，可达千年以上。

【观赏与应用】银杏树姿雄伟壮丽，叶形秀美，寿命极长，又少病虫害，最适宜作庭荫树、行道树或独赏树。中国各城市中最早用银杏作行道树的当推丹东市，确实形成了壮丽的街景，尤其在秋季叶变成一片金黄时极为美观。

银杏为我国自古以来习用的绿化树种，最常见的配植方法是在寺庙殿前左右对植，故至今在各地寺庙中常可见参天的古银杏。此种近千年的古木是中国的国宝，应特别注意保护。目前为大家所熟知的著名古树有山东莒县春秋时代的银杏，四川灌县青城山中的汉代银杏，江西庐山黄龙寺中传说的晋代银杏，湖南衡山福严寺中传说的唐代银杏。在四川峨眉山、云南昆明西山及腾冲、浙江的西天目山及温州、安徽肖县的天门寺、陕西省周至县楼观台大庙、泰安灵岩及青岛的崂山，北京的西山碧云寺以及前述的大觉寺、潭柘寺等处均有古银杏树。

为了美化城市或结合生产，有区别雌雄株的必要，现将其区分特征示之如下，以供参考：

雌　株	雄　株
①主枝与主干间的夹角小；树冠稍瘦，且形成较迟。	①主枝与主干间的夹角较大；树冠宽大，顶端较平，形成较早。
②叶裂刻较深，常超过叶的中部。	②叶裂刻较浅，未达叶的中部。
③秋叶变色期较晚，落叶较迟。	③秋叶变色期及脱落期均较早。
④着生雄花的短枝较长（约1~4cm）。	④着生雌花的短枝较短（约1~2cm）。

3. 松科雪松属

雪松 *Cedrus deodara* (Roxb) Loud.（*C. libani* Rich. var. *deodara* Hook. f.）（图2-3）

【识别特征】①常绿乔木，树冠圆锥形。②树皮灰褐色，鳞片状裂。大枝不规则轮生，平展，一年生长枝淡黄褐色，有毛，短枝灰色。③叶针状，灰绿色，各面有数条气孔线。④雌雄异株，雄球花椭圆状卵形，雌球花卵圆形。⑤球果椭圆状卵形，顶端圆钝，熟时红褐色。种子三角状，种翅宽大。花期10~11月，球果次年9~10月成熟。

【分布与习性】原产于喜马拉雅山西部，自阿富汗至印度的海拔1300~3300m间。中国自1920年起引种，现各地多有栽培，青岛、大连、西安、昆明、北京、郑州、上海、南京等地的雪松均生长良好。雪松喜光，较耐荫，有一定耐寒能力。喜土层深厚而排水良好的土壤，能生长在微酸性和微碱性土壤上，忌积水和有毒气体。浅根性树种，侧根系大体在土壤40～60cm深处为多。属速生树种。

【观赏与应用】雪松树体高大，树形优美，为世界著名的观赏树。印度民间视其为圣树，并作为名贵的药用树木。最宜孤植于草坪中央、建筑前庭之中心、广场中心或主要大建筑的两旁及园门的入口等处。其主干下部的大枝自近地面处平展，常年不枯，能形成繁茂雄伟的树冠，这一特点更是独植树的可贵之点。而当冬季，皎洁的雪片纷积于翠绿色的枝叶上，形成许多高大的银色金字塔，则更为引人入胜。此外，列植于园路的两旁，形成甬道，也极为壮观。

4. 松科金钱松属

金钱松 Pseudolarix kaempferi Gord.（Pseudolarix amabilis (Nels.) Rehd.）（图2-4）

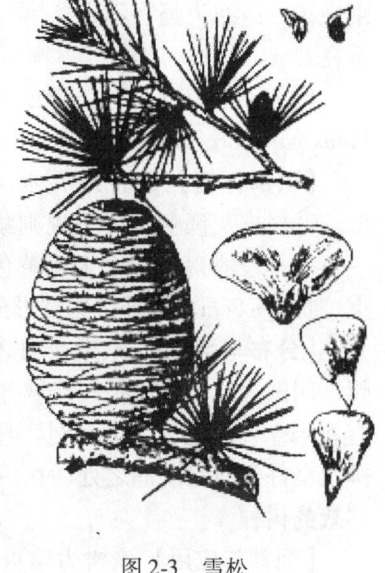

图2-3 雪松

【识别特征】①落叶乔木。树冠阔圆锥形，树皮赤褐色，呈狭长鳞片状剥离。②大枝不规则轮生，平展，一年生长枝黄褐色或赤褐色，无毛。冬芽卵形，锐尖，芽鳞先端长尖。③叶条形，在长枝上互生，在短枝上15～30枚轮状簇生。④雄球花数个簇生于短枝顶部，有柄，黄色花粉有气囊；雌球花单生于短枝顶部，紫红色。⑤球果卵形或倒卵形，当年成熟，淡红褐色。花期4～5月，果10～11月上旬成熟。

【分布与习性】产于安徽、江苏、浙江、江西、湖南、湖北、四川等省，在西天目山生于海拔100～1500m处，在庐山生于海拔1000m处。性喜光，幼时稍耐荫，喜温凉湿润气候和深厚肥沃、排水良好的而又适当湿润的中性或酸性砂质壤土，不喜石灰质土壤。金钱松属于有真菌共生的树种，菌根多则对生长有利。结实习性是常隔3～5年才丰产一次。

图2-4 金钱松

【观赏与应用】本树为珍贵的观赏树木之一，与南洋杉、雪松、日本金松和巨杉称为世界五大公园树。金钱松体形高大，树干端直，入秋叶变为金黄色极为美丽。可孤植或丛植。在北京曾有少量种植。

5. 松科松属

（1）华山松 Pinus armandii Franch.

【识别特征】①常绿乔木，高达35m。树冠广圆锥形。②小枝平滑无毛，冬芽小，圆柱形，栗褐色。③叶5针1束，长8～15cm，质柔软，叶鞘早落。④球果圆锥状长卵形，成熟时种鳞张开，种子脱落。种子无翅或近无翅。花期4～5月，球果次年9～10月成熟。

【分布与习性】山西、西藏、四川、湖北、云南、贵州、台湾等省（区）均有分布。在自然界大抵生于海拔1000~3000m处，有纯林及混交林。阳性树，耐寒力强，不耐炎热，在高温季节长的地方生长不良。

（2）日本五针松（五钗松、日本五须松、五针松）*Pinus parviflora* Sieb. et Zucc.（图2-5）

【识别特征】①常绿乔木，高10~30cm。树冠圆锥形。②树皮灰黑色，呈不规则鳞片状剥裂，内皮赤褐色。一年生小枝淡褐色，密生淡黄色柔毛。③叶较细，5针1束，长3~6cm。④球果卵圆形或轮状椭圆形。

【分布与习性】原产于日本本洲中部及北海道、九州、四国等地，中国长江流域部分城市及青岛等地园林中有栽培，各地也常栽为盆景。阳性树，喜生于土壤深厚、排水良好又适当湿润之处，在阴湿之处生长不良。属较难移栽的树种。

【观赏与应用】该树为珍贵的树种之一，主要作观赏用，宜与山石配置形成优美的园景，但若任其自然生长则树形较普通，难以充分发挥其美丽针叶的特点，故通常均进行专门的整形工作作盆景、桩景等用。

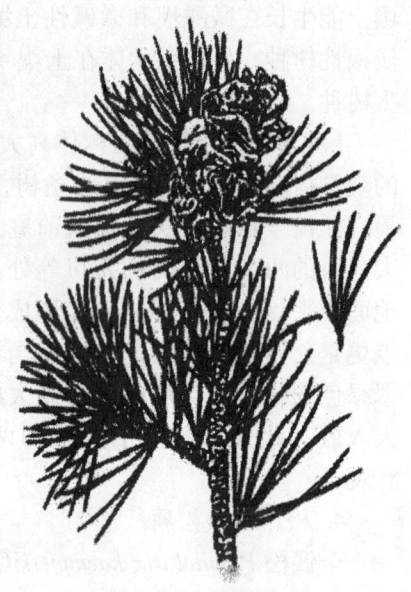

图2-5 日本五针松

（3）北美乔松（美国白松、美国五针松）*Pinus strobus* L.（图2-6）

【识别特征】①常绿乔木，高20m。②树皮带紫色，深裂。小枝绿褐色，初时有毛，后脱落，无白粉。③针叶5针1束，长7~14cm，叶细而柔软，不下垂，树脂道2个，边生于背部。④球果长8~12cm，种子有长翅。

【变种、变型与品种】北京乔松 *P. strobus* × *P. griffithii* 是北美乔松与乔松的杂交种，由中科院植物所育成，性状介于两者之间。

【分布与习性】原产美国东部，中国在熊岳、大连、南京、北京、杭州等地均有引种栽培。耐寒，抗污染能力差。

【观赏与应用】北美乔松树冠呈阔圆头状，树形美观，针叶纤细柔美，观赏价值较高。

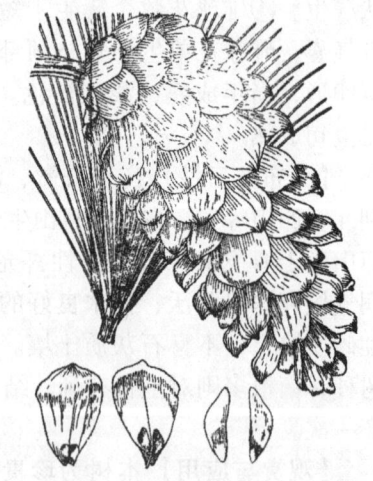

图2-6 乔松

（4）白皮松（虎皮松、白骨松、蛇皮松）*Pinus bungeana* Zucc.（图2-7）

【识别特征】①常绿乔木，树冠阔卵形或圆头形。②树皮淡灰绿色或粉白色，呈不规则鳞片状剥落。大枝自近地面处斜出。冬芽卵形，赤褐色。③针叶3针1束，长5~10cm，边缘有细锯齿，基部叶鞘早落。④雄球花序长约10cm，鲜黄色。球果圆锥状卵形。花期4~5月，果次年9~11月成熟。

【分布与习性】为中国特产，是东亚唯一的三针松，在陕西蓝田有成片纯林，山东、山西、河北、陕西、河南、四川、湖北、甘肃等省均有分布，生于海拔500~1800m地带。辽南、北京、曲阜、庐山、南京、苏州、上海、杭州、武汉、衡阳、昆明、西安等地均有栽培。阳性树，稍耐荫，幼树略耐半荫，耐瘠薄和轻盐碱土壤，抗二氧化硫和烟尘。白皮松是深根性树种，寿命可达千年以上。

【观赏与应用】白皮松是特产中国的珍贵树种，自古以来即用于配植宫廷、寺院以及名园之中。其干皮呈斑驳状的乳白色，极为醒目，衬以青翠的树冠，可谓独具奇观。宜孤植，宜团植成林，或列植成行，或对植堂前。

（5）马尾松 Pinuns massoniana Lamb.（P. sinensis Lamb.）

【识别特征】①常绿乔木，高达45m，胸径1m余。②干皮红褐色，呈不规则裂片。一年生小枝淡黄褐色，轮生。冬芽圆柱形，端褐色。③叶2针1束，罕3针1束，质软，叶缘有细锯齿，树脂道4~8个，边生。④球果长卵形，有短柄，成熟时栗褐色，脱落而不宿存树上。种鳞的鳞背扁平，横脊不很显著，鳞脐不突起，无刺。花期4月，果次年10~12月成熟。

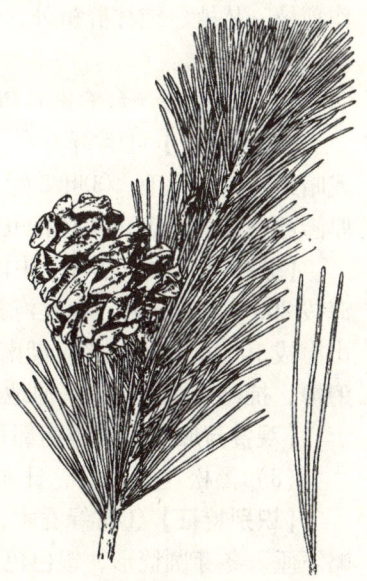

图2-7 白皮松

【分布与习性】分布极广，北自河南及山东南部，南至两广、台湾，东至沿海，西至四川中部及贵州，遍布于华中、华南各地。一般在长江下游海拔600~700m以下，中游海拔约1200m以上，上游海拔约1500m以下均有分布。强阳性，幼苗也不耐荫。喜温暖多雨气候及酸性土壤，耐瘠薄，忌水涝及盐碱。深根性，生长快。

【观赏与应用】马尾松树形高大雄伟，是江南及华南自然风景区、普遍绿化及造林的重要树种。因松毛虫危害严重，不宜大面积种植。

（6）油松（短叶马尾松、东北黑松）Pinus tabulaeformis Carr.（图2-8）

【识别特征】①常绿乔木，高达25m，胸径约1m。②树皮灰棕色，呈鳞片状开裂，裂缝红褐色。小枝粗壮，无毛，褐黄色。冬芽长圆形，端尖，红棕色，在顶芽旁常轮生有3~5个侧芽。③叶2针1束，叶鞘宿存。④雄球花橙黄色，雌球花绿紫色。⑤球果卵形。种鳞的鳞背肥厚，横脊显著，鳞脐有刺。花期4~5月，果次年10月成熟。

【分布与习性】主要分布于辽宁、吉林、内蒙古、河北、河南、山西、陕西、山东、甘肃、宁夏、青海、四川北部等地，朝鲜也有分布。油松属深根性树种，喜光，耐寒，耐干旱，耐瘠薄，在酸性、中性和钙质土上均能生长。寿命长达千年。

【观赏与应用】油松树干挺拔苍劲，四季常春，不畏风雪严寒，故象征坚贞不屈、不畏强暴的气质，文学家们常以松树的风格来形容革命志士。在园林配植中，除了适于

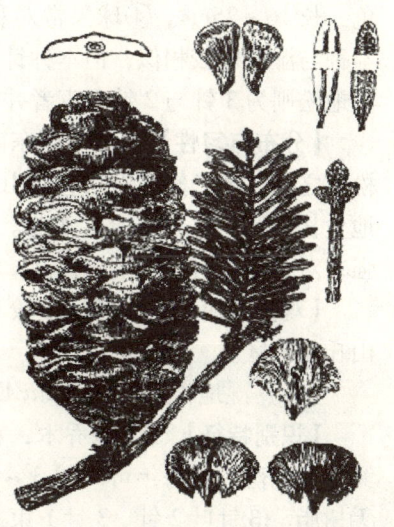

图2-8 油松

作独植、丛植、纯林群植外，也宜混交种植。适于作油松伴生树种的有元宝枫、栎类、桦木、侧柏等。

（7）黄山松（台湾松）*Pinus taiwanensis* Hayata

【识别特征】①常绿乔木，高达30m，胸径达80cm。树冠伞形。②一年生小枝淡黄褐色或暗红褐色，无毛。③叶2针1束。④球果卵形，几无梗，可宿存树上数年之久，鳞背稍肥厚隆起，横脊显著，鳞脐有短刺。花期4~5月，果次年10月成熟。

【分布与习性】本种为中国特有树种，产于台湾山区海拔750~2800m地带，浙江山区海拔800~1500m处，福建海拔1000~1500m山区，安徽黄山海拔600~1800m处，江西庐山海拔1000m以上地带，湖南衡山海拔1000m地带。阳性树，喜凉爽湿润的高山气候，耐瘠薄，抗风力极强，在平原地区生长不良。

【观赏与应用】安徽南部黄山、甘肃北部庐山等地的风景林树种，还可作盆景材料。

（8）黑松（白芽松、日本黑松）*Pinus thunbergii* Parl.

【识别特征】①常绿乔木，高达30~35m，胸径达2m。②树皮灰黑色，枝条开展，老枝略下垂。冬芽圆筒形，银白色。③叶2针1束，粗硬，长6~12cm，在枝上可存3年，偶有存5年的。雄球花1~3个，顶生。④球果卵形，有短柄。种子倒卵形，灰褐色，略有黑斑。花期3~5月，果次年10月成熟。

【分布与习性】原产日本及朝鲜，中国山东沿海、辽东半岛、江苏、浙江、安徽等地有栽培。阳性树，喜温暖湿润的海洋性气候，极耐海潮风和海雾，耐干旱瘠薄和盐碱土。

【观赏与应用】本树为著名的海岸绿化树种，可用作防风、防潮、防沙林带及海滨浴场附近的风景林、行道树或庭荫树。在国外也有密植成行并修剪成整形式的高篱者，一般多为7~8m高，围绕于建筑或住宅之外，既有美化又有防护作用。

（9）火炬松 *Pinus taeda* L.

【识别特征】①常绿乔木，高达30m。树冠呈紧密的圆头状。②小枝黄褐色。冬芽长圆形，有松脂，淡褐色，芽鳞分离而端反曲。③叶3针1束，罕2针1束，叶细而硬，亮绿色，长16~25cm。④球果常对称着生，无柄，果长圆形，浅红褐色，鳞脐小，具反曲刺。本种与湿地松较相似，但本种针叶多为3针1束，罕2针1束，树脂道多为2个，中生；而湿地松则为3针与2针1束者并存，树脂道2~9（~11）个，多内生，可以此区别。

【分布与习性】原产美国东南部，也为重要的用材树种，是中国引种驯化成功的外国产松树之一，现已知在南京、庐山、马鞍山、富阳、闽侯、武汉、长沙、广州、南宁、资中等地生长良好。其树干通直无节。较耐荫，能耐干旱瘠薄土地，不耐水湿及盐碱，适应性较强，对松毛虫有一定的抗性。

【观赏与应用】生长速度较马尾松快，干形直。其推广范围大致是长江流域及其以南低山丘陵地区。

（10）湿地松 *Pinus elliottii* Engelm.

【识别特征】①常绿乔木，在原产地高30~36m，胸径90cm。②树皮灰褐色，纵裂成大鳞片状剥落。枝每年可生长3~4轮，小枝粗壮。冬芽红褐色，粗壮，圆柱形，先端渐尖，无树脂。③针叶2针、3针1束并存，长18~30cm，粗硬，深绿色，有光泽，腹背两面均有气孔线，叶缘具细锯齿，叶鞘长约1.2cm。④球果常2~4个聚生，罕单生，圆锥形。种子卵圆形，略具3棱。花期在广州为2月上旬至3月中旬，果次年9月上中旬成熟。

【分布与习性】 原产美国南部暖热潮湿的低海拔地区（600m以下），中国山东平邑以南至海南岛的陵水县，东自台湾，西至成都的广大地区内多处试栽均表现良好。喜夏雨冬旱的亚热带气候，在低洼沼泽地边缘生长更佳，故名湿地松。湿地松为阳性树种，极耐荫，耐水湿及盐碱土，不耐干旱，抗风力较强。

【观赏与应用】 湿地松苍劲而速生，适应性强，材质好，松脂产量高。中国已引种驯化成功达数十年，在长江以南的园林和自然风景区中作为重要树种应用。

6. 松科云杉属

（1）云杉 *Picea asperata* Mast.

【识别特征】 ①常绿乔木，高45m，胸径约1m。树冠圆锥形。②小枝近光滑或疏生至密生短柔毛，一年生枝淡黄色、淡黄褐色或黄褐色。芽圆锥形。③叶长1～2cm，先端尖，横切面菱形。④球果圆柱状长圆形或圆柱形，成熟前种鳞全为绿色，成熟时呈灰褐色或栗褐色。花期4月，果当年10月成熟。

【变种、变型与品种】 栽培品种有蓝粉云杉'Glauca'：叶断面四棱状，具蓝粉，系德国品种。

【分布与习性】 产四川、陕西、甘肃海拔1600～3600m山区。有一定耐荫性，喜冷凉湿润气候，对干燥环境有一定抗性。浅根性，要求排水良好，喜微酸性深厚土壤。生长速度较白杆略快，自然林中有50年生高达12m的，人工造林及定植的可生长更快。

【观赏与应用】 树冠尖塔形，苍翠壮丽，材质优良，生长较快，故在用材林和风景林等方面，都可起重大作用，威尔逊于1910年将本种引至美国阿诺德树木园试种。

（2）白杆（麦氏云杉，毛枝云杉）*Picea meyeri* Rehd. et Wils.（图2-9）

【识别特征】 ①常绿乔木，树冠狭圆锥形。②树皮灰色，呈不规则薄鳞状剥落。大枝平展，小枝有密毛、疏毛或无毛、淡褐色、红褐色或褐色，一年生枝黄褐色，当年生枝几无毛。芽多圆锥形或卵状圆锥形。③叶四棱状条形，呈有粉状青绿色，端钝，四面有气孔线，螺旋状排列。④球果长圆柱形，初期浓紫色，成熟前种鳞背部绿色而上部边缘紫红色，成熟时则变为有光泽的黄褐色。

【分布与习性】 中国特产树种，是国产云杉中分布较广的种。在山西五台山、河北小五台山、雾灵山、陕西华山等地均有分布。华北城市如北京等地园林中多见栽培。1908年迈尔（F. E. Meyer）引种至美国阿诺德树木园，日本也有引入。耐荫性强，为阴性树，耐寒，喜空气湿润气候，喜生于中性及微酸性土壤。白杆为浅根性树种，但根系有一定的可塑性，在土层厚而较干处根可生长稍深。

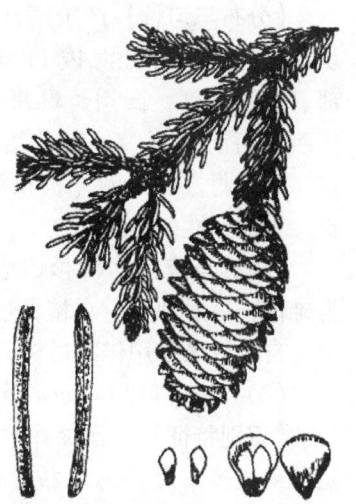

图2-9 白杆

【观赏与应用】 树形端正，枝叶茂密，下枝能长期存在。最适孤植，如丛植时也能长期保持郁闭，华北城市可较多应用，庐山等南方风景区也有引种栽培。

（3）青杆（魏氏云杉，细叶云杉）*Picea wilsonii* Mast.（*P. mastersii* Mayr）（图2-10）

【识别特征】 ①常绿乔木，高达50m，胸径1.3m。②一年生小枝淡黄绿色、淡黄色或淡黄灰色，无毛，罕疏生短毛。③叶较短，横断面菱形或扁菱形，各有气孔线4～6条。④球果卵状圆柱形或圆柱状长卵形，成熟前绿色，熟时黄褐色或淡褐色，长4～8cm，径2.5～4.0cm。花期4月，球果10月成熟。

【分布与习性】分布于河北小五台山、雾灵山、山西五台山、甘肃中南部、湖北西部、青海东部及四川等地区山地海拔1400～2800m地带。北京、太原、西安等城市园林中常见栽培。性强健，适应力强，耐荫性强，耐寒，喜凉爽湿润气候。

【观赏与应用】同白杆。

7. 杉科柳杉属

（1）柳杉（长叶柳杉、孔雀松）*Cryptomeria fortunei* Hooibenk ex Otto et Dietr.（图2-11）

图2-10　青杆

【识别特征】①常绿乔木，高达40m，胸径达2m余。树冠塔圆锥形。②树皮赤棕色，纤维状裂成长条状脱落。大枝斜展或平展，小枝常下垂，绿色。③叶长1～1.5cm，幼树及萌芽枝之叶长达2.4cm，钻形，微向内曲，先端内曲，四面有气孔线。④雄球花黄色，雌球花淡绿色。⑤球果熟时深褐色，径1.5～2cm。种鳞约20枚，苞鳞尖头与种鳞先端之裂齿均较短，每种鳞有种子2。花期4月，果10～11月成熟。

【分布与习性】产于浙江天目山、福建南平三千八百坎及江西庐山等处海拔1100m以下地带，浙江、江苏南部、安徽南部、四川、贵州、云南、湖南、湖北、广东、广西及河南郑州等地有栽培，生长良好。为中等的阳性树，略耐荫，也略耐寒，在河南郑州及山东泰安均可生长。为深根性树种。

【观赏与应用】柳杉树形圆整而高大，树干粗壮，极为雄伟，最适独植、对植，也可丛植或群植。在江南习俗中，自古以来常用作墓道树，也宜作风景林栽植。

图2-11　柳杉

（2）日本柳杉 *Cryiomeria joponica*（L. f.）D. Don

【识别特征】①常绿乔木，在原产地高达45m，胸径达2m余。②与柳杉之不同点主要是种鳞数多，为20～30枚，苞鳞的尖头和种鳞顶端的齿缺较长，每种鳞有3～5种子。

【分布与习性】原产日本。中国有引入，在南京、上海、扬州、无锡、南通及庐山均有栽培。

【观赏与应用】同柳杉。园艺品种很多，有灌木状的观赏用品种。

8. 杉科落羽杉属

（1）落羽杉（落羽松）*Taxodium distichum*（L.）Rich.

【识别特征】①落叶乔木，高达50m，胸径达3m以上。②树干尖削度大，基部常膨大而有屈膝状的呼吸根。树皮呈长条状剥落。一年生小枝褐色，生叶的侧生小枝排成2列。

③叶条形，长 1~1.5cm，扁平，先端尖，排成羽状 2 列，上面中脉凹下，淡绿色，秋季凋落前变暗红褐色。④球果圆球形或卵圆形，茎约 2.5cm，熟时淡褐黄色。种子褐色，长 1.2~1.8cm。花期 5 月，球果次年 10 月成熟。

【分布与习性】原产美国东南部，其分布区较池杉广，在北美洲可分布到北纬 40°地带，有一定耐寒力。我国已引入栽培达半个世纪以上，在长江流域及华南大城市的园林中常有栽培，最北界已达河南南部鸡公山一带。强阳性树，喜暖热湿润气候，极耐水湿，能生长于浅沼泽中，也能生长于排水良好的陆地上。抗风性强。

【观赏与应用】落羽杉树形整齐美观，近羽毛状的叶丛极为秀丽，入秋叶变成古铜色，是良好的秋色叶树种。最适水旁配植且有防风护岸之效。落羽杉属与水杉、水松、巨杉、红杉同为孑遗树种，是世界著名的园林树木。

（2）池杉（池柏、沼杉、沼落羽松）*Taxodium ascendens* Brongn.

【识别特征】①落叶乔木，在原产地高达 25m。②树干基部膨大，常有屈膝状的呼吸根，在低湿地生长的"膝根"尤为显著。树皮褐色，纵裂，成长条片状脱落。当年生小枝绿色，细长，常略向下弯垂，二年生小枝褐红色。③叶多钻形，略内曲，常在枝上螺旋状伸展，下部多贴近小枝。④球果圆球形或长圆状球形，有短梗，向下斜垂，熟时褐黄色。花期 3~4 月，球果 10~11 月成熟。

【分布与习性】产于美国，常于沿海平原的沼泽及低湿地海拔 30m 以下处见到。我国自本世纪初引至南京、南通及鸡公山等地，后又引至杭州、武汉、庐山、广州等地，现已在许多城市尤其是长江南北水网地区成为重要的造树和园林树种。喜温暖湿润气候和深厚疏松的酸性、微酸性土壤。强阳性，不耐荫，耐涝，又较耐旱。

【观赏与应用】池杉树形优美，枝叶秀丽婆娑，秋叶棕褐色，是观赏价值很高的园林树种，特适水滨湿地成片栽植，孤植或丛植为园景树，也可构成园林佳景。

9. 杉科杉木属

杉木 *Cunninghamia lanceolata* (Lamb.) Hook. （图 2-12）

【识别特征】①常绿乔木，树冠幼年期为尖塔形，大树为广圆锥形。②树皮褐色，长条片状脱落。③叶披针形或条状披针形，常略弯而呈镰状，革质，坚硬，深绿色而有光泽，在相当粗的主枝、主干上常有反卷状枯叶宿存不落。④球果卵圆形至圆球形，熟时苞鳞革质，棕黄色。种子长卵形或长圆形，扁平，暗褐色，两侧有狭翅。

【分布与习性】在我国分布广，产于长江流域或秦岭以南 16 个省区，多为人工林。亚热带树种，喜温暖湿润气候，不耐寒，喜肥，喜光，畏盐碱土，最喜深厚肥沃排水良好的酸性土壤（pH 值为 4.5~6.5）。杉木根系强大，易生不定根，萌芽、萌蘖能力强。

【观赏与应用】杉木树干端直，树冠参差，极为壮观。适合大面积群植为风景林，或在山谷、溪边、林缘

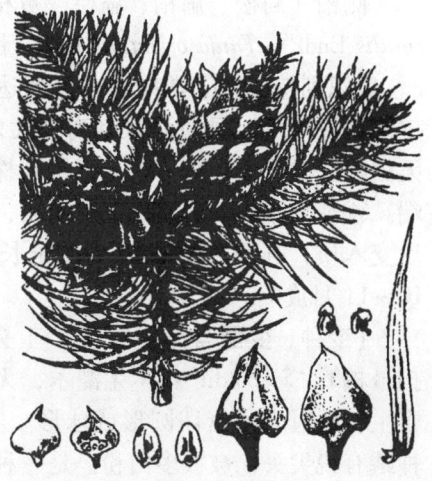

图 2-12　杉木

与其他树类混植，也可列植道旁。

10. 杉科水杉属

本属仅一种，有的分类学家单列为一科。在白垩纪及第三世纪时，本属约有10种广布于东亚、西欧和北美，但在第四纪冰河期后，其他地方的本属植物均已绝种。现仅我国有一种，1941年由于铎教授在湖北利川市发现，1946年王战教授等采取标本，经胡先骕、郑万钧二教授1948年定名，曾引起各国植物学家极大的注意。

水杉 *Metascquoia glyptostroboides* Hu et Cheng（图2-13）

【识别特征】①落叶乔木，树高达35m，胸径2.5m。干基常膨大。幼树树冠尖塔形，老树则为广圆头形。②树皮灰褐色。大枝近轮生，小枝对生。③叶交互对生，叶基扭转排成2列，呈羽状，条形，扁平，冬季与无芽小枝一同脱落。④雌雄同株，单性。球果近球形。花期2月，果当年11月成熟。

【分布与习性】产于四川石柱县，湖北利川市磨刀溪、水杉坝一带及湖南龙山、桑植等地海拔750～1500m，气候温和湿润，沿河酸性土沟谷中。40年来已在国内南北各地及国外50个国家引种栽培。阳性树种，喜温暖湿润气候，具有一定抗寒性，北京可露地越冬。不耐涝，对土壤干旱也敏感。对二氧化硫等有害气体抗性弱。

【观赏与应用】水杉树冠呈圆锥形，姿态优美。叶色秀丽，秋叶转棕褐色，均甚美观。宜于园林中丛植、列植或孤植，也可成片林植。水杉生长迅速，是郊区、风景区绿化的重要树种。

图2-13 水杉

11. 柏科侧柏属

侧柏（扁松、扁柏、扁桧、黄柏、香柏）*Platycladus orientalis*（L.）Franco（*Biota orientalis* Endl.，*Thnja orientalis* L.）（图2-14）

【识别特征】①常绿乔木，高达20多米，胸径1m。②树皮薄，浅褐色，呈薄片状剥离。大枝斜出；小枝直展，扁平，无白粉。③叶全为鳞片状。雌雄同株，单性，球花单生小枝顶端。④球果卵形，熟前绿色，肉质，种鳞顶端反曲尖头，成熟后变木质，开裂，红褐色。种子长卵形。花期3～4月，果10～11月成熟。

【变种、变型与品种】①'千头'柏（子孙柏、凤尾柏、扫帚柏）'Sieboldii'：丛生灌木，无明显主干，高3～5m。枝密生，树冠呈紧密卵圆形或球形。叶鲜绿色。球果略长圆形，种鳞有锐尖头，被极多白粉。是一种稳定品种，播种繁殖时遗传特点稳定。在中国及日本等地久经栽培，长江流域及华北南部多栽作绿篱或园景树以及用于造林。②'洒金'千头柏'Aurea Nana'：矮生密丛，圆形至卵圆形，高1.5m。叶淡黄绿

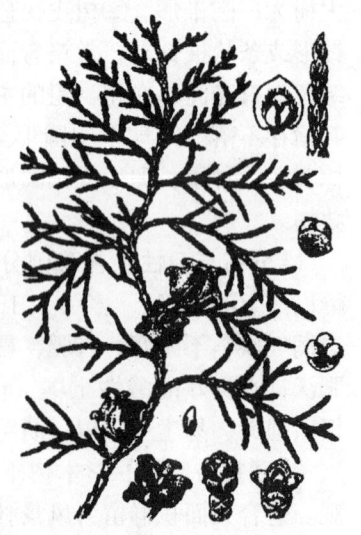

图2-14 侧柏

色，入冬略转褐绿色。杭州等地有栽培。

【分布与习性】原产华北、东北，目前全国各地均有栽培，北自吉林经华北，南至广东北部、广西北部，东至沿海，西至四川、云南。朝鲜也有分布。喜光，但有一定耐荫力，喜温暖湿润气候，但也耐多湿，耐旱，较耐寒。无论酸性土、中性土或碱性土均能生长，抗盐性很强。根系发达，耐修剪。寿命可达2000年以上。

【观赏与应用】侧柏是我国广泛运用的园林树种之一，在华北地区也常做绿篱应用。自古以来常栽植于寺庙、陵墓地和庭园中。北京中山公园有辽代古柏已达千年左右，枝干苍劲，气魄雄伟。一个配植得很成功的例子是北京的天坛，大片的侧柏和桧柏形成的肃静气氛与皇穹宇、祈年殿的汉白玉石台栏杆和青砖石路在建筑形式上、色彩上形成呼应，充分地突出了主体建筑，很好地表达了"大地与天通灵"的主题思想。

12. 柏科柏木属

柏木（垂丝柏）*Cupressus funebris* Endl. （图2-15）

【识别特征】①常绿乔木，高35m，胸径2m。树冠狭圆锥形。②干皮淡褐灰色，成长条状剥离。小枝下垂，圆柱形，生叶的小枝扁平。③鳞叶端尖，叶背中部有纵腺点。④球果次年成熟，形小，径8～12mm，木质。种鳞4对，每种鳞内含5～6粒种子。花期3～5月，球果次年5～6月成熟。

【分布与习性】分布很广，浙江、江西、四川、湖北、贵州、湖南、福建、云南、广东、广西、甘肃南部、陕西南部等地均有生长。阳性树种，能略耐侧方荫蔽。对土壤适应力强，以在石灰质土上生长最好，也能在微酸性土上生长良好。寿命长，达千年。

图2-15 柏木

【观赏与应用】柏木树冠整齐，能耐侧荫，故最宜群植成林或列植成甬道，形成柏木森森的景色。宜于公园、建筑前、陵墓、古迹和自然风景区绿化用。1848年福芎已引入英国。

13. 柏科圆柏属

（1）圆柏（桧柏、刺柏）*Sabina chinensis* （L.） Ant. （*Juniperus chinensis* L.） （图2-16）

【识别特征】①常绿乔木，高达20m，胸径达3.5m。②树皮灰褐色，呈浅纵条剥离，有时呈扭转状。小枝直立或斜生，也有略下垂的。冬芽不显著。③叶有两种，鳞叶交互对生，多见于老树或老枝上，刺叶常3枚轮生。④雌雄异株，极少同株，雄球花黄色。⑤球果球形，径6～8mm，次年或第三年成熟，熟时暗褐色，被白粉。果有1～4粒种子，卵圆形。

【变种、变型与品种】野生变种、变型有：①垂枝圆柏 f. *pendula* （Franch.） Cheng et W. T. Wang：枝长，小

图2-16 圆柏

枝下垂。原产陕南及甘肃东南部，北京等地有栽培。②偃柏 var. *sargentii*（Henry）Cheng et L. K. Fu：本变种与圆柏主要区别在于，是匍匐灌木，小枝上伸成密丛状，树高 0.6～0.8m，冠幅 2.5～3m，老树多鳞叶，幼树的叶常针刺状，刺叶通常交叉对生，长 3～6mm，排列较紧密，略斜展。球果带蓝色，果有白粉，种子 3 粒。

圆柏的栽培品种，国内外多达 60 个以上。①'金叶'桧'Aurea'：直立窄圆锥形灌木，高 3～5m。枝上伸，小枝具刺叶及鳞叶，刺叶具窄而不显的灰蓝色气孔带，中脉及边缘黄绿色，鳞叶金黄色。②'金枝球'柏'Aureoglobosa'：丛生灌木，树冠近球形。多为鳞叶，小枝顶端初叶呈金黄色，上海、杭州、南京、北京等地有栽培。③'球柏''Globosa'：丛生灌木，近球形。枝密生。全为鳞叶，间有刺叶。④'龙柏''Kaizuka'：树形呈圆锥状。小枝略扭曲上伸，小枝密，在枝端成几个等长的密簇状。全为鳞叶，密生，幼叶淡黄色，后呈翠绿色。球果蓝黑色，略有白粉。华北南部及华东各城市常见栽培。用扦插繁殖，或嫁接于侧柏砧木上。⑤'金龙'柏'Kaizuka Aurea'：叶全为鳞叶，枝端的叶为金黄色。华东一带城市园林中常有栽培。⑥'匍地龙'柏'Kaizuca Procumbens'：无直立主干，植株就地平展。是庐山植物园用龙柏侧枝扦插后育成。⑦'鹿角'桧'Pfitzeriana'：丛生灌木，干枝自地面向四周斜展、上伸，风姿优美，适宜自然式园林配植等用。⑧'羽桧''Plumosa'：矮生雄株，广阔灌木，树高 1～1.5m。主枝常偏于一侧，枝散展，小枝向前伸，枝丛密生，羽状。叶鳞状，密着，暗绿色，在树膛内夹有若干反映幼龄性状的刺叶。⑨'Pyramidalis'；；树冠圆柱形。枝向上直伸，密生。叶几全为刺形。华北及长江流域有栽培。

【分布与习性】原产中国东北南部及华北等地，北自内蒙古及沈阳以南，南至两广北部，东至滨海省份，西至四川、云南均有分布。朝鲜、日本也产。喜光但耐荫性很强，耐寒、耐热，对土壤要求不严，能生于酸性、中性及石灰质土壤上，对土壤的干旱及湿润均有一定的抗性。

【观赏与应用】圆柏在庭园中用途极广。耐修剪又有很强的耐荫性，故作绿篱比侧柏优良，下枝不易枯，冬季颜色不变褐色或黄色，且可植于建筑的北侧阴处。我国古来多配植于庙宇陵墓作墓道树或柏林。树姿优美，青年期呈圆锥形，老树干枝扭曲，古态奇姿，如苏州冯异祠的 4 株古桧，有"清、奇、古、怪"之名。本树是古典园林不可缺少的观赏树，宜与宫殿式建筑相配合。圆柏在配植时应勿与苹果、梨园靠近，以免锈病猖獗。在民间如河南鄢陵、山东菏泽等地习惯用本种作盘扎整形的材料，也宜作桩景、盆景材料。

（2）砂地柏（新疆圆柏、天山圆柏、双子柏）
Sabina vulgaris Ant.（*Juniperus. sabina* L.）（图 2-17）

【识别特征】①匍匐性常绿灌木，高不及 1m。②刺叶常生于幼树上，鳞叶交互对生，斜方形，先端微钝或急尖，背面中部有明显腺体。③多雌雄异株。球果熟时褐色、紫蓝色或黑色，多少有白粉。

图 2-17 砂地柏

种子1~5粒，多为2~3粒。

【分布与习性】产于西北及内蒙古，南欧至中亚蒙古也有分布，北京、西安等地有引种栽培。耐旱性强，生于石山坡及砂地、林下。

【观赏与应用】可作园林绿化中的护坡、地被及固沙树种用。

（3）铺地柏（爬地柏、矮桧、匍地柏、偃柏）*Sabina procumbens*（Endl.）Iwata et Kusaka（*Juniperus procumbens* Miq., *J. chinensis* var. *procumbens* Endl.）（图2-18）

【识别特征】①匍匐小灌木，高达75cm，冠幅逾2m，贴近地面伏生。②叶全为刺叶，3叶交叉轮生。③球果球形，内含种子2~3粒。

【分布与习性】原产日本，我国各地园林中常见栽培。阳性树，能在干燥的砂地上生长良好，喜石灰质的肥沃土壤，忌低湿地点。

【观赏与应用】在园林中可配植于岩石园或草坪角隅，又为缓土坡的良好地被植物，各地也经常盆栽观赏。日本庭园中在水面上的传统配植技法"流枝"，即用本种作成。有银枝及金枝等变种。

14. 柏科刺柏属

杜松 *Jnniperus rigida* Sieb. et Zucc.（图2-19）

【识别特征】①常绿乔木，树冠圆柱形，老则圆头状。②大枝直立，小枝下垂。③叶全为条状刺形，坚硬，上面有深槽，内有一条白色气孔带，下面有明显纵棱。④球果球形，两年成熟，熟时淡褐黑色或蓝黑色。球果期翌年10月成熟。

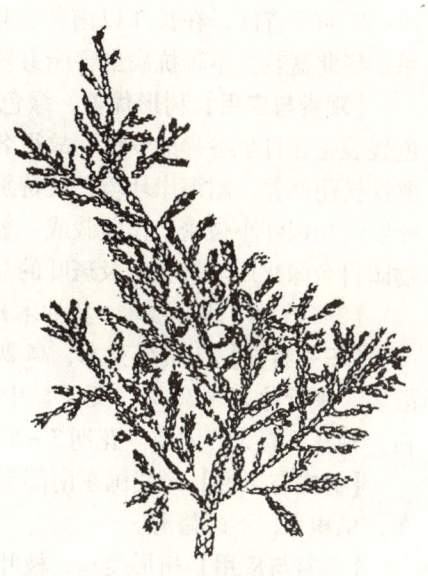

图2-18 铺地柏

【分布与习性】产于东北、华北各地，西至陕西、甘肃、宁夏等地。强阳性树种，有一定的耐荫性，喜冷凉气候，比圆柏更耐寒。主根长而侧根发达，对土壤要求不严，以向阳、适湿的砂质壤土为宜。

【观赏与应用】杜松树冠圆柱状，树形高大，观赏效果好。抗风力强，是良好的海岸庭园树种之一。

15. 罗汉松科罗汉松属

（1）罗汉松（罗汉杉、土杉）*Podocarpus macrophllus*（Thumb.）D. Don

【识别特征】①常绿乔木，高达20m，胸径达60m。树冠广卵形。②树皮灰色，浅裂，呈薄鳞片状脱落。枝较短而横斜密生。③叶条状披针形，叶端尖，两面中脉显著而缺侧脉，叶表暗绿色，有光泽，叶背淡绿色或粉绿色，叶螺旋状互生。④雄球花3~5簇生叶腋，圆柱形，长约3~5cm；雌球花单生于叶腋。种子卵形。花期4~5月，种子8~10月成熟。

图2-19 杜松

【变种、变型与品种】①狭叶罗汉松 var. *angustifolius* Bl.：叶长5~9cm，宽3~6mm，叶端渐狭成长尖头，叶基楔形。产于四川、贵州、江西等省，广东、江苏有栽培。日本也有分布。②小罗汉松 var. *maki* Endl.：小乔木或灌木，枝直上着生。叶密生，长2~7cm，较窄，两端略钝圆。原产日本，在我国江南各地园林中常有栽培，朝鲜、日本、印度也多栽培。③短叶罗汉松 var. *maki* f. *condensatus* Makino：叶特短小。江浙有栽培。

【分布与习性】产于江苏、浙江、福建、安徽、江西、湖南、四川、云南、贵州、广西、广东等省区，在长江以南各省均有栽培，日本也有分布。较耐荫，为半阴性树。不耐寒，华北盆栽。本种抗病虫害能力较强，对多种有毒气体抗性较强，寿命很长。

【观赏与应用】树形优美，绿色的种子下有比其大10倍的红色种托，好似许多披着红色袈裟正在打坐参禅的罗汉，故得名。满树上紫红点点，颇富奇趣。宜孤植、对植和散植。罗汉松耐修剪，耐海岸环境，故特别适宜于海岸边植作美化及防风高篱或工厂绿化等用。短叶罗汉松因叶小枝密，作盆栽或一般绿篱用，很是美观。又据报道鹿不食其叶，故又宜作动物园兽舍绿化用。矮化的及斑叶的品种是作桩景、盆景的极好材料。

（2）竹柏（大叶沙木，猪油木）*Podocarpus nagi*（Thunb.）Zoll. et Mor. ex Zoll.

【识别特征】①常绿乔木，高20m。树冠圆锥形。②叶对生，革质，形态与大小似竹叶，故名。平行脉20~30条，无明显中脉。③种子球形，径1.4cm。种子熟时紫黑色，外被白粉，种托不膨大，木质。花期3~5月，种子10月成熟。

【分布与习性】产我国东南部至华南。竹柏耐荫，不耐寒，不耐瘠薄石灰质地区不见分布，忌积水，不耐修剪。

【观赏与应用】树形美观，枝叶青翠而有光泽，树冠浓郁，是南方良好的庭荫树和行道树，也是城乡绿化用的优秀树种。

16. 红豆杉科红豆杉属

东北红豆杉（紫杉）*Taxus cuspidata* Sieb. et Zucc.（图2-20）

【识别特征】①常绿乔木，株高约20m。②树皮红褐色。枝密生。③叶条形，短而密，长1~2.5cm，先端突尖，叶上面深绿色，有光泽，主枝上的叶呈螺旋状排列，侧枝上的叶断面近"V"形的羽状排列。④种子坚果状，卵形或三角状卵形，有3~4条棱脊，外有杯形鲜红色假种皮，9~10月成熟。

【变种、变型与品种】矮紫杉（伽罗木）var. *umbraculifera* Mak. 'Nana'：灌木状，多分枝而向上，高达2m。产日本及朝鲜，我国北方园林绿化中栽培，也可栽作盆景观赏。还有金叶矮紫杉'Nana Aurea'、黄果紫杉'Luteo-baccata'等。

【分布与习性】产东北东部海拔500~1000m的山地，朝鲜、日本、俄罗斯也有分布。耐荫，耐寒，耐旱，喜冷凉湿润气候及肥沃湿润排水良好土壤，生长慢，寿命长。

图2-20 东北红豆杉

【观赏与应用】本种树形端正，可孤植、丛植，也可作绿篱。种子成熟时，红色假种皮艳丽可爱，引人注目。可作东北及华北地区的庭园树种应用。

17. 南洋杉科南洋杉属

南洋杉 *Araucaria cunninghamii* Sweet（图2-21）

【识别特征】①常绿乔木。②大枝轮生，侧生小枝羽状排列，下垂。③老树的叶卵形、三角状卵形或三角形，幼树的叶锥形，通常上下扁，上面无明显棱脊。④球果大，果鳞木质，每果鳞仅有一粒种子。

【变种、变型与品种】主要有银灰南洋杉'Glauca'，垂枝南洋杉'Pendula'等。

【分布与习性】原产大洋洲东南沿海地区，我国广州、厦门、海南等地可露地栽培，长江以北以温室栽培为主。喜暖热湿润气候，不耐干旱，喜肥沃土壤，较耐风，不耐严寒，生长较快，萌蘖性强。

【观赏与应用】南洋杉树形高大，树姿优美，是世界五大庭园观赏树种（另四种为雪松、日本金松、金钱松、巨杉）之一，宜孤植为园景树或作纪念树。也可作为大型雕塑或风景建筑的背景树。盆栽苗用于前庭或厅堂内点缀环境，则可显得十分高雅。

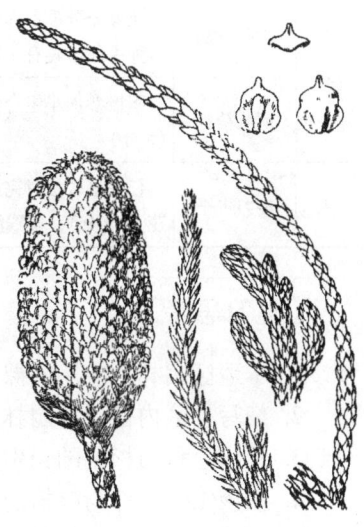

图2-21 南洋杉

【知识链接】裸子植物概说

1. 裸子植物的起源

裸子植物起源于古生代泥盆纪，距今约3.45亿~3.95亿年，经石炭纪、二叠纪、三叠纪至白垩纪为兴盛时期，以后逐渐衰退。特别是经过第四纪冰川以后，许多古老的种类毁灭了，现代裸子植物中除了保留了第四纪冰川以前的种类外，大多数种类都是新产生的。在第四纪冰川以前广泛分布的树种，因冰川原因在其他地区灭绝了，仅在某些地区幸存下来，如原产中国的银杏、水杉等被称为子遗植物或活化石植物。

2. 裸子植物的特征

裸子植物的重要特征有下述8点：①种子裸露，不形成果实。②配子体寄生在孢子体上。③花粉萌发生花粉管，花粉管用于吸收珠心的养料（如苏铁属和银杏属）或输送精子（如松属）。④有些类型的精子有环生鞭毛，能游动（如苏铁、银杏）。⑤大部分裸子植物的雌配子体有颈卵器。⑥孢子体多为乔木，有形成层和次生构造，多数裸子植物的次生木质部有管胞无导管。⑦种子的胚具有2至多个子叶。⑧胚乳很丰富。

【学习评价】

学生成绩评分标准见表2-2。

园 林 树 木

表2-2 学生成绩评分标准

序号	评价项目	任务 裸子植物园林树木分类 评 价 内 容	分值
1	学习态度	全勤（5分）；学习积极主动，态度认真、努力（5分）；回答问题准确率高（5分）	15
2	学习方法	能够充分准备理论资料（5分）；任务调查计划周密、实施到位（5分）；善于运用多种手段，具有一定的探索精神（5分）	15
3	团队精神	积极参加小组合作，团队意识强（5分）；共同研究、认真讨论，解决问题效率高（5分）	10
4	能力水平	任务报告按时完成，内容完整、表述正确（30分）；条理清晰、电子版报告图文并茂（10分）；实践能力突出（10分）；完成任务有创新之处（10分）	60

【复习思考】

1. 本地区园林中应用的裸子植物有哪些？各树种的主要特征有哪些？
2. 编写校区内松科的园林树木检索表。
3. 写出松科与杉科的识别要点。
4. 谈谈银杏雄株与雌株的形态区别。
5. 举例说明松科与柏科的主要形态区别。

项目二 被子植物门园林树木分类

　　被子植物是植物界进化最高级、种类最多、分布最广、适应性最强的类群。在不同的自然分类系统，被子植物有300~400多科，1万多属，近25万种，分布于各个气候带。中国有250科，2700多属，约25000种，其中木本植物8000多种。在木本的被子植物中，叶多为宽扁形，故这类树种常被称作阔叶树，由于具有典型的花，被子植物又称有花植物。

　　被子植物与人类生活息息相关，具有广泛的经济利用价值，是人类大部分食物的来源，是建设、纺织、造纸和众多化工用品的原材料，与此同时，被子植物又为园林绿化建设提供了形态万千、丰富多彩的观赏园林植物资源，极大地丰富了园林绿化应用的种类或品种。

　　本项目内容是学习园林树木分类的重点和难点，树木种类繁多、差异大，特别是形态相似树种较多，容易混淆。为了便于学习，根据园林绿化工作实践，按照园林树木的生长习性特点设计了4个学习任务，即任务一乔木类园林树木分类、任务二灌木类园林树木分类、任务三藤本类园林树木分类和任务四观赏棕榈和竹类园林树木分类。

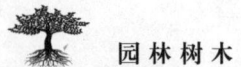

（1）掌握本地区常见被子植物门园林树木的识别特征，能够准确鉴别形态相似的树种；能够准确识别常见应用的被子植物门园林树种150种以上。

（2）能够根据可以应用于本地区的被子植物门绿化树种的观赏特点和主要习性进行树种规划。

（3）能够根据园林绿地类型的不同需求合理选用适宜的树种。

任务一　乔木类园林树木分类

【任务描述】

本任务旨在学习被子植物门中的乔木类园林树种，掌握各乔木类树种的识别特征、分布习性、观赏特色和园林应用特点。包括落叶乔木和常绿乔木两部分内容。

【任务分析】

本任务的学习以植物形态分类学知识为基础，结合项目一园林树木分类与应用基础的有关理论，按照科、属、种的体系，通过树木识别与应用调查任务驱动的形式，认知园林常见应用的乔木树种，能够准确鉴别并合理应用。在学习过程中，注意掌握各科代表性树种，善于运用特征比较法，举一反三，掌握更多的有关树种；要特别注意区别形态相似的树种。

【任务目标】

准确识别本地区常用的落叶乔木和常绿乔木；掌握相关乔木树种的观赏特色和园林应用特点，掌握主要乔木树种特别是代表性乔木树种的主要习性；能够根据常见树种的观赏特点和应用特点进行合理配植。

【任务实施】

教师运用多媒体进行案例式教学，同时利用校内树木园、本地区公园和城市绿地通过现场教学或实训实习等形式，引导学生认知代表性树种；发挥学生主体学习作用，布置以学习小组为单位合作完成树种实地调查的任务，主要内容包括各乔木树种的识别特征、观赏特点和园林应用特点。

一、材料与用具

本地区生长正常的各种乔木树种、照相机、手持放大镜、解剖镜、枝剪、记录夹等。

二、任务实施步骤

（1）运用多种教学手段，如多媒体教学、现场教学、实训实习等，教师指导学生学习代表性乔木树种。

（2）完成本地区乔木类园林树种调查报告（Word格式或PPT格式），要求调查代表性树种40种以上。

乔木类园林树种识别与应用调查记录表见表3-1-1。

表3-1-1 乔木类园林树种识别与应用调查记录表

序号	树种	科属	识别要点	观赏特点	主要生态习性	园林应用特点
1						
2						
…						

后附树种图片。

三、树种认知

（一）落叶乔木

1. 木兰科木兰属

（1）玉兰（白玉兰）*Magnolia denudata* Desr.（图3-1-1）

【识别特征】①落叶乔木，高达15m。树冠卵形或扁球形。②树皮深灰色。嫩枝及冬芽均被灰褐色绒毛。③单叶互生，叶片倒卵状椭圆形，长10~18cm，先端突尖。④花顶生，先叶开放，白色芳香，花萼、花瓣相似，花被片9枚。北京3月下旬至4月上旬左右开花，长江流域3月开花。⑤聚合蓇葖果熟时暗红色，种子具鲜红色假种皮。

【变种、变型与品种】①紫花玉兰 var. *purpurascens* Rehd. et Wils.：花被外面紫红色，里面淡红色。②飞黄玉兰'Feihuang'：花色金黄鲜艳。

【分布与习性】分布于我国黄河流域以南至广东北部，西南至云南，各地庭园常见栽培，北京地区可露地栽植。喜光，稍耐荫，较耐寒，能在-20℃条件下安全越冬，根肉质，不耐积水，抗二氧化硫，生长慢。

【观赏与应用】玉兰因其"色白如玉芬芳似兰"而称玉兰，是我国著名的早春观花树种。中国传统宅院讲究"玉堂春富贵"，即玉兰、海棠、迎春、牡丹、桂花五种花木，取吉祥富贵之意。北京长安街中南海南墙外的玉兰与雪松、白皮松等配植，每于盛花之际，与红墙黄瓦相映衬，引人注目。玉兰适合孤植或丛植于草坪、针叶树丛前，点缀庭院、列植堂前与建筑物前。

图3-1-1 玉兰

（2）二乔玉兰（朱砂玉兰）*Magnolia × soulangeana*（Lindl.）Soul.-Bod.

【识别特征】①落叶小乔木或灌木，高7~9m。②叶倒卵形或倒卵状长椭圆形，先端短急尖，基部楔形。③花大呈钟形，花瓣6枚，内面白色，外面淡紫色，萼片花瓣状，稍短。花期2~3月，叶前开放。④聚合蓇葖果长约8cm，卵形或倒卵形。果期9月。

【变种、变型与品种】有较多的变种和品种。①紫二乔玉兰'Purpurea'：花被片9枚，紫色。北京颐和园有栽培。②'红运'二乔玉兰'Red Lucky'花被片6~9枚，花鲜红或紫色，能在春夏秋三次开花。③'长春'二乔玉兰'Semperflorens'：一年能3~4次开花。④'紫霞'二乔玉兰'Chameleon'：叶倒卵状长椭圆形，花蕾长卵形，花被片桃红色。⑤'红霞'二乔玉兰'Hongxia'：花被片9枚，近圆形，深红色至淡紫色。

【分布与习性】原产于我国，我国华北、华中及江苏、陕西、四川、云南等均有栽培。较木兰和玉兰更耐旱，耐寒，能在-21℃条件下安全越冬，移植难，不耐积水。

【观赏与应用】二乔玉兰为玉兰和木兰的杂交种，形态介于二者之间。花大色艳，在北京可开二次花，观赏价值很高，是城市绿化的优良花木，国内外庭院中普遍栽培。广泛用于公园、绿地和庭园中孤植观赏。

（3）望春玉兰（望春花）*Magnolia biondii* Pamp.（*M. fargesii* Cheng）

【识别特征】①落叶乔木，高达12m。②小枝细长、光滑，灰绿色。③叶椭圆状披针形或卵状披针形，长10~18cm，侧脉每边10~15条。④花直径6~8cm，6枚花瓣，白色，基部带紫红色，萼片3枚，长约1cm，紫红色。2~3月叶前开花，芳香。

【变种、变型与品种】紫望春玉兰 f. *purpurascens* Law et Gao：花全为紫色，产河南鲁山、南召。

【分布与习性】分布于河南、陕西、甘肃、湖北、湖南、四川等地。喜光，喜温暖湿润气候和微酸性土壤。

【观赏与应用】树形优美，花色白色素雅，气味浓郁芳香，是优良的早春观花树种，夏季叶大浓绿。北京园林绿地常见栽培。

（4）天女花（天女木兰、小花木兰）*Magnolia sieboldii* Koch（图3-1-2）

【识别特征】①落叶小乔木，高可达10m。②一年生枝紫褐色。小枝及芽有柔毛，芽披针形。③叶倒卵形或宽倒卵形，6~15cm，先端钝，或具小突尖，侧脉6~8对。④花单生，略呈杯形，花柄细长，在新枝上与叶对生，花瓣6枚，白色芳香，萼片3枚，淡红色。花期5~6月，花与叶同时开放。

【分布与习性】产辽宁东部、河北都山、安徽黄山、江西、福建、广西等地，朝鲜、日本也有分布。喜凉爽湿润气候及肥沃湿润土壤，忌阳光暴晒和碱性土壤。

【观赏与应用】天女花花柄细长，花开时随风飘摆，芳香扑鼻，有如仙女散花，可栽植于园林林旁草地，夏季观花。辽宁省丹东市栽培甚多，宽城都山有200株以上野生树种。天然更新困难，是国家保护树种。

图3-1-2 天女花

（5）厚朴（厚皮树、川朴）*Magnolia officinalis* Rehd. et Wils.（图3-1-3）

【识别特征】①落叶乔木，高15~20m，胸径达35cm。②树皮厚，紫褐色，有突起圆形皮孔。新枝有绢状毛，次年脱落。冬芽大，密被黄褐色绒毛。③叶簇生枝顶，革质，倒卵形或倒卵状椭圆形，叶长30~45cm，宽9~20cm，叶上面绿色、光滑，下面有白粉。④花单生枝顶，白色、芳香，萼片与花瓣9~12枚或更多，花丝红色。花期5月，先叶后花。⑤聚合果长椭圆状卵圆形或圆柱状，有鲜红色外种皮。果9月下旬成熟。

【变种、变型与品种】亚种凹叶厚朴 *Magnolia officinalis* subsp. *biloba*（Reld. et Wils.）（Cheng）Law：树皮比厚朴薄、色浅，叶狭倒卵形，长15~30cm，先端有2钝圆浅裂片（幼叶时叶端不凹）。花叶同放，白色、芳香。聚合果圆柱状卵形，小果尖头较短。

【分布与习性】分布于长江流域及陕甘等地。喜光，中生性树种，耐侧荫，幼龄期需荫蔽，喜凉爽、湿润的气候环境，不耐严寒酷暑，在土层深厚、肥沃、疏松、腐殖质丰富、排水良好的微酸性或中性土壤上生长较好。

【观赏与应用】树体高大，叶大荫浓，常作庭荫树栽培，花大而美丽，又可为庭园观赏树及行道树。是分布较广，而且较原始的种类，对研究东亚和北美的植物区系及木兰科分类有科学意义。也是我国贵重的药用及用材树种。

图 3-1-3　厚朴

2. 木兰科鹅掌楸属

鹅掌楸（马褂木）*Liriodendron chinense*（Hemsl.）Sarg.（图 3-1-4）

【识别特征】①落叶乔木，树高达40~60m，胸径1m以上。树冠圆锥形。树皮灰色。②单叶互生，叶形似马褂，长12~15cm，两侧各具1裂片，向中腰部缩入，老叶下面有白色乳头状突起。③花两性，黄绿色，外较绿内较黄，花瓣长3~4cm，单生枝顶。花期5~6月。④聚合果纺锤形，长7~9cm，由具翅小坚果组成。果期10月。

【同属其他种】全世界鹅掌楸原种有两种：即分布于中国中、北亚热带地区的鹅掌楸和美国东部的北美鹅掌楸。

①北美鹅掌楸（*L. tulipifera* L.）：树姿挺秀，株高达60m，胸径3m，花、叶俱美，老枝平展。与鹅掌楸主要形态区别点是：树皮黑褐色，开裂较深；叶两侧各有2~3裂，不向中部凹入；老叶下面无白粉。17世纪从北美引种到英国，其黄色花朵好似杯状的郁金香，故欧洲人称之为"郁金香树"。

图 3-1-4　鹅掌楸

②杂种鹅掌楸（*L. chinense* × *L. tulipifera*）：近年国内用鹅掌楸和北美鹅掌楸杂交育成的杂交种。叶如母本，背面白粉点小，绿色，无早落叶现象，9月间尚保持满树翠绿。生长势比父母本旺盛，高、粗生长明显加快，适应平原地区能力强。

【分布与习性】分布区东起浙江省青天县，向西直至云南省金平县，北界为陕西省紫阳县，向南至云南省金平县，再向南一直可延伸到越南北部。喜光及温和湿润气候，有一定的耐寒性，可经受 -15℃低温而完全不受伤害，在北京地区小气候良好的条件下可露地过冬。喜深厚肥沃、适湿而排水良好的酸性或微酸性土壤（pH值为4.5~6.5），在干旱土地上生长不良，也忌低湿水涝。通常用种子繁殖，生长迅速，寿命长。本树种对空气中的二氧化硫和氯气抗性较强。

【观赏与应用】树干端直、树姿雄伟，叶形奇特、花如金盏，美而不艳，且秋叶金黄，美丽动人，为著名的秋色叶树种，也是优良的庭荫树种和行道树种，广泛用于园林绿化。丛植、列植、片植于草坪、公园入口两侧和建筑周边绿地均甚相宜，若以此为上木，配以常绿花木于其下，效果更好。

3. 悬铃木科悬铃木属

本属有星状毛。无顶芽，侧芽为柄下芽。单叶互生，掌状分裂，托叶衣领状，脱落后在小枝上留有环状托叶痕。头状花序，雌雄同株。聚花果球形，由多数具棱角、基部围有长毛的小坚果组成，花柱宿存。本属有10种，我国有3种。

二球悬铃木（悬铃木、英国梧桐）Platanus acerifolia（Ait.）Willd.（图3-1-5）

【识别特征】①落叶大乔木，高可达35m。②枝条开展，树冠广阔，呈长椭圆形。树皮片状脱落，剥落后呈粉绿色、光滑。柄下芽。幼枝及叶被淡褐色星状毛。③单叶互生，掌状3~5裂，裂深达全叶的1/3，边缘疏生齿牙，中裂片长宽近于相等。④花单性同株，头状花序，球形。⑤花果球形，常2球一串，偶有单生或3个一串者，小坚果基部有长刺毛。花期5月，果期9~10月。二球悬铃木是三球悬铃木（法国梧桐）与一球悬铃木（美国梧桐）的杂交种，最早由英国育成，现广植于世界各地。

图3-1-5 二球悬铃木

【同属其他种】①三球悬铃木（法国梧桐）P. orientalis L.：树冠阔钟形。叶掌状5~7深裂至中部或中部以下，裂片长大于宽。总柄具球形果序3（2~6）个，宿存花柱呈刺毛状。变种有楔叶法桐 var. cuneata Loud.：叶片2~6裂。原产欧洲东南部，亚洲西部，印度及喜马拉雅地区，我国山东青岛、江苏南京、陕西武功等地有栽培，北京背风向阳处生长良好。陕西鄠县鸠摩罗什庙有胸径达3m的大树，相传为晋朝引入，现已枯死。

②一球悬铃木（美国梧桐）P. occidentalis L.：树冠圆形或卵圆形。树皮小块片剥落。叶长较宽短，基部平截或心形，稀楔形，3~5浅裂，中裂片宽大于长。果序单生，稀2个。原产北美，北京、南京等地栽培，生长良好。变种有光叶美桐 var. glabrata Sarg.

【分布与习性】原产于欧洲，印度、小亚细亚也有分布，一百多年前引入我国，从北至南均有栽培，以上海、杭州、南京、徐州、青岛、九江、武汉、郑州、西安、北京等城市栽培的数量较多，生长较好。喜光，喜湿润温暖气候，较耐寒，耐干旱瘠薄，不耐水湿。对土壤要求不严格，但以微酸性或中性的肥沃、湿润、深厚、排水良好的土壤生长最好，在微碱性或石灰土壤中虽能生长，但易发生黄叶病。生长迅速，萌芽力强，耐修剪，抗有毒气体能力强，叶片有吸收有毒气体和滞积灰尘的作用，二球悬铃木是三种中抗性最强的一种。根系分布较浅，台风时易受害而倒斜。

【观赏与应用】树冠雄伟，枝叶茂密、叶大荫浓，是世界著名的优良庭荫树种和行道树种。抗污染能力强，耐修剪、易造型，深受人们的喜爱。但由于幼叶、幼枝及果实上的星状毛脱落时，易引起空气污染，导致黏膜炎，甚至造成肺疾，故不宜在幼儿园和疗养院附近应用。

4. 金缕梅科枫香属

枫香（枫树）*Liquidambar formosana* Hance（图3-1-6）

【识别特征】①落叶大乔木，高可达40m。树冠广卵或略扁平。②树干灰褐色，浅纵裂，老时不规则深裂。③叶阔卵形，长6~12cm，掌状3裂，基部截形或微心形，先端尾状渐尖，网脉明显，边缘有锯齿。④头状花序，单性同株。⑤头状果序圆球形，由木质蒴果集成，径3~4cm，每果宿存花柱长达1.5cm，刺状萼片宿存。10月果熟。

【变种、变型与品种】①光叶枫香 var. *monticola* Rehd. et Wils.：幼枝及叶均无毛，叶基截形或圆形，产湖北、四川。②短萼枫香 var. *brevicalycina* Cheng et P. C. Huang：蒴果的宿存花柱粗短，不足1cm，产江苏。

【分布与习性】长江流域及其以南地区，西到贵州、四川。喜光，喜温暖、湿润气候，不耐寒，黄河以北不能露地越冬，耐干旱瘠薄土壤，不耐水湿，深根性，主根粗长，不耐移植，抗风力强，对二氧化硫、氯气等有害气体有较强抗性。

图3-1-6 枫香

【观赏与应用】枫香树干通直，树冠宽阔，深秋叶色红艳，美丽壮观，是南方著名的秋色叶树种，在园林中也可植为庭荫树。可孤植或丛植于草坪、旷地，或于山坡、池畔与其他树木混植，特别是与常绿树种配植格外美丽。枫香对有毒气体抗性强，可用于厂矿区绿化。

5. 杜仲科杜仲属

杜仲 *Eucommia ulmoides* Oliv.（图3-1-7）

【识别特征】①落叶乔木，高达20m。树冠圆球形。②树皮灰褐纵裂，折断有白色黏胶丝相连。小枝光滑，有片状髓。③叶椭圆状卵形，网状脉，长7~14cm，先端渐尖，基部宽楔形或近圆形，边缘有细锯齿。④花单性异株，雄花簇生，无花被，苞片倒卵状匙形；雌花单生，苞片倒卵形，顶端2裂。花期4月。⑤翅果扁平，长椭圆形，长约3.5cm，顶端2裂。

【分布与习性】原产我国中部和西部地区，四川、贵州、湖北为集中产区，吉林以南均可栽培。喜光，不耐荫，较耐寒，北京地区可以栽培，喜温暖湿润气候及肥沃、湿润、深厚而排水良好土壤，在酸性、中性及微碱性土壤上均能正常生长，并有一定的耐盐碱性。

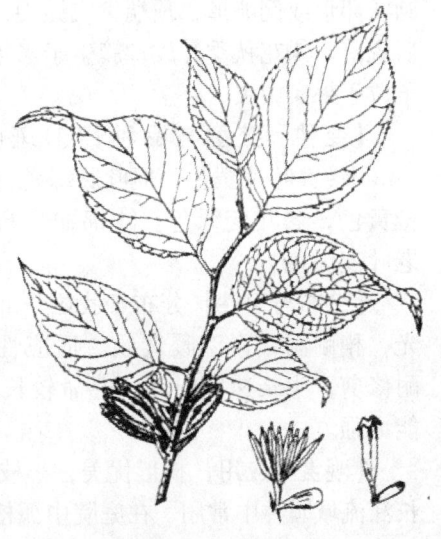

图3-1-7 杜仲

【观赏与应用】 杜仲枝叶繁茂，树形整齐，生长迅速，是良好的庭荫树、行道树。树皮为重要的中药材，能补肝肾、强筋骨和治疗腰腿痛、高血压等。

6. 榆科榆属

（1）榆树（家榆、白榆）*Ulmus pumila* L. （图3-1-8）

【识别特征】 ①落叶乔木，高可达25m。树冠圆球形。②树干灰褐色、纵裂。小枝细长，灰白色，呈二列状排列。③叶卵状椭圆形，长2~6cm，叶基不对称，叶缘具不规则单锯齿。④花簇生，早春叶前开花，单被花，紫红色。⑤翅果近圆形，俗称"榆钱"，熟时黄白色，无毛。花3~4月先叶开放，果熟4~6月。

【变种、变型与品种】 ①龙爪榆'Pendula'：小枝卷曲下垂。②中华金叶榆'Jinye'：叶常年金黄色。

【分布与习性】 三北及华东地区，尤以华北及淮北平原地区栽培普遍。喜光，喜肥沃、湿润土壤，但不耐水湿，耐寒、耐旱、耐盐碱，抗风，对烟尘和氟化氢有毒气体抗性强。主根深、耐修剪、寿命长，寿命可达百年。

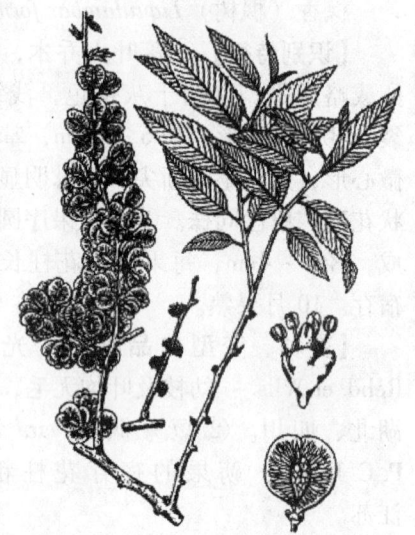

图3-1-8 榆树

【观赏与应用】 树姿高大挺直，树荫浓密，适应性强，生长快，与杨、柳、槐并称为北方四大树种。是城乡绿化常用的行道树、庭荫树，是世界著名的四大行道树之一。也可作绿篱树种，东北地区常密植用作绿篱，是防风固沙、水土保持和盐碱地造林的重要树种，也是制作盆景桩头的适宜材料。木材坚硬，可做家具。

（2）榔榆 *Ulmus parvifolia* Jacq.

【识别特征】 ①落叶或半常绿乔木，高达25m，胸径1m。树冠扁球形至卵圆形。②树皮近光滑，绿褐色或黄褐色，不规则薄鳞片状剥离。小枝褐色，有软毛。③叶革质，稍厚，椭圆状卵形或倒卵形，顶端尖或钝尖，基部圆形，叶缘有单锯齿，表面光滑，嫩叶背面有毛，后脱落。④花秋季开放，簇生于当年生枝的叶腋。⑤翅果椭圆形，翅较狭而厚，果柄细，种子位于果实中央。

【变种、变型与品种】 ①斑叶榔榆'Variegata'：叶有白色斑纹。②金斑榔榆'Aurea'：叶片黄色，但叶脉绿色。③金叶榔榆'Golden Sun'：嫩枝红色，幼叶金黄色或橙黄色，老叶变绿色。④锦榆'Rainbow'：春季新芽红色，幼叶有白色或奶黄色斑纹，老叶变绿色。

【分布与习性】 分布于我国华北中南部至华东、中南及西南各地，长江以南各省。喜光，稍耐荫，喜温暖气候。适应性广，土壤适应性强，山地溪边都能生长。萌芽力强，耐修剪，生长速度中等，寿命较长。对二氧化硫等有毒气体烟尘的抗性较强，叶面滞尘能力强。

【观赏与应用】 树形优美，小枝纤垂，树皮斑驳，秋叶转红，姿态潇洒，枝叶细密，在长江流域园林中常用。在庭院中孤植、丛植，或与亭榭、山石配植都很合适。也可选作厂矿区及街头绿化树种。老根枯干萌芽力强，是制作树状盆景的优良材料。

（3）刺榆 *Hemiptelea davidii*（Hance）Planch.（图3-1-9）

【识别特征】①落叶小乔木，高可达10m，或成灌木状。②树皮深灰色或褐灰色，不规则的条状深裂。小枝灰褐色或紫褐色，被灰白色短柔毛，具粗而硬的棘刺。③叶椭圆形或椭圆状矩圆形，稀倒卵状椭圆形，长4～7cm，先端急尖或钝圆，基部浅心形或圆形，边缘有整齐的粗锯齿，叶面绿色，幼时被毛，叶背淡绿色，光滑无毛，或在脉上有稀疏的柔毛。④小坚果黄绿色，斜卵圆形，两侧扁，长5～7mm，在背侧具窄翅，形似鸡头。花期4～5月，果期9～10月。

【分布与习性】主要分布于河北、河南、山西、山东等省的山地荒坡，东北、西北、华东也有分布。喜光，耐寒，耐干旱瘠薄，适应性强，萌蘖能力强，生长速度较慢。

【观赏与应用】为干旱瘠薄地带的重要绿化树种，园林绿化多作绿篱应用。

图3-1-9　刺榆

7. 榆科榉属

榉树（大叶榉）*Zelkova schneideriana* Hand. Mazz.（图3-1-10）

【识别特征】①落叶乔木，高达30m。树冠倒卵状伞形。树干通直。②树皮棕褐色，平滑，老时薄片状脱落。小枝细，红褐色，密被白柔毛。③单叶互生，长椭圆状卵形或椭圆状披针形，长2～10cm，宽1.5～4cm，先端渐尖，基部宽楔形近圆，边缘有钝锯齿，侧脉7～15对，表面粗糙，有脱落硬毛，背面密生柔毛，叶柄短。叶秋季变色，有黄色系和红色系两个品系。④花单性（少杂性）同株，雄花簇生于新枝下部叶腋或苞腋，雌花单生于枝上部叶腋。花期3～4月。⑤核果，上部歪斜，直径2.5～4mm。果熟期10～11月。

【同属其他种】榉树属在亚洲有6种，我国产有4种。①光叶榉 *Z. serrate*（Thunb.）Makino.：叶背面光滑，叶缘具钝尖锯齿，小枝无毛，适宜于用材和观赏等。②小叶榉 *Z. sinica* Schneider.：叶片特小，坚果大，又称大果榉，适宜于观赏和用材等。

图3-1-10　榉树

【分布与习性】产于我国黄河以南、长江中下游至两广、云南、贵州等地，江南园林常见，是上海的乡土树种之一，西南、华北、华东、华中、华南等地区均有栽培。喜光，喜温暖环境。适生于深厚、肥沃、湿润的土壤，对土壤的适应性强，酸性、中性、碱性土及轻度盐碱土均可生长。深根性，侧根广展，抗风力强，忌积水，不耐干旱贫瘠，耐烟尘，抗污染。生长慢，寿命长。

【观赏与应用】榉树树姿端庄，姿态优美。夏季绿荫浓密，入秋叶变成褐红色，是观赏秋叶的优良树种，常种植于绿地中的路旁、墙边，作孤植、丛植配植和作行道树。榉树适应性强，抗风力强，耐烟尘，是城乡绿化和营造防风林的好树种。

8. 榆科朴属

（1）小叶朴（黑弹朴）*Celtis bungeana* Bl. （图3-1-11）

【识别特征】①落叶乔木，高达20m。树冠倒广卵形至扁球形。②树皮浅灰色，平滑。小枝通常无毛。③叶片卵形或卵状椭圆形，先端渐尖，基部偏斜，叶缘中部以上具锯齿。④核果近球形，熟时紫黑色，果核白色，光滑或有不明显网纹。花期6月，果期10月。

【分布与习性】原产中国，产东北南部、华北，经长江流域至西南、西北各地。喜光，稍耐荫，耐寒。喜深厚、湿润的中性黏质土壤。深根性，萌蘖力强，生长较慢。对病虫害、烟尘污染等抗性强。

【观赏与应用】树冠宽广，枝条开展，绿荫浓郁，可孤植、丛植作庭荫树，也可列植作行道树，又是厂区绿化树种。成年大树树干古朴，是良好的观干树种。

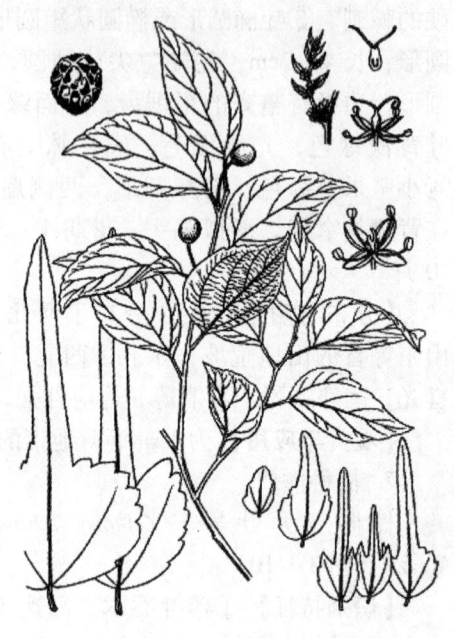

图3-1-11 小叶朴

（2）珊瑚朴（大果朴）*Celtis julianae* Schneid. （图3-1-12）

【识别特征】①落叶乔木，高达25m。树干通直，树冠卵球形。②单叶互生，宽卵形、倒卵形或倒卵状椭圆形，长6～14cm，小枝、叶背及叶柄均密被黄褐色绒毛，叶背面网脉隆起，密被黄柔毛。③花序红褐色，状如珊瑚。花期4月。④核果卵球形，较大，熟时橙红色，味甜可食。果熟期10月。

【分布与习性】主产长江流域及河南、陕西等。喜光，稍耐荫，常散生于肥沃湿润的溪谷和坡地，也耐干旱瘠薄。深根性，生长快，抗烟尘及污染，病虫害少。

【观赏与应用】树体高大，冠大荫浓，姿态雄伟，春天满树红褐色花序，状如珊瑚，极为美丽，秋天红果也可欣赏，在园林绿化中宜作庭荫树、行道树和"四旁"绿化树种，孤植、丛植或列植均可。

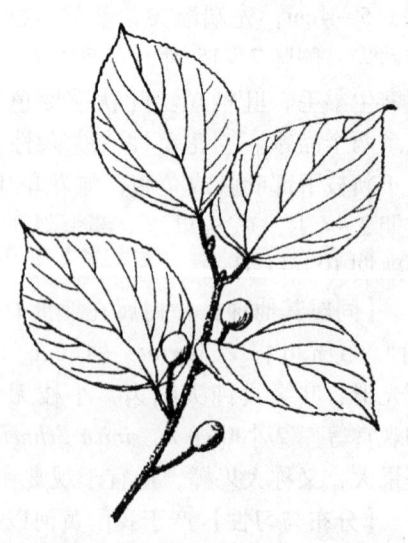

图3-1-12 珊瑚朴

9. 榆科青檀属

青檀（翼朴、檀树）*Pteroceltis tatarinowii* Maxim.（图 3-1-13）

【识别特征】①落叶乔木，高达 20m。②树皮淡灰色，不规则长薄片状剥落，内皮淡灰绿色。小枝暗褐色，细长，无毛。③叶片卵形或椭圆状卵形，先端长尾状渐尖，基部圆形或宽楔形，叶缘具不规则单锯齿，近基部全缘，基部具 3 条主脉，上表面无毛或具短硬毛，背面脉腋间常有簇生的毛，叶柄无毛。④花单性，雌雄同株，生于当年生枝的叶腋。花期 5 月。⑤翅果扁圆形，种子周围均具膜质的翅，翅果的上下两端均具凹陷，顶端更为明显。果期 6~7 月。

【分布与习性】分布于中国河北、山东、江苏、安徽、浙江、江西、湖南、湖北、广东、四川、青海等省区。河南太行山区、伏牛山区、大别—桐柏山区有分布，郑州各山区有野生。喜光，稍耐荫，耐干旱瘠薄。常生于石灰岩的低山区及河流溪谷两岸。根系发达，萌芽力强，寿命长。

图 3-1-13 青檀

【观赏与应用】本种是石灰岩山地绿化造林树种，也可栽作庭荫树或试作行道树。其木材坚硬，纹理直，结构细，韧性强，耐磨损，可供家具、车辆、建筑及细木工用材。树皮纤维优良，是制造宣纸的上等原料。

10. 桑科桑属

（1）桑树（家桑）*Morus alba* L.（图 3-1-14）

【识别特征】①落叶乔木，高可达 16m。树冠倒广卵形。②树皮灰褐色，根鲜黄色。③叶卵形，基部圆形，叶缘锯齿粗钝，幼树叶片常有浅裂或深裂，表面光滑。④聚花果紫黑色、淡红色或白色，多汁味甜，俗称"桑葚"。果熟期 5~7 月。

【变种、变型与品种】主要有垂枝桑 'Pendula'、龙爪桑 'Tortuosa' 等。

【分布与习性】原产我国中部，现南北各地都有栽培，以长江中下游各地栽培最多。喜光，喜温暖，耐寒、耐旱，但不耐水湿。适应性强，耐瘠薄及轻度盐碱。深根性，根系发达，抗风力强。萌芽性强，耐修剪。对烟尘和硫化氢、二氧化氮等有毒气体抗性强。

【观赏与应用】桑树树冠丰满，枝叶茂密，秋叶金黄，能抗烟尘和有毒气体，是城市绿化的先锋树种，也是农村"四旁"绿化的重要树种，其观赏品种垂枝桑和龙爪桑姿态优美，更适合园林中栽培观赏。桑树的叶、枝条、根、果实都是优良的中药材。

图 3-1-14 桑树

（2）蒙桑（崖桑）*Morus mongolica*（Bureau）Schneid.（图3-1-15）

【识别特征】①落叶小乔木或灌木，高达5~8m。②树皮灰褐色，纵裂。小枝暗红色，老枝灰黑色。③叶卵形或椭圆状卵形，常有不规则裂片，长8~15cm，先端尾状，基部心形，叶缘有刺芒状锯齿。④花雌雄异株，花柱明显，柱头2裂。⑤聚花果圆柱形，长1.5cm，成熟时紫黑色。果期4~5月。

【分布与习性】分布于我国东北、内蒙古、华北至华中及华东、西南各地。习性同桑树。

【观赏与应用】观赏及应用特点同桑树。

11. 桑科构属

构树（构桃树、沙纸树）*Broussonetia papyrifera*（L.）L'Her. ex Vent.（图3-1-16）

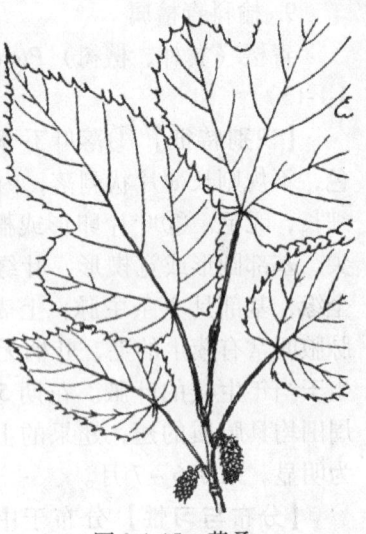

图3-1-15 蒙桑

【识别特征】①落叶乔木，高达18m。树冠开张，卵形至广卵形。②树皮平滑，浅灰色或灰褐色，不易裂，全株含乳汁。小枝密生白色绒毛。③单叶互生，有时近对生，叶卵圆形至阔卵形，顶端锐尖，基部圆形或近心形，边缘有粗齿，3~5深裂（幼枝上的叶更为明显），两面有厚柔毛。④聚花果球形，熟时橙红色或鲜红色。花期4~5月，果期7~9月。

【分布与习性】分布于中国黄河、长江和珠江流域地区，也见于越南、日本。强阳性树种，耐干旱瘠薄，适应性和抗逆性均强。喜钙质土，也可生于酸性和中性土中。根系浅，侧根分布很广，生长快，萌芽力和分蘖力强，耐修剪。抗污染性强。

【观赏与应用】枝叶茂密，适应性强，是城乡绿化的重要树种，尤其适合用作矿区及荒山坡地绿化，也可选做庭荫树及防护林用。聚花果含大量糖分，脱落后常招引苍蝇，对环境卫生不利，因此园林绿化最好选择雄株。其树皮是优质造纸及纺织原料，木材可供器具、家具和薪柴用。

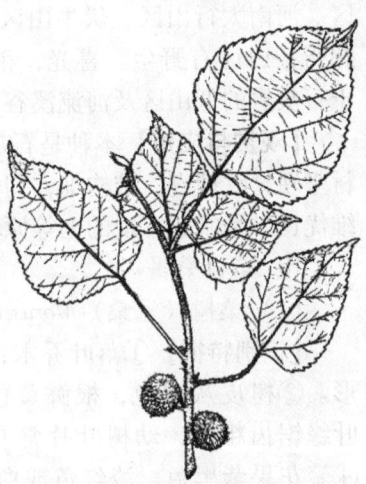

图3-1-16 构树

12. 胡桃科胡桃属

胡桃（核桃、英国胡桃、波斯胡桃）*Juglans regia* L.（图3-1-17）

【识别特征】①落叶乔木，高达20~25m。②树皮灰白色，浅纵裂，平滑。枝条髓部片状，幼枝先端具细柔毛，二年生枝常无毛。③奇数羽状复叶，小叶5~9个，椭圆形、卵状椭圆形至倒卵形，顶生小叶通常较大，全缘或有不明显钝齿，表面深绿色，无毛，背面仅脉腋有簇毛，小叶柄极短

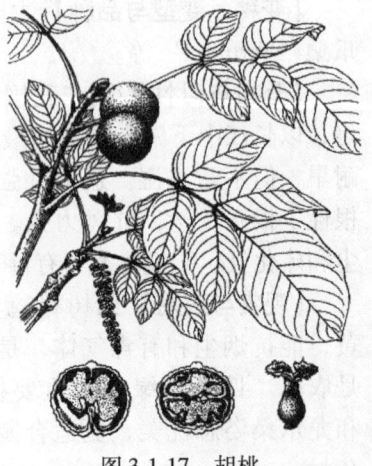

图3-1-17 胡桃

或无。④雄花为柔荑花序，雌花1~3（5）朵呈顶生穗状花序。花期4~5月。⑤核果球形，直径4~5cm，灰绿色，果核有不规则浅刻纹及2纵脊。果期8~9月。

【分布与习性】原产中国新疆、阿富汗、伊朗一带，中国各地广泛栽培，西北、华北最多。喜光，耐寒，耐干冷，不耐湿热，抗旱、抗病能力强。适应多种土壤生长，喜水、肥，同时对水肥要求不严，喜深厚、肥沃、湿润而排水良好的微酸性至微碱性土壤。深根系，根肉质，怕水淹。

【观赏与应用】树冠雄伟，树干洁白，枝叶繁茂，树荫浓密，是良好的庭荫树和行道树。因其花、果、叶之挥发气体具有杀菌、杀虫的保健功效，也宜成片、成林栽植于休养区、疗养区及医疗卫生单位作庭园绿化树种。果实供生食及榨油，也可药用。

13. 胡桃科枫杨属

枫杨 *Pterocarya stenoptera* C. DC.（图3-1-18）

【识别特征】①落叶乔木，高达30m。树冠广卵形。②树皮光滑，红褐色，后深纵裂，黑灰色。枝条横展，枝具片状髓。③叶多为偶数或稀奇数羽状复叶，互生，叶轴有翅，小叶10~16枚（稀~25枚），长椭圆形，缘有细锯齿，无小叶柄。④花单性，雌雄同株，雄性葇荑花序单独生于去年生枝条上的叶痕腋内，花序轴常有稀疏的星芒状毛。花期4~5月。⑤果序下垂，坚果近圆形，具2长圆形或长圆状披针形果翅。果熟期8~9月。

【分布与习性】分布于华北、华中、华南和西南各省，长江流域和淮河流域最为常见。喜光性树种，不耐荫，对土壤要求不严，较喜疏松肥沃的砂质土壤，耐水湿、耐寒、耐旱。深根性，主、侧根均发达，在深厚肥沃的河床两岸生长良好。速生性，萌蘖能力强，对二氧化硫、氯气等抗性强。叶片有毒，鱼池附近不宜栽植。

图3-1-18 枫杨

【观赏与应用】树冠广展，枝叶茂密，生长快速，在江淮流域常作庭荫树、行道树。因根系发达、耐水湿，可作固堤护岸和防风林树种，又因对有毒气体和烟尘有抗性，也适合工矿区绿化。

14. 壳斗科栗属

板栗（栗、中国板栗）*Castanea mollissima* Bl.（图3-1-19）

【识别特征】①落叶乔木，高达20m。树冠扁球形。②树皮深灰色，交错纵裂，小枝有灰色绒毛。③单叶，椭圆或长椭圆状，长9~18cm，边缘有芒状齿。④雌雄同株，雄花为直立柔荑花序，雌花单独或数朵生于总苞内。花期6月。⑤壳斗球形或扁球形，密被长针刺，内有坚果2~3个。果期9~10月。

【分布与习性】中国特产树种，现北自东北南部，南至两广，西达甘肃、四川、云南等地均有栽培。以华北和

图3-1-19 板栗

长江流域栽培集中,河北省是著名产区。喜光,光照不足会引起枝条枯死或不结果。适应性强,耐寒,耐旱,对土壤要求不严,喜肥沃温润、排水良好的砂质土壤,忌积水和土壤黏重。深根性,根系发达,寿命长。生长较快,萌芽性较强,较耐修剪。对有害气体抗性强。

【观赏与应用】板栗树冠圆广,枝繁叶茂,在公园草坪及坡地孤植或群植均适宜,也可作山区绿化造林和水土保持树种。目前主要作为干果生产树种栽培,华北地区被誉为"铁杆庄稼"。

15. 壳斗科栎属

(1) 麻栎(栎树、橡树)Quercus acutissima Carr.(图3-1-20)

【识别特征】①落叶乔木,高达25~30m。②干皮交错深纵裂。③叶长椭圆状披针形,长8~19cm,侧脉13~18对,直到齿端,叶缘具芒状锯齿。④雄花序长6~12cm,花被通常5裂,雌花序有花1~3朵。⑤壳斗杯状,每壳斗1个坚果,包被坚果约1/2,小苞片钻形,反卷,被灰白色绒毛。果卵形或椭圆形。

【分布与习性】分布很广,是栎属中分布最广的一种,自东北南部到两广,西到甘肃、四川、云南,日本、朝鲜也产。喜光,喜湿润气候,较耐寒、耐旱,但不耐盐碱。深根性,萌芽力强,寿命可达500~600年。

【观赏与应用】树冠雄伟,树荫浓密,绿叶鲜亮,秋季叶变为橙褐色,季相变化明显,是优良的绿化观赏树种。可孤植、丛植。

(2) 栓皮栎(软木栎、大叶栎)Quercus variabilis Bl.

图3-1-20 麻栎

【识别特征】①落叶乔木,高达30m。②树皮灰褐色、深纵裂,树皮木栓层发达。③叶长椭圆状披针形或卵状披针形,长8~15cm,叶缘具芒状锯齿,叶下面被灰白色星状毛。④雄花序生于当年生枝下部,雌花序生于当年生枝叶腋。⑤壳斗杯状,每壳斗1个坚果,小苞片钻形反曲,有毛。果近球形或宽卵形。

【分布与习性】产华北、华东、中南及西南各地,鄂西、秦岭及大别山为分布中心。喜光,耐寒,耐干旱瘠薄,抗风,对土壤、气候适应性强。不耐移植,树皮不易燃烧,是抗火树种。

【观赏与应用】观赏特点与园林应用同麻栎。其木栓层发达,是我国生产软木的主要原料。

(3) 蒙古栎(柞树)Quercus mongolica Fisch. ex Ledeb.(图3-1-21)

【识别特征】①落叶乔木,高可达30m。树冠卵圆形。②树皮暗灰色,深纵裂。小枝粗壮,栗褐色,无毛。③叶常集生枝端,倒卵形,长7~20cm,先端短钝,基部窄圆,

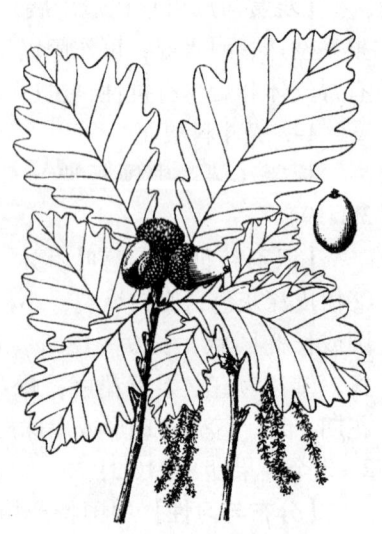

图3-1-21 蒙古栎

侧脉7~11对，叶缘具7~11对深波状粗齿，背面脉上有毛，叶柄短，疏生绒毛。④花单性同株，花期5~6月。壳斗碗形，每壳斗1个坚果，包坚果1/3~1/2，小苞片呈瘤状突起。坚果卵形，果熟期9~10月。

【同属其他种】辽东栎 Quercus wutaishanica H. Mayr. 与蒙古栎的主要形态区别：侧脉5~8对，叶缘具5~8对波状齿；壳斗浅杯形，包坚果1/3，小苞片扁平三角形，或背部微突。

【分布与习性】东北、华北、西北各地栽培普遍，华中地区也少量分布。喜光，喜凉爽气候，耐寒，能抗-50℃的低温。喜中性至酸性土壤，耐旱、耐瘠薄。对烟尘和氟化氢有毒气体抗性强。根系深，主根发达，抗风，但不耐移植。树皮厚，抗火性强。寿命长，可达数百年。

【观赏与应用】蒙古栎树干通直，树冠雄伟，树荫如盖，秋季叶变为橙褐色，冬季叶变干呈褐色宿存。是营造防风林、水源涵养林及防火林的优良树种，孤植、丛植或与其他树木混交成林均可。材质坚硬、密度大、纹理美观、抗腐耐水湿，叶可养蚕，种可食。辽东栎的观赏特点和园林应用同蒙古栎。

16. 桦木科桦木属

（1）白桦（桦树、桦木、桦皮树）*Betula platyphylla* Suk.（图3-1-22）

【识别特征】①落叶乔木，高可达25m。树冠卵圆形。②树皮白色，纸状分层剥离。小枝细长，红褐色，无毛，外被白色蜡层。③叶三角状卵形，先端渐尖，基部广楔形，缘有不规则重锯齿，背面疏生油腺点。④花单性同株，葇荑花序。花期5~6月。⑤果序单生，圆柱状，下垂，果苞3裂，革质，小坚果两侧有膜质翅。果熟期8~10月。

【分布与习性】中国东北、华北和西南各地普遍栽培，垂直分布东北在海拔1000m以下，华北为海拔1300~2700m。喜强光，耐严寒，喜酸性土壤，耐瘠薄及水湿，深根性，萌芽性强。在平原及低海拔地区常生长不良。

【观赏与应用】白桦枝叶扶疏、姿态优美，树皮光滑洁白，有独特的观赏价值。可用来营造风景林，也可孤植、丛植于庭园、草坪、池畔、湖滨或列植于道旁。树皮可提取栲胶、桦皮油，叶可作染料。

（2）红桦（纸皮桦）*Betula albo-sinensis* Burkill（图3-1-23）

【识别特征】①落叶乔木，高可达30m。②树皮橘红色或红褐色，纸状多层剥离。小枝紫红色或红色，无毛，有白色圆形皮孔。③叶卵形或椭圆状卵形，先端渐尖，基部宽楔形，边缘有不规则重锯齿，侧脉9~14对，叶

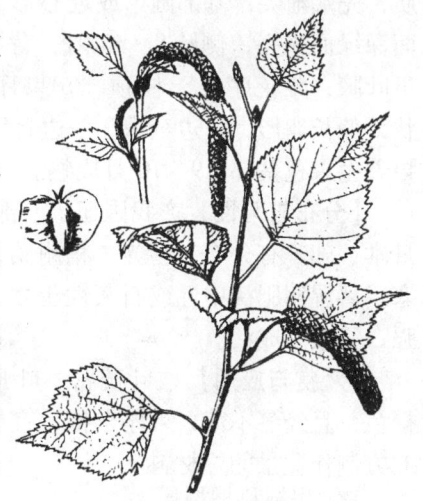

图3-1-22 白桦

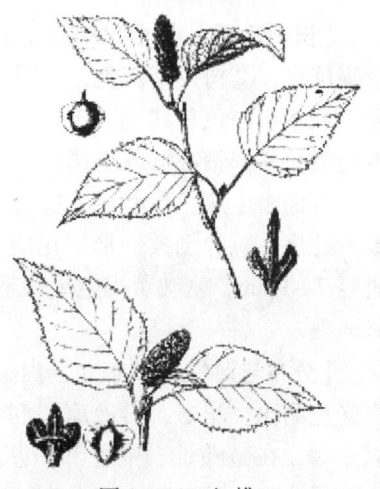

图3-1-23 红桦

脉常有毛。④果序单生或2~4个排成总状，直立，坚果卵形，果翅与小坚果近等宽或稍窄。果熟期8~10月。

【分布与习性】分布于河北、山西、甘肃、湖北、四川及云南等省，垂直分布于海拔1000~3500m处。较耐荫，耐寒性比白桦强，喜湿润，生长较快。

【观赏与应用】红桦干皮光洁、橘红色，可与白桦媲美，观赏价值独特，可用来营造风景林。常与山杨、冷杉、云杉等混生或成纯林。材质优良，为细木工、家具、枪托、飞机螺旋桨、砧板等的优良用材。

17. 桦木科鹅耳枥属

鹅耳枥 *Carpinus turczaninowii* Hance（图3-1-24）

【识别特征】①落叶乔木，高约5~15m。树冠紧密且不整齐。②树皮灰褐色至黑褐色，浅纵裂。小枝有毛，冬芽褐色。③单叶互生，卵形或椭圆状卵形，半革质，先端渐尖，基部圆形或近心形，缘有重锯齿，叶表面深绿而光亮，侧脉8~12对，背脉有毛。④雄花序生于叶腋，雌花序生于枝顶。⑤果序稀疏下垂，果苞叶状，偏长卵形，一边全缘，一边有齿，长3~6cm，小坚果着生果苞基部。9~10月成熟。

【分布与习性】产我国辽宁南部、华北及黄河流域，日本、朝鲜有分布。喜光，稍耐荫，耐干旱瘠薄，较耐寒。喜湿润肥沃中性或石灰性土壤。根系良好，萌芽力强，移栽易成活。

【观赏与应用】枝叶茂密，叶形秀丽，经霜变为红褐色，且经冬不落，果序奇特，宜植于园林观赏。也是北方制作盆景的好材料。

图3-1-24 鹅耳枥

18. 椴树科椴树属

（1）糠椴（大叶椴）*Tilia mandshurica* Rupr. et Maxim.（图3-1-25）

【识别特征】①落叶乔木，高达20m。树冠广卵形或扁球形。②树皮暗灰色，老时浅纵裂。一年生枝黄绿色，密生灰白色星状毛。③叶广卵形，长7~15cm，先端短尖，基部歪心形或斜截形，缘有粗锯齿，叶表面光亮，背面密生灰色星状毛。④花黄色，7~12朵成下垂聚伞花序，苞片倒披针形。花期7~8月。⑤果近球形，直径7~9mm，密被黄褐色星状毛，有5纵脊。果9~10月成熟。

【分布与习性】产东北、内蒙古、河北、山东等地。喜光也耐荫，耐寒，喜冷凉湿润气候及深厚、肥沃、湿润土壤，在微酸性、中性和石灰性土壤中均生长良好。在干旱瘠薄、盐渍化土壤上生长不良。深根性，萌蘖性

图3-1-25 糠椴

强。寿命可达 200 年以上。

【观赏与应用】树冠规整，枝叶浓密，嫩叶红色，7 月开花，黄色，芳香，是北方优良的庭荫树种和行道树种。

（2）紫椴（阿穆尔椴、籽椴）*Tilia amurensis* Rupr.

【识别特征】①落叶乔木，高可达 20～30m。②树皮暗灰色，纵裂，呈片状剥落。小枝黄褐色或红褐色，呈"之"字形，皮孔微凹起，明显。③单叶互生，阔卵形或近圆形，基部心形，先端尾状尖，边缘具整齐的粗尖锯齿，叶柄长。④复聚伞花序，花序分枝无毛，苞片倒披针形或匙形，黄白色，花小，苞片下部 1/2 处与花序梗联合，花萼、花瓣通常为 5 枚。花期 6～7 月。⑤果球形或椭圆形，被褐色短毛，具 1～3 粒种子。种子褐色，倒卵形。果期 9～10 月。

【同属其他种】蒙椴（小叶椴）*Tilia mongolica* Maxim. 与紫椴形态相似，与其主要区别：叶有时 3 浅裂，坚果倒卵形，树形优美，树皮红褐色，枝叶茂密，嫩叶红色，秋叶亮黄色。

【分布与习性】主产我国东北、华北地区，俄罗斯远东地区、朝鲜也有分布。喜光，稍耐荫，耐寒性强。对土壤要求比较严格，喜肥、喜排水良好的湿润土壤，多生长在山的中、下部，尤其在土层深厚、排水良好的砂壤土上生长最好，不耐水湿和沼泽地。深根性树种，萌蘖性强，生长速度中等，虫害少。抗烟尘、抗有毒气体能力强。

【观赏与应用】树姿优美，枝叶茂密，秋季花序狭长，苞片变黄，似无数缕缕"黄丝带"，是东北地区良好的庭荫树种和行道树种。因抗烟尘和有毒气体，作厂矿绿化最为适宜。也是著名的蜜源植物，花可入药。

（3）欧洲大叶椴（欧椴、大叶椴）*Tilia platyphyllos* Scop.（图 3-1-26）

【识别特征】①落叶乔木，高达 32m，栽培植株通常高 15m。②树皮灰褐色，浅纵裂。当年生枝密生柔毛。③叶卵圆形，长 6～12cm，宽与长略等，先端短渐尖，基部斜心形或斜截形，锯齿有短刺芒，上面沿脉疏生或密生白色柔毛，下面沿脉密生黄褐色柔毛，脉腋有簇毛，叶柄长 2～5cm，密生黄褐色毛。④花序长 8～10cm，总梗及花梗上有毛，苞片倒披针形，先端圆形，基部较狭，沿脉密生或疏生柔毛，无柄或近无柄。花瓣黄白色，倒披针形。花期 6 月。⑤果近球形，密生灰褐色星状绒毛，有明显 5 纵棱。果熟期 8～9 月。

【分布与习性】原产于欧洲、小亚细亚等地，我国北京、青岛有引栽。中性，喜凉爽湿润气候。

【观赏与应用】树冠圆整，叶大荫浓，是优良的行道树、庭荫树。

图 3-1-26 欧洲大叶椴

19. 梧桐科梧桐属

梧桐（青桐、桐麻）*Firmiana simplex*（L.）W. F. Wight（图 3-1-27）

【识别特征】①落叶乔木，高达 15～20m。树冠卵圆形。②树干端直，干枝绿色，平滑。③叶心形,掌状3~5裂片,长15~20cm,裂片三角形、全缘,顶端渐尖,两面均无毛或略被短柔毛,基生脉7条,叶柄与叶片等长。④圆锥花序顶生,花黄绿色或白色。花期6~7月。⑤蓇葖果5裂,膜质,果皮开裂成叶状,匙形,外被短绒毛或几无毛,有柄。种子2~4粒,圆球形。果熟期10~11月。

【分布与习性】产于我国南北各省,从广东海南岛到华北均产之,北京以南广泛栽培,长江流域多。喜光,喜生于温暖气候,耐寒性不强,耐干旱瘠薄,喜肥沃、深厚而排水良好的钙质土壤,在酸性及中性土壤上能生长,忌水湿及盐碱地。深根系、直根粗壮,萌芽力弱,不耐修剪。春季萌芽晚,秋季落叶早,故有"梧桐一叶落,天下尽知秋"之说。

【观赏与应用】树冠圆整,树干端直,干枝青翠,绿荫深浓,叶大而形美,果形奇特,是具有悠久栽植历史的庭园观赏树种。常孤植或丛植于草坪、庭园、湖畔等地,是优良的庭荫树和行道树。

图3-1-27　梧桐

20. 木棉科木棉属

木棉（攀枝花、英雄树、木棉树、红棉）*Bombax malabaricum* DC.（图3-1-28）

【识别特征】①落叶乔木,高达40m。②树干端直,树皮灰白色。枝干均具短粗的圆锥形大刺,后渐平缓呈突起。枝近轮生,平展,幼树树干及枝具圆锥形皮刺。③掌状复叶互生,小叶5~7片,长椭圆形,两端尖,全缘,无毛。④花大,红色,聚生近枝顶。花期2~3月。⑤蒴果大,近木质,外被绒毛,成熟时5裂,内壁有白色长棉毛。果期7~8月。

【分布与习性】我国北起四川西南攀枝花金沙江、安宁河、雅砻江河谷、云南金沙江河谷、云南南部、贵州南部,直至两广、福建南部、海南、台湾均有分布,印度、马来西亚及澳大利亚也有。喜温暖干燥和阳光充足环境,不耐寒,稍耐湿,忌积水,耐旱,抗污染。深根性,抗风力强,速生,萌芽力强。生长适温20~30℃,冬季温度不低于5℃,以深厚、肥沃、排水良好的砂质土壤为宜。

图3-1-28　木棉

【观赏与应用】树形高大雄伟,春季红花盛开,是优良的行道树、庭荫树和风景树。可园林栽培观赏。

21. 柽柳科柽柳属

柽柳（三春柳）*Tamarix chinensis* Lour.（图3-1-29）

【识别特征】①落叶小乔木或灌木,树高可达7m。树冠圆球形。②小枝细长下垂,红褐色或淡棕色。③叶细小，鳞片状，长1~3mm，先端渐尖。④总状花序集生为圆锥状复花序，多柔弱下垂。花粉红色或紫红色，自春至秋均可开花，有时一年3次开花，故名三春柳。

【分布与习性】分布于长江流域中下游至华北、辽宁南部各地，华东、华中及西南等地有栽培。喜光，不耐荫。对气候适应性强，耐干旱，耐高温和低温。对土壤要求不严，耐盐土及碱土，叶能分泌盐分，为盐碱地指示植物。深根性，根系发达，抗风力强。萌蘖性强，耐修剪，耐沙割与沙埋。

【观赏与应用】适合于盐碱地种植，是改造盐碱地和建造海滨防护林的优良树种。也可作为绿篱。

22. 杨柳科杨属

（1）毛白杨（白杨、笨白杨）*Populus tomentosa* Carr.（图3-1-30）

【识别特征】①落叶乔木，高达30~40m。树冠卵圆形或卵形。②树皮灰绿色至灰白色，老树灰褐色，纵裂，皮孔菱形。幼枝幼叶密被白色绒毛。③长枝叶阔卵形或三角状卵形，先端短渐尖，基部心形或平截，叶缘具波状缺裂或锯齿。④花单生，雌雄异株，柔荑花序下垂，花药红色。花期3~4月，叶前开花。⑤蒴果2裂。果期4~5月。

【变种、变型与品种】①抱头毛白杨 var. *fastigiata* Y. H. Wang：本变种主干明显，树冠狭长，侧枝紧抱主干。②截叶毛白杨 var. *truncata* Y. C. Fu et C. H. Wang：树冠浓密，树皮灰绿色、光滑，皮孔菱形、小，多为2个以上横向连生，呈线形。短枝叶基部通常为截形，发叶较早，生长较原变种快。

【分布与习性】毛白杨原产中国，分布广，北起中国辽宁南部、内蒙古，南至长江流域，以黄河中下游为适生区。喜光及温凉湿润气候，较耐寒。在暖热多雨的气候下易受病害。对土壤要求不严，喜深厚肥沃的砂壤土，不耐过度干旱瘠薄，稍耐碱。大树耐湿，耐烟尘，抗污染。深根性，根系发达，萌芽力强，生长较快。寿命是杨属中最长的，长达200年。

【观赏与应用】树形高大挺拔、姿态雄伟，树干灰白、端直，叶大荫浓，生长较快，适应性强，是城乡及工矿区优良的绿化树种。常用作行道树、园路树、庭荫树或营造防护林。可孤植、丛植、群植于建筑周围、草坪、广场、水滨；在街道、公路、学校运动场、工厂、牧场周围列植、群植。应用中应多用雄株而少用雌株，以减少或避免春季飞絮。

（2）银白杨 *Populus alba* L.（图3-1-31）

【识别特征】①落叶乔木，高达35m。树冠广卵形或圆球形。②树皮灰白色，光滑，老

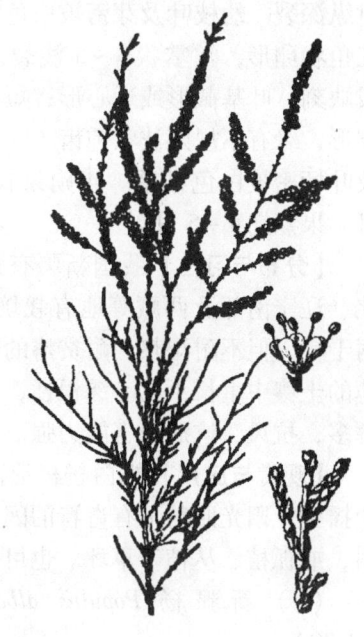

图3-1-29　柽柳

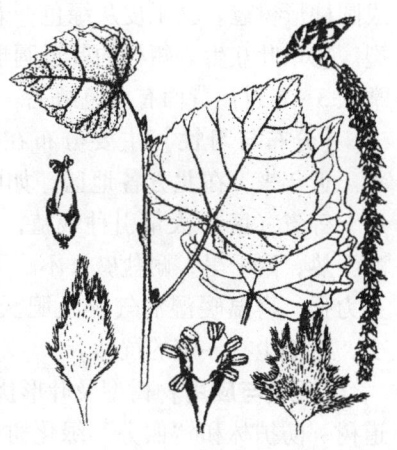

图3-1-30　毛白杨

时纵深裂。幼枝叶及芽密被白色绒毛。③长枝之叶广卵形或三角状卵形，常掌状3～5浅裂，裂片先端钝尖，缘有粗齿或缺刻，叶基截形或近心形；短枝之叶较小，卵形或椭圆状卵形，缘有不规则波状钝齿。叶柄微扁，无腺体，老叶背面及叶柄密被白色绒毛。④蒴果长椭圆形，2裂。花期3～4月，果熟期4～5月。

【分布与习性】我国新疆有野生天然林分布，西北、华北、辽宁南部及西藏等地有栽培。喜光，不耐荫。耐严寒，耐干旱，但不耐湿热。耐贫瘠的轻碱土，但在黏重或过于瘠薄的土壤中生长不良。深根性，根系发达，固土能力强。根蘖多，抗风、抗病虫害能力强。

【观赏与应用】银白杨树形高大，银白色的叶片在微风中摇曳，阳光照射下有奇特的闪烁效果。可作庭荫树、行道树，或孤植、丛植于草坪。也可作固堤护岸树种。

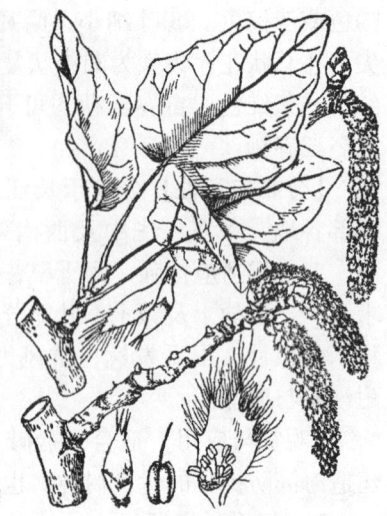

图3-1-31 银白杨

（3）新疆杨 Populus alba var. bolleana Lauche（图3-1-32）

【识别特征】①落叶乔木，高达30m。枝直立向上，形成圆柱形树冠。②干皮灰绿色，老时灰白色，光滑，很少开裂。③单叶互生。短枝的叶近圆形，有缺刻状粗齿，长枝叶掌状3～5裂，背面有白色绒毛。④仅见雄株。

【分布与习性】主要分布在我国新疆，以南疆地区较多。近年来，在北方各地区，如陕西、甘肃、宁夏、青海、辽宁等省（区）大量引种栽植，生长良好。喜光，耐严寒，耐干热，耐干旱，耐盐碱，不耐湿热。生长快，深根性，萌芽力强。喜温暖湿润气候及肥沃的中性及微酸性土。病害少，对烟尘有一定的抗性。

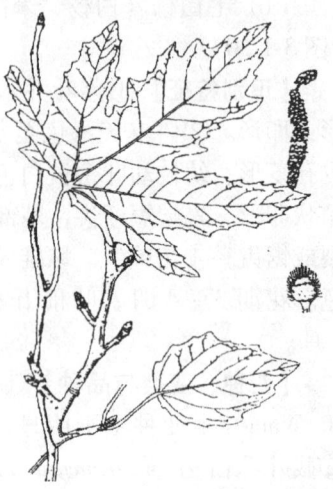

图3-1-32 新疆杨

【观赏与应用】树型及叶形优美，是优美的风景树、行道树、防护林和"四旁"绿化树种。

（4）河北杨 Populus hopeiensis Hu et Chow（图3-1-33）

【识别特征】①落叶乔木，高达30m。②树皮灰白色，光滑。③单叶互生。叶卵圆形或近圆形，长3～8cm，先端钝，叶缘有疏波齿或不规则的缺刻，背面青白色，叶柄侧扁。④雄花序长5cm，雌花序长3～5cm，花序轴被柔毛。⑤蒴果长卵形，2瓣裂。花期4月，果期5～6月。

【分布与习性】我国特有树种，产华北、西北。喜光，耐干旱，不耐水湿。生长快，萌蘖性强。

【观赏与应用】树冠圆整，树皮灰白洁净，枝叶清秀柔和，是优良的庭荫树、行道树和风景树。

图3-1-33 河北杨

（5）加杨（加拿大杨）*Populus canadensis* Moench（图3-1-34）

【识别特征】①落叶乔木，高30m，胸径1m。侧枝分枝角较大，树冠呈卵圆形。②树皮粗厚，深沟裂，下部暗灰色，上部褐灰色。小枝在叶柄下有3条棱脊。芽大，先端反曲，初为绿色，后变为褐绿色，富黏质。③叶三角形或三角状卵形，先端渐尖，长7~10cm，锯齿钝圆，叶柄扁。④果序长达27cm，果卵圆形，先端尖，2~3瓣裂。花期4月，果期5月。

【变种、变型与品种】①沙兰杨'Sacrau79'：树冠圆锥形，树干不直，树皮平滑带白色，皮孔菱形，大而显著。侧枝轮生，叶卵状三角形，先端长渐尖，基部平截。长枝叶基部有1~4个棒状腺体。生长快，适应性强，遍布世界。②意大利214杨'I-214'：树冠长卵形，树干通直，树皮灰褐色，老时下部浅纵裂，裂纹窄而密。侧枝密集，不轮生，嫩枝红褐色。叶三角形，长略大于宽，基部心形，有2~4个腺体，幼枝幼叶红色。原产意大利，生长极快。适宜黄河下游至长江中下游栽培。

图3-1-34　加杨

【分布与习性】广植于欧洲、亚洲和美洲，我国各地普遍栽培，以华北、东北及长江流域最多。喜光，颇耐寒，喜温凉气候与湿润土壤，也能适应暖热气候，对水涝、盐碱和瘠薄土壤均有一定耐性。对二氧化硫抗性强，并有吸收能力。生长迅速，多雄株，不飞絮。扦插极易成活。

【观赏与应用】加杨树冠宽阔，叶片大而有光泽，宜作行道树、庭荫树、公路树、防护林等。孤植、列植均可。是华北及江淮平原常见的绿化树种，适用于工矿区绿化及"四旁"绿化。

（6）钻天杨（美杨、美国白杨）*Populus nigra* L. 'Italica'（图3-1-35）

【识别特征】①落叶乔木，高达30m。树冠圆柱形。②树皮暗灰褐色纵裂。③长枝叶扁三角形或菱状三角形，宽大于长。叶柄上部微扁。④花期4月，雄花序长4~8cm，雌花序长10~15cm。多为雄株。⑤蒴果，先端尖，果柄细长，果期5月。

【分布与习性】中国长江、黄河流域各地广为栽培，西北、华北地区最适生长。喜光，耐湿润土壤，耐寒，耐干冷气候。稍耐盐碱和水湿，忌低洼积水及土壤黏重。

【观赏与应用】树形圆柱状，丛植于草地或列植堤岸、路边，有高耸挺拔之感，在北方园林常见，也常做行道树、防护林用。

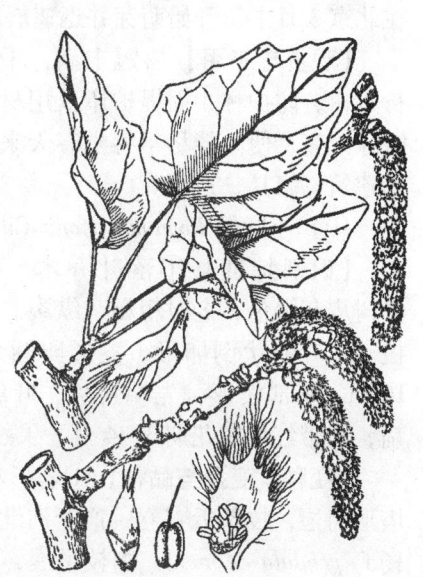

图3-1-35　钻天杨

(7) 箭杆杨 *Populus nigra* L. 'Thevestina' Bean（图 3-1-36）

【识别特征】①落叶乔木，高达30m。树干通直，树冠窄圆柱形。②树皮灰绿色或灰白色，光滑，老树基部稍裂。小枝细，黄褐色或淡黄褐色，贴近树干，嫩枝有时疏生短柔毛。芽长卵形，顶端长渐尖，淡红色，富黏质。③叶形变化较大，一般为三角状卵形至菱状卵形，长大于宽，长5~10cm，先端渐尖至长渐尖，基部楔形至近圆形。④多为雌株。

【分布与习性】黄河中上游一带，山西南部、河南等地栽培较多。喜光，耐寒，抗干旱，稍耐盐碱，生长快。

【观赏与应用】由于树形美观，在西北地区常用作公路行道树、农田防护林和"四旁"绿化树种。

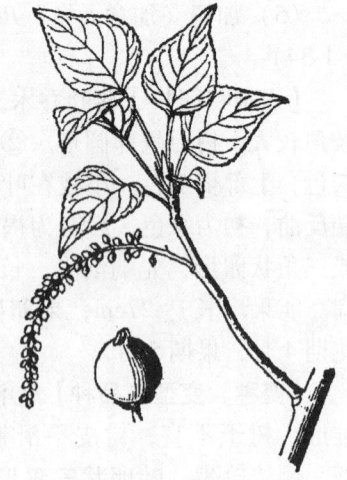

图 3-1-36　箭杆杨

(8) 青杨 *Populus cathayana* Rehd.（图3-1-37）

【识别特征】①落叶乔木，高达30m。树冠卵形。②幼树皮灰绿色，光滑，老时暗灰色，浅纵裂。小枝圆柱形，灰绿色，枝叶无毛。③短枝的叶片卵形，最宽处在中部以下，先端渐尖，基部圆形或近心形；长枝叶片较大，基部常微心形。叶柄圆柱形细长。花期4~5月，果期5~6月。

【分布与习性】中国特产，分布于辽宁、华北、西北和西南等地。喜温凉气候，较耐寒，喜光，对土壤要求不严，在砂壤土、砂土、石砾土上均能正常生长，耐干旱，不耐盐碱，不耐水淹。根系发达，分布深而广，生长快。萌芽早，在北京3月中旬开始萌芽并迅速展叶。

【观赏与应用】树冠丰满，干皮清丽，可用作庭荫树、行道树，防护林、固堤护岸及用材林。青杨展叶极早，新叶嫩绿光亮，使人能尽早感觉春天来临的气息。木材优良，可作建筑、家具、造纸。

图 3-1-37　青杨

(9) 小叶杨 *Populus simonii* Carr.（图3-1-38）

【识别特征】①落叶乔木，高达20m。树冠宽卵形。②树皮灰褐色，老时粗糙、纵裂。小枝光滑，长枝有显著角棱。③叶菱状倒卵形、菱形卵圆形或菱状椭圆形，长5~10cm，基部楔形，先端短尖，叶缘有细钝齿。叶柄短而不扁，常带红色。花期3~4月，果熟4~5月。

【变种、变型与品种】①塔形小叶杨'Fastigiata'：形成塔形树冠，枝条近直立，产于河北、北京等地。②垂枝小叶杨 f. *pendula* Schneid：侧枝平展，小枝下垂，产于河北、河南、甘肃、青海、四川等地。

【分布与习性】产于我国东北、华北、西北、华中及四

图 3-1-38　小叶杨

川等地区。喜光，适应性强，耐寒，耐干旱瘠薄，根系发达，抗风，抗病虫害。

【观赏与应用】树形美观，叶片秀丽，生长快速，适应性强，是水湿地带"四旁"绿化的优良树种。但寿命较短，一般30年即转入衰老阶段。是良好的防风固沙、保持水土、固堤护岸及绿化观赏树种，城郊可用作行道树和防护林。小叶杨还是山西省朔州市的市树。

（10）胡杨 *Populus euphratica* Oliv.（图3-1-39）

【识别特征】①落叶乔木，高达25m。树冠球形。②树皮厚，淡灰褐色，基部条裂。小枝细圆，灰绿色。③幼叶及萌条叶披针形，全缘或具1~2疏齿。成年树上的叶卵圆、扁圆或肾形，长2~2.5cm，宽3~7cm，先端有粗齿牙，基部楔形或平截，灰绿或淡蓝绿色，叶柄稍扁，顶端有2腺体。④蒴果长卵圆形，2~3瓣裂。花期5月，果熟6~7月。

【分布与习性】产于我国新疆、青海柴达木、内蒙古河套、甘肃、宁夏等地，塔里木河沿岸常见。耐干燥、寒冷及干热气候，耐盐碱能力强。

【观赏与应用】沙荒地和盐碱地重要的绿化树种。

23. 杨柳科柳属

（1）旱柳（柳树，河柳，江柳）*Salix matsudana* Koidz.（图3-1-40）

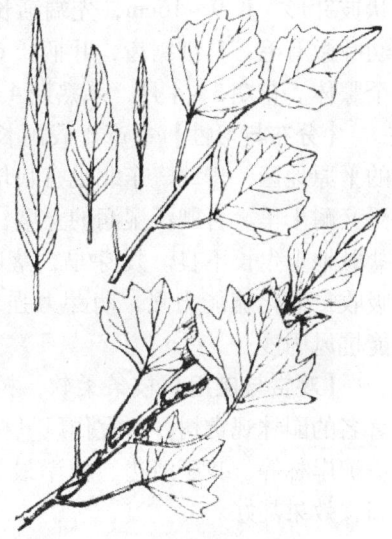

图3-1-39 胡杨

【识别特征】①落叶乔木，高达20m，胸径80cm。树冠广卵形至倒卵形。②树皮灰褐色，具浅裂沟。枝条斜展或直伸，小枝纤细，黄绿色。③单叶互生。叶披针形或条状披针形，长5~10cm，缘具细齿腺。叶柄短，长2~4mm。③柔荑花序小，花序轴有毛。苞片卵形，基部常有毛。雌花具腹背2腺体。花期3~4月，果期4~5月。

【变种、变型与品种】变种：①龙爪柳 'Tortuosa'：枝条自然扭曲，生长势较弱，树体小，寿命短。②馒头柳 'Umbraculifera'：分枝密，树冠半球形，状如馒头。北京园林常有栽培。③绦柳 'Pendula'：又名旱垂柳，枝条自然下垂，似垂柳外形，小枝黄色，叶无毛。

【分布与习性】原产我国，以我国黄河流域为栽培中心，东北平原、黄土高原，西至甘肃、青海等皆有栽培，是我国北方平原地区最常见的乡土树种之一。喜光，较耐寒，耐干旱。湿润、排水良好的砂壤土生长最好，河滩、河谷、低湿地都能生长成林，忌黏土及低洼积水，在干旱沙丘生长不良。稍耐盐碱，对病虫害及大气污染的抗性较强。深根性，萌芽力强，根系发达，生长快，寿命长达400年以上。

图3-1-40 旱柳

【观赏与应用】旱柳是北方城乡绿化的优良树种。枝条柔软，发叶早，落叶晚，树冠丰满，常作庭荫树、行道树，或为护岸林、防风林、"四旁"绿化树种。常栽培在河湖岸边、孤植于草坪或对植于建筑两旁。柳絮多，绿化宜选雄株。

（2）垂柳（水柳、柳树、倒杨柳）*Salix babylonica* L.（图3-1-41）

【识别特征】①落叶乔木，高达18m。树冠倒广卵形。②小枝细长下垂，褐色或带紫色。③叶互生，披针形或条状披针形，长9～16cm，先端渐长尖，基部楔形，无毛或幼叶微有毛，具细锯齿，叶柄长6～12mm。④雌花只有1个腺体。花期3～4月，果熟期4～5月。

【分布与习性】主产于我国长江流域及其以南各省区的平原地区，华北、东北也有栽培。喜光，不耐荫。喜水湿又耐干旱。喜肥沃湿润的土壤，在固结、黏重土壤及重盐碱地上生长不良。发芽早，落叶迟，生长快。耐污染，吸收二氧化硫能力强。萌芽力强，生长迅速，根系发达，能抗风固沙。

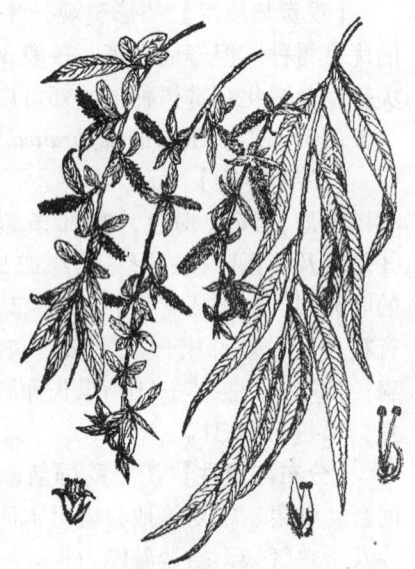

图3-1-41　垂柳

【观赏与应用】枝条柔软，树姿优美，适应性强，是著名的园林观赏树种。宜作风景树、庭荫树、行道树、固堤护岸林等，栽于河边、池岸最为理想。常常与龙爪柳共同配植应用，刚柔相济、曲直相间，效果甚好。

（3）金丝垂柳（金枝白垂柳）*Salix alba* 'Tristis'

【识别特征】①落叶乔木，高达10m以上。②幼年树皮黄色或黄绿色。枝条细长下垂，生长季节为黄绿色，落叶后至早春则为黄色，经霜冻后颜色尤为鲜艳。③叶长9～14cm，狭披针形，背面发白，缘有细锯齿。④全部为雄株。是金枝白柳与垂柳的杂交种。

【分布与习性】我国东北南部、华北及长江中下游等地区有栽培。喜光，较耐寒，喜水湿，也能耐干旱。发芽早，落叶迟，萌芽力强，生长快。

【观赏与应用】金丝垂柳枝条金黄，柔软下垂，树姿婆娑潇洒，又因其全部为雄株，春季不飞絮，无环境污染，是优良的园林绿化树种。可用作行道树、庭荫树，或孤植于草地、建筑物旁，也可种植于河岸、池边、湖畔等处作护岸固堤树种。

（4）圆头柳 *Salix capitata* Y. L. Chou et Skv.

【识别特征】①落叶乔木，高10～15m。树冠圆球形或倒卵形。②树皮暗灰色，纵沟裂。小枝细长，萌发枝绿色，大枝斜上长。③叶长椭圆状披针形，长3.5～7cm，先端长尖，基部近圆形，表面绿色，背面苍白色。叶柄长2～4mm。④雄花有腹背2腺体，雌花仅有腹腺。子房无毛，苞片卵形，钝尖，黄绿色，有3脉。花期5月，果期6月，果期苞片宿存。

【分布与习性】黑龙江、河北、陕西等地栽培，生长于海拔100～300m的地区，目前已由人工引种栽培。喜光，较耐寒，适应性较强。

【观赏与应用】树形优美，适宜做行道树和观赏树。

24. 柿树科柿树属

柿树（朱果，猴枣）*Diospyros kaki* Thunb.（图3-1-42）

【识别特征】①落叶乔木，高可达15m。树冠自然半圆形。②树皮暗灰色，长方形小块状裂纹。小枝密生褐色或棕色柔毛，后渐脱落。③叶椭圆形，长6～18cm，近革质，叶端渐尖,叶表深绿有光泽,叶背淡绿色。④花冠钟状,黄白色,雌花单生于叶腋,雄花呈聚伞花序,花期5~6月。⑤浆果扁圆形,橙黄色,可食用,果期9~10月。

【变种、变型与品种】野柿 var. *silvestris* Mak.：枝叶密生短柔毛,叶较小而薄,果径不足2cm。产于我国中南、西南和沿海地区。

【分布与习性】原产中国,除黑龙江、吉林、内蒙古、宁夏、青海、新疆、西藏等地外,其他省市均有分布,以华北栽培最盛。喜光,略耐荫,喜温暖湿润气候,也耐寒,不择土壤,耐干旱,不耐水湿和盐碱。对氟化氢抗性强,主根深,寿命长。

【观赏与应用】柿树树形优美,叶大荫浓,秋天叶色红艳,更有累累硕果宿存枝头很久,极为美观,果可食,营养丰富。是观叶、观果和园林结合生产的重要树种。可孤植、群植于园林中,也可在山区及自然风景点配植应用,因对有害气体抗性较强,可用于厂矿绿化。

25. 蔷薇科李属（樱属）

（1）李 *Prunus salicina* Lindl.（图3-1-43）

【识别特征】①落叶乔木,高达10m。树冠扁球形。②树皮黑褐色、粗糙。小枝褐色,腋芽单生。③单叶互生,叶多呈倒卵状椭圆形,长6~10cm,先端突尖或渐尖,基部楔形至广楔形,叶缘具不整齐细锯齿。④花白色,常3朵簇生,直径1.5~2cm,具长柄。3~4月叶前开花。⑤果近球形,直径4~7cm。7月果熟。

【分布与习性】原产我国,广泛分布于辽南、黄河流域至长江流域,南北各地都有栽培。适应性强,喜光,也耐半荫,耐寒性强,能耐-35℃低温,不耐干旱和瘠薄,不耐积水。喜温暖、湿润、肥沃的土壤,酸性土、钙质土及中性土均能适应。寿命可达50年。

【观赏与应用】我国栽培李树有3000多年历史。李树花白而繁茂,观赏效果极佳,与桃、杏一起被尊称为"春风一家"。适合学校绿化,意寓"桃李芬芳",此外可于庭院、村旁、风景区栽培。也是传统栽培果树,是园林结合生产的优良树种。

（2）紫叶李（红叶李）*Prunus cerasifera* Ehrh 'Atropurpurea'（图3-1-44）

【识别特征】①落叶乔木,高可达8m。②干皮紫灰色。小枝淡红褐色,光滑无毛。③单叶互生,叶卵

图3-1-42 柿树

图3-1-43 李

图3-1-44 紫叶李

圆形至倒卵形，长4.5cm左右，重锯齿尖细，紫红色。④花淡粉红色，直径约2.5cm，常单生叶腋，与叶同放。花期4~5月。⑤果球形，暗酒红色，常早落。

【分布与习性】原产亚洲西南部，适合在我国大部分地区栽培。适应性较强，喜光，在阴处叶片色泽不佳。喜温暖湿润气候，稍耐寒。对土壤要求不严，在中性至微酸性土壤中生长最好，较耐水湿。根系较浅。

【观赏与应用】树叶整个生长季都为紫红色，是重要的彩叶树种。园林中常孤植或丛植于草坪、园路旁、街头绿地、建筑物前等，要注意的是应用时应选择合适的背景颜色，以充分衬托出此树的色泽美。

(3) 杏 *Prunus armeniaca* L. (图3-1-45)

【识别特征】①落叶乔木，高达15m。树冠圆整。②树皮黑褐色。小枝红褐色。③单叶互生，叶卵圆形或卵状椭圆形，长5~8cm，基部圆形或广楔形，先端突尖或突渐尖，缘具钝锯齿，叶柄常带红色且具有2腺体。④花通常单生，淡粉红色或近白色，花萼5枚，反曲。3~4月开花，先于叶开放。⑤果球形，直径2~3cm，黄色而常一侧有红晕，核略扁。6月果熟。

【变种、变型与品种】有垂枝杏'Pendula'、斑叶杏'Variegata'等。

【分布与习性】产于我国三北地区、西南地区及长江中下游地区。喜光，适应性强，耐寒力、耐旱力均强，可在轻盐碱土上栽植，极不耐涝。最适宜在土层深厚、排水良好的砂壤土或砾砂壤土中生长。寿命较长，可达二三百年以上。

【观赏与应用】在我国栽培历史有2500年以上，是华北地区最常见的果树之一。本种早春叶前繁花满树，美丽壮观，是北方普遍栽培的春季观花树种，有"北梅"之称。在园林绿化中非常适宜成林成片栽植，或可植于庭园一隅，呈现"一枝红杏出墙来"的佳景。也可作为荒山造林树种。

图3-1-45 杏

(4) 梅 *Prunus mume* Sieb. et Zucc. (图3-1-46)

【识别特征】①落叶乔木，高达15m。②树皮褐紫色，有纵驳纹。小枝细长，绿色光滑。③叶卵形至椭圆状卵形，长4~7cm，先端尾尖或渐尖，基部广楔形或近圆形，锯齿细尖，叶柄有腺体。④花单生或2~3朵簇生，粉红色、白色或红色，近无梗，芳香。冬春叶前开放。⑤果近球形，直径2~3cm，熟时黄色，果核有蜂窝状小孔。

【变种、变型与品种】我国著名的梅花专家陈俊愉院士经长期深入研究建立了完整的梅花分类系统，该系统

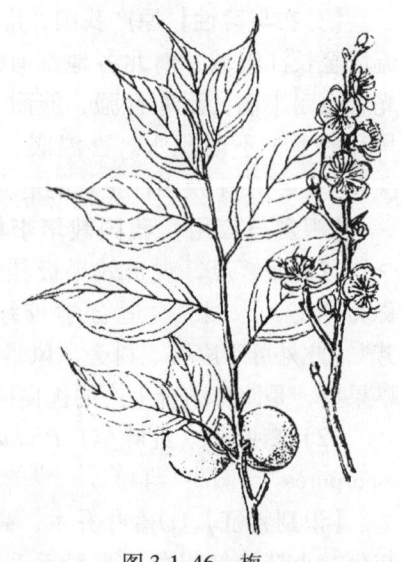

图3-1-46 梅

将 300 多个梅花品种首先按其种源组成分为真梅、杏梅和樱李梅 3 个种系（Branch），其下按枝态分为若干个类（Group），再按花的特征分为若干个型（Form），主要类型有：①直枝梅类，为梅花的典型变种，枝条直立或斜出，如品字梅型（"品字"梅等）、江梅型（"江梅"、"白梅"等）、玉蝶型（"玉蝶"等）等。②垂枝梅类，枝条自然下垂或斜垂，开花时花朵向下，如单粉垂枝型、白碧垂枝型等。③龙游梅类，枝条自然扭曲，品种如'龙游'梅等。④杏梅类，枝条形态介于梅、杏之间，花较似杏，不香或微香，花期较晚，抗寒性极强，如'北杏梅'和'送春'等品种。⑤樱李梅类，枝叶似紫叶李，花似梅，淡粉红色，花梗长约 1cm，花叶同放，能抗 -30℃ 的低温，1987 年我国从美国引入，在北京、太原、兰州和熊岳等地可露地栽培，品种如'美人'梅、'小美人'梅等。

【分布与习性】原产我国西南部地区，沿秦岭以南至南岭各地都有分布，栽培的梅树在长江流域及以南可露地栽植，经杂交选育的梅树在北京露地栽培也取得成功，北方多盆栽。喜光，喜温暖湿润气候，耐寒性不强，黄河以北露地越冬困难。较耐干旱，极不耐水涝，不抗风。寿命长，可达千年。

【观赏与应用】是我国著名的观赏花木，传统十大名花之一，栽培历史长达 2500 年以上。早春开花，香色俱佳，品种极多。以产果为主的常称为果梅，以观赏为主的通常称为花梅。梅花是南京、武汉、无锡和泰州等地的市花，苏州邓尉的香雪海，每当梅花盛开之际，香闻数十里，为一大胜景。在配植上最适宜于庭院、草坪、低山丘陵等地，孤植、丛植、群植均可，还可植为梅园。

（5）桃 *Prunus persica* L.（图 3-1-47）

【识别特征】①落叶小乔木，高达 3~5m。②小枝绿色或带褐紫色。冬芽有毛，3 枚并生。③叶广披针形或卵状椭圆形，长 7~15cm，中部最宽，先端渐尖，基部阔楔形，叶缘有细锯齿，叶柄具腺体。④花单生，常邻近 2~3 朵呈簇生状（所谓勾 2、勾 3），花粉红色。3~4 月叶前开花（倒春寒年份与叶同放）。⑤果近球形，直径 5~7cm，表面密被绒毛，果肉厚而多汁。6~9 月果熟。

【变种、变型与品种】我国桃的品种约 1000 个以上，根据果实品质及花、叶观赏价值而分为食用桃和观赏桃两大类。观赏桃主要品种有：①白花桃'Alba'：花白色，单瓣。②红花桃'Rosea'：花红色，单瓣。③碧桃'Duplex'：花较小，粉红色，重瓣或半重瓣。④白碧桃'Alboplena'：花大，白色，重瓣，密生。⑤绛桃'Camelliaeflora'：花深红色，复瓣，大而密生。⑥洒金碧桃（鸳鸯桃、跳枝桃）'Versicolor'：花复瓣或近重瓣，白色或粉红色，同株树上花有二色或同朵花有二色。⑦紫叶桃'Atropurpurea'：嫩叶紫红色，高温期渐变为绿色，花单瓣后重瓣，粉红色或大红色，可进一步细分为紫叶桃（单瓣粉红色）、紫叶碧桃（重瓣粉红色）、紫叶红碧桃（重瓣红花）等。此外还有垂枝桃、塔形桃、寿星桃等品种。

图 3-1-47 桃

【分布与习性】原产我国中部及北部，自东北南部至华南，西至甘肃、四川、云南，在平原及丘陵地区普遍栽培。喜光，较耐旱，耐寒，不耐涝，忌强风。寿命短，30年左右即衰老。

【观赏与应用】桃树栽培历史悠久，达3000年以上。桃树品种繁多，栽培简易，花期烂漫芬芳，妩媚可爱，是南北园林普遍栽培的著名观花树种。观赏桃以在山坡、水畔、庭院及草坪等地，以异色树种背景衬托栽植最为相宜，在我国习惯与李树、柳树等配植在一起，形成"桃李芬芳""桃红柳绿"的景色。桃树也是重要的果树之一。

（6）山桃 *Prunus davidiana*（Carr.）Franch（图3-1-48）

【识别特征】①落叶小乔木，高达10m。②树皮红褐色，有光泽。枝直伸，小枝细而无毛。③叶披针形至椭圆状披针形，长5~12cm，中下部最宽。④花单生，淡粉红色、白色，花萼无毛。早春3~4月叶前开花（北京3月底即开放）。⑤核果球形，果7月成熟，直径小于2cm。果核也是球形。

【变种、变型与品种】①白花山桃'Alba'：花白色、单瓣。②红花山桃'Rubra'：花深粉红色、单瓣。③曲枝山桃'Tortuosa'：枝近直立而自然扭曲，花淡粉红色，单瓣（北京、锦州等地栽培）。

【分布与习性】产于华北、西北及黄河流域，西南地区也产。喜光，耐寒，耐旱，较耐盐碱，不耐水湿。对土壤要求不严，一般土质都能生长。可用作梅、杏、李、樱的砧木。

图3-1-48 山桃

【观赏与应用】本种开花特早，是我国北方园林中著名的早春观花树种，为华北报春花木之一。园林中宜成片植于山坡并以松柏类植物为背景，能充分显示其娇艳美色，也适于庭院、草坪、建筑物前等地栽植。

（7）樱花 *Prunus serrulata* Lindl.（图3-1-49）

【识别特征】①落叶乔木，高可达20m左右。②树皮暗栗褐色，光滑有横纹，小枝红褐色。冬芽芽鳞密生，黑褐色，有光泽。③叶卵形或卵状椭圆形，长4~10cm，叶缘有刺芒状单或重锯齿，叶端尾尖，叶背苍白色，叶柄长1.5~3cm，常有2~4个腺体，罕见1个。④花白色或淡粉红色，直径2.5~4cm，无香味，花瓣倒卵状圆形或倒卵状椭圆形，先端有缺凹，3~5朵排成短总状花序。4月叶前开花或与叶同放。⑤核果球形，直径6~8mm，先红而后变紫褐色。果7月成熟。

【变种、变型与品种】①重瓣白樱花'Albo-plena'：花较大，直径3~4cm，白色，重瓣。②红白樱花'Albo-rosea'：花先粉红色后变白色，重瓣。③重瓣红樱花'Roseo-plena'：花粉红色，重瓣。④垂枝樱花'Pendula'：枝下垂，花粉红色，常重瓣。⑤山樱花

图3-1-49 樱花

var. *spontanea* Wils.：花单瓣而小，直径约2cm，花瓣白色或浅粉红色，先端凹，花梗和花萼无毛或近无毛，2～3朵排成总状花序，野生。

【分布与习性】产于中国长江流域及东北南部、华北，朝鲜、日本均有分布。喜光，适应性强，有一定耐寒及抗旱能力。但对烟尘及有害气体抗性较弱，在干燥和大气污染环境下寿命短，易感染流胶病、枯梢病。喜肥沃深厚而排水良好的土壤，根系浅。

【观赏与应用】樱花为日本国花。在日本栽培很盛，品种很多，是日本樱花的重要亲本之一。本种是美丽的庭园观花树种，配植上以群植为佳。河北兴隆县大沟村有一株高13m、直径40cm的大树。

（8）日本晚樱 *Prunus serrulata* var. *lannesiana* Rehd.（图3-1-50）

【识别特征】①落叶乔木，高达10m。干皮浅灰色，小枝粗壮开展。②单叶互生，叶常倒卵状椭圆形，长5～15cm，先端渐尖呈尾状，叶缘重锯齿具长芒，叶柄上部常有一对腺体，新叶略带红褐色。③花2～5朵多聚生，单瓣或重瓣，白色至玫瑰红色，常下垂，具叶状苞片，有香气。4月中下旬开花，花期长。④果卵形，熟时黑色。

【变种、变型与品种】日本晚樱原种是单瓣花，但品种多为重瓣花，花期更迟。园艺品种有上百个，按花色可分为白花、红花和绿花三大类。如：①绯红晚樱'Hatzakura'：花半重瓣，白色而染绯红色。②白花晚樱'Albida'：花白色，单瓣。③菊花晚樱'Chrysan-themoides'：花粉红色至红色，花瓣细而多，形似菊花。

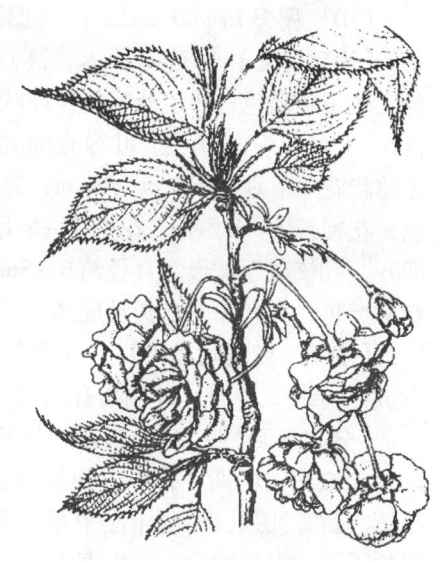

图3-1-50 日本晚樱

④大岛晚樱'Speciosa'：花大，直径约3～4cm，白色或偶带微红色，单瓣，端2裂，有香气，叶缘为重锯齿。

【分布与习性】原产日本，我国南北均有引种，华北可露地栽培。喜光，喜肥沃而排水良好土壤，有一定耐寒力。开花晚，花期长，通常不结实。根系浅，应于避风之处栽植。树龄短。

【观赏与应用】花期晚但花期为樱花中最长者，有色有香，品种繁多，花色、花型丰富多样，尤其重瓣品种开花之时朵朵下垂，艳丽多姿，吸引游人驻足观赏，是观赏樱花的主要类群。日本晚樱宜群植、孤植于建筑物旁或山麓缓坡之处。

（9）东京樱花（日本樱花、江户樱花）*Prunus yedoensis* Matsum.（图3-1-51）

【识别特征】①落叶乔木，高达15m。②树皮暗灰色，光滑，嫩枝有毛。③叶椭圆状卵形或倒卵状椭圆形，长5～12cm，叶缘具尖锐重锯齿，叶端急渐尖或尾尖，叶背脉上及叶柄有柔毛。④花白色至淡粉红色，直

图3-1-51 东京樱花

径2~3cm，单瓣，微香，先端有缺凹。4~6朵排成短总状花序。4月叶前开花或花叶同放。⑤核果近球形，直径约1cm，黑色。

【变种、变型与品种】①翠绿东京樱花 var. *nikaii* Honda：新叶、花柄、萼均为绿色，花为纯白色。②垂枝东京樱花 f. *perpendens* Wilson。

【分布与习性】原产日本，中国多栽培，以华北及长江流域各城市较多。喜光，性强健，较耐寒，北京能露地越冬。生长快，开花多，寿命较短。

【观赏与应用】变种、变型及品种甚多，开花时繁花满树，甚是美观，是著名的观花树种，但花期较短，仅1周左右即谢尽。适宜山坡、庭院和建筑物前以及园路旁栽植。

（10）稠李 *Prunus padus* L. （图3-1-52）

【识别特征】①落叶乔木，高达15m。②树皮灰褐色，枝干紫褐色。③单叶互生，卵状长椭圆形至倒卵形，长6~14cm，先端渐尖，叶缘有细尖锯齿，叶柄具腺体。④总状花序下垂，长7.5~15cm，着花20朵以上，花白色，花梗长1~1.5cm。花期4~5月，与叶同放或叶后即开。⑤核果近球形，直径约6~8mm，成熟时先红色后变紫黑色，有光泽。果9月成熟。

【变种、变型与品种】毛叶稠李 var. *pubescens* Reg. et Tiling：小枝、叶背、叶柄均有柔毛。

【分布与习性】产于东北、华北、内蒙古及西北地区，北欧、俄罗斯、日本、朝鲜也有分布。喜光，稍耐半荫，耐寒性强，不耐干旱瘠薄，喜湿润肥沃而排水良好的土壤，根系发达，病虫害少。

【观赏与应用】树形端庄，分枝匀称，花序长而洁白，有绿叶相衬，非常美丽，秋叶黄红色。果成熟时先红后黑，绿、红、紫黑同生一果序上，观果效果好。本种是一耐寒性强的观花、观果树种，在欧洲久经栽培，另有垂枝、花叶、大花、重瓣、黄果、红果、矮生等栽培品种。

图3-1-52 稠李

26. 蔷薇科山楂属

山楂 *Crataegus pinnatifida* Bunge （图3-1-53）

【识别特征】①落叶乔木，高达8m。②树皮粗糙，暗灰色或灰褐色。常有枝刺。③单叶互生，卵形，长5~10cm，羽状5~9裂，裂缘有锯齿，托叶大，镰形并有齿。④顶生伞房花序，花白色。花期5~6月。⑤梨果近球形，红色，有宿存萼片，直径约1.5~2cm，有白色皮孔。果9~10月成熟。

【变种、变型与品种】山里红（大果山楂）var. *major* N. E. Br.：果较大，直径约2.5cm，叶也较大而且羽状裂浅，是华北地区普遍栽培的果树。

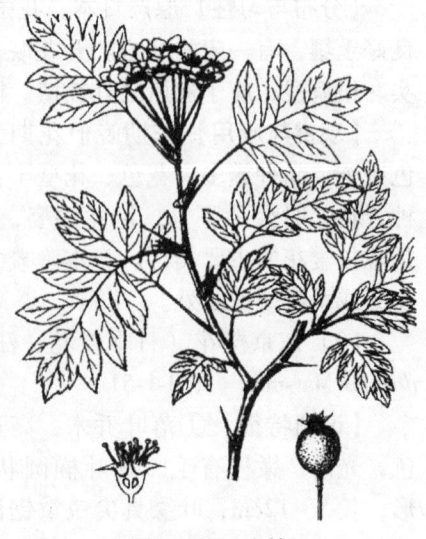

图3-1-53 山楂

【分布与习性】产于东北、内蒙古、华北至江苏、浙江，朝鲜、俄罗斯也产。喜光，稍耐荫、耐寒、耐旱、耐瘠薄，喜冷凉干燥气候及肥沃、湿润而排水良好土壤，根系发达，萌蘖力强。

【观赏与应用】枝繁叶茂，初夏白花满树，秋季红果累累，常用于庭园绿化。可作刺篱、树群丛植或草地上孤植。

27. 蔷薇科花楸属

百华花楸（花楸树、臭山槐）Sorbus pohuashanensis (Hance) Hedl. （图3-1-54）

【识别特征】①落叶乔木，株高约8m。②干皮灰褐色平滑。枝粗壮，小枝幼时及冬芽均密被白色绒毛。③羽状复叶互生，小叶11～15，长椭圆形，长3～5cm，下部灰白色，中部以上有锯齿，托叶大，有齿裂。④顶生复伞房花序，花白色，花梗及花序梗有白色绒毛。花期5～6月。⑤梨果球形，橘红色，直径约6～8mm。果9～10月成熟。

【分布与习性】产于东北、华北、内蒙古高山地区，山东有分布。喜冷凉湿润气候，不耐强光、高温及干旱，耐寒，喜酸性或微酸性土壤。

【观赏与应用】初夏白花满树，可以观花，入秋红果累累，缀满枝头，是北方园林观果的优良树种，秋叶也变红，可以观叶。本种可以孤植、丛植或群植，用作庭园风景树。

图3-1-54 百华花楸

28. 蔷薇科苹果属

（1）苹果 Malus pumila Mill. （图3-1-55）

【识别特征】①落叶乔木，高达15m。栽培品种主干短，树冠球形。②小枝粗壮，幼时密被绒毛，后变光滑，紫褐色。③叶椭圆形至卵形，长4～10cm，先端急尖，基部宽楔形或圆形，边缘有圆钝锯齿，叶柄较粗，被柔毛。④花3～7朵排成伞房花序，花白色带红晕，花梗与花萼均被灰白色绒毛，花柱5枚。花期4～5月。⑤果实为梨果，扁球形，直径5cm以上，萼片宿存。果期7～10月。

【分布与习性】原产欧洲、亚洲中部，在欧洲久经栽培，培育了许多品种。1870年前后传入我国烟台，现在在东北南部、华北、西北各省广泛栽培，华中、西南等省区也有栽培，以辽宁、山东、河北栽培最多。主要品种有国光、元帅、红星、红玉、金冠、青香蕉等。苹果为温带树种，喜光，喜冷凉和干燥气候，耐寒，适应各种土壤，以排水良好的砂壤土最好，不耐瘠薄。树龄可达百年。

图3-1-55 苹果

【观赏与应用】开花时美观，果熟时硕果累累、色彩鲜艳，是园林观赏结合生产的优良树种。

（2）山荆子（山定子）*Malus baccata* (L.) Borkh. （图3-1-56）

【识别特征】①落叶乔木，高达6~14m。②小枝细，暗褐色，幼时有棘刺。③叶卵状椭圆形，长3~8cm，锯齿细尖整齐，叶光滑、质薄。④花白色或淡粉红色，密集，有香气，花柄及萼片外均无毛。4~5月开花。⑤果实近球形，亮红色或黄色，直径约1cm，经冬不落。9~10月果熟。

【同属其他种】毛山荆子 *M. mandshurica* Kom. (*M. baccata* var. *mandshurica* Schneid.) 与山荆子的主要区别：叶柄、叶脉、花梗、萼筒外常有疏毛，果倒卵形或椭圆形，深红色。产于东北、内蒙、陕西、甘肃等地。

【分布与习性】分布于我国东北、内蒙古及黄河流域各地。喜光，耐寒、耐干旱性强。深根性，寿命长。

【观赏与应用】春天白花繁密，秋冬季满树红果，在北方是优良的观花、观果树种。本种可作为苹果及海棠类树种的嫁接砧木。

图3-1-56　山荆子

（3）海棠果（楸子）*Malus prunifolia* (Willd.) Borkh. （图3-1-57）

【识别特征】①落叶乔木，高达8m。②小枝幼时有柔毛。③叶卵形或椭圆形，长5~10cm，先端尖，基部广楔形，缘有细尖齿，背面沿脉常有柔毛。④花蕾浅粉红色，开放后白色，单瓣，萼片比萼筒长而尖，宿存。⑤果红色，偶有黄色，直径2~2.5cm，冬季可于枝头宿存。

【分布与习性】产于我国北部地区。喜光，耐寒，耐干旱，耐碱，较耐水湿，深根性，生长快。

【观赏与应用】春天繁花满树，雪白如梨花，秋季红果挂满枝头，在北方庭园中是优良的观花、观果树种。可作为嫁接苹果的砧木。

（4）海棠花 *Malus spectabilis* (Ait.) Borkh. （图3-1-58）

图3-1-57　海棠果

【识别特征】①落叶乔木，高可达8m，树形峭立。②小枝粗壮，枝条红褐色，幼时疏生柔毛。③叶椭圆形至卵状长椭圆形，长5~8cm，先端尖，基部广楔形或圆形，叶缘具紧贴细锯齿。④花在蕾时深粉红色，开放后淡粉红色至近白色。4~5月开花。⑤果黄色，直径约2cm，基部不凹陷，梗洼隆起。8~9月果熟。

【变种、变型与品种】①重瓣粉海棠（西府海棠）'Riversii'：花较大，重瓣，粉红色，叶也宽大，北京园林绿地中更多栽培。②重瓣红海棠（亮红海棠）'Van Eseltinei'：花重瓣，鲜玫瑰红色。③重瓣白海棠（梨花海棠）'Albiplena'：花白色，重瓣。

【分布与习性】原产我国北部地区，华北、华东各地庭园内习见栽培。喜光，耐旱，耐寒，忌水湿，萌蘖力强，对二氧化硫有较强抗性。

【观赏与应用】花枝繁茂，丰盈娇艳，是我国北方著名的观赏树种。植于门旁厅口、院落角隅、草地和林缘均可。可在观花树丛中做主体树种，其下配植贴梗海棠等，其后以常绿树为背景，也可在公园步道两侧丛植。

图 3-1-58　海棠花

（5）西府海棠（小果海棠）*Malus micromalus* Makino（图3-1-59）

【识别特征】①落叶乔木，树姿峭立，高达5m。②小枝紫褐色或暗褐色，幼时有短柔毛。③叶狭长，基部多为楔形，锯齿尖细。叶柄细长，长2~3.5cm。④花粉红色，单瓣，有时半重瓣，花梗及花萼均具柔毛。4~5月开花。⑤果红色，直径约1~1.5cm，梗洼下陷。8~9月果熟。本种为山荆子与海棠花的杂交种。

【分布与习性】分布于我国华北、辽宁、陕西、甘肃、云南等地。喜光，耐寒，耐干旱，耐盐碱及水湿，适应性强。根系发达，寿命长。

【观赏与应用】春天粉花满树，秋季红果缀满枝头，是优良的观花、观果树种。

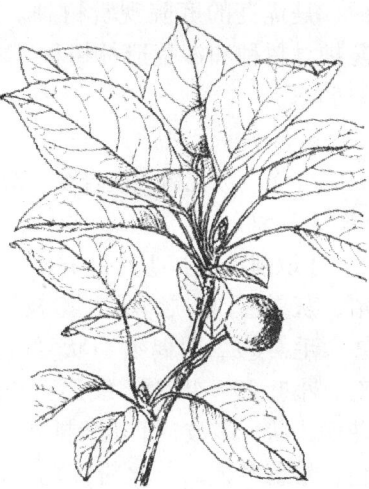

图 3-1-59　西府海棠

29. 蔷薇科梨属

（1）秋子梨（花盖梨）*Pyrus ussuriensis* Maxim.（图3-1-60）

【识别特征】①落叶乔木，高达10~15m。树冠宽广。②叶长5~10cm，卵形至广卵形，基部圆形或近心形，叶缘有刺芒状尖锯齿。③花白色，花柱5个，基部有毛。④果近球形，黄色，果直径2~6cm，萼宿存，果梗长1~2cm。4~5月开花，果熟期8~10月。

【分布与习性】产于我国东北、华北、内蒙古和西北地区。喜光，耐寒，耐干旱，耐瘠薄，也耐水湿和碱土。适合寒冷干燥地区生长。深根性，寿命长。

【观赏与应用】品种非常多，形成秋子梨系统。春天白花满树，姿态优美，是园林观赏结合生产的优良树种。

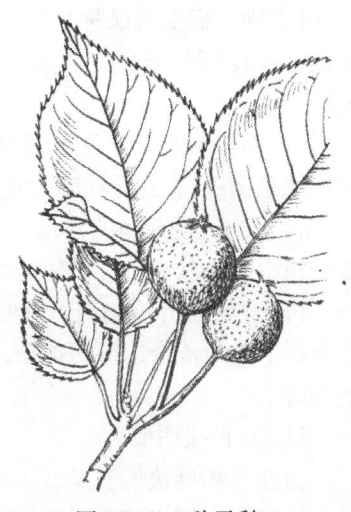

图 3-1-60　秋子梨

（2）杜梨（棠梨）Pyrus betulaefolia Bunge（图 3-1-61）

【识别特征】①落叶乔木，高达 10m。②小枝有时棘刺状，幼枝密被灰白色绒毛。③叶菱状长卵形，长 4~8cm，叶缘有粗尖齿，幼叶两面具绒毛，老叶仅背面有绒毛。④花白色，花柱 2~3 个，花序密被灰白色绒毛。⑤果小，果直径 0.5~1cm，褐色。花期 4 月下旬~5 月上旬，果熟期 8~9 月。

【分布与习性】产于东北南部、内蒙古、黄河流域至长江流域各地。喜光，耐寒、耐旱力强，耐盐碱，喜水湿，抗涝性在梨属树种中最强。根系深，萌蘖性强，寿命长。

【观赏与应用】春季花期白花满树，非常美丽，是优良的庭院观赏树种。在华北地区可作为防护林树种和沙荒造林树种。本种是北方梨树的主要砧木。

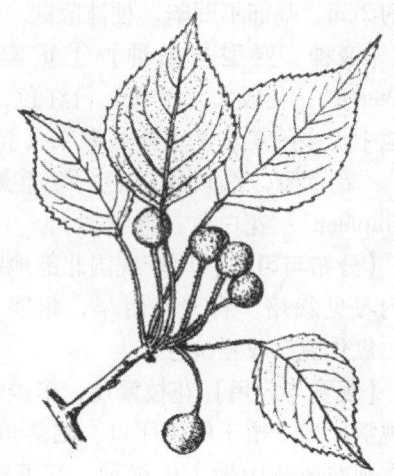

图 3-1-61　杜梨

30. 豆科合欢属

合欢（绒花树、夜合欢）Albizia julibrissin Durazz.（图 3-1-62）

【识别特征】①落叶乔木，高达 10m。②树皮光滑，灰黑色，树冠伞形。嫩枝、花序和叶轴被绒毛或短柔毛。③二回偶数羽状复叶，互生，羽片 4~15 对，小叶 20~40 对，线形至长圆形，昼展夜合。④花序头状，多数，伞房状排列，腋生或顶生，花绿白色，雄蕊多数，花丝粉红色，伸出花冠外，如绒樱状。⑤荚果扁条状。花期 6~7 月，果 9~10 月成熟。

【变种、变型与品种】紫叶合欢：新叶鲜红色至紫色，仲夏变暗紫色，入秋又变红色，其花如火焰簇簇。

【分布与习性】产于亚洲及非洲，我国中部自黄河流域至南部珠江流域广大地区均有栽培。阳性树种，喜生于温暖湿润的环境，耐严寒，耐干旱瘠薄。夏季树皮不耐烈日，在砂质土壤上生长较好。

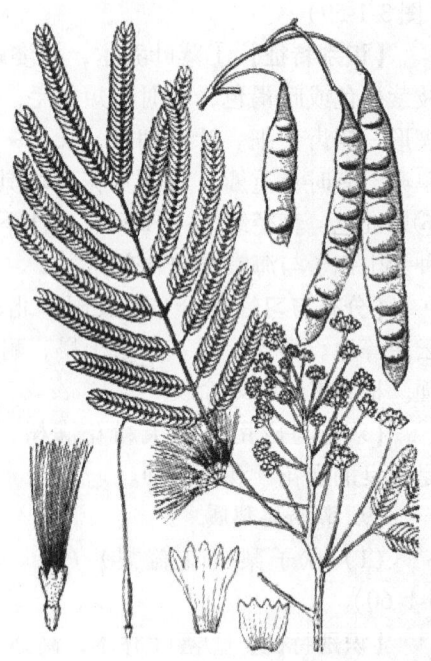

图 3-1-62　合欢

【观赏与应用】花美，形似绒球，清香袭人；叶奇，日落而合，日出而开，给人以友好之象征。花叶清奇，绿荫如伞，宜植于堂前供观赏。宜作庭荫树、行道树，或栽植于庭园水池畔等。

31. 豆科决明属

黄槐（粉叶决明）Cassia surattensis Burm. f.（C. glauca Lam.）（图 3-1-63）

【识别特征】①灌木或小乔木，高 4~7m。②偶数羽状复叶，叶柄及叶轴基部 2~3 对小叶间有 2~3 枚棒状腺体，小叶 7~9 对，长椭圆形或卵形，长 2~5cm，先端圆，微凹，基部稍偏斜，背面粉绿色，有短毛，托叶线形，早落。③花为伞房状的总状花序，生于枝条上部的叶腋，长 5~8cm，花鲜黄色，花瓣长约 2cm，雄蕊 10 枚，全发育，花期全年不绝。④荚果条状，扁平，有柄。

【分布与习性】产于亚洲热带至大洋洲。喜光，要求深厚而排水良好的土壤，生长快。繁殖、栽培都较容易。

【观赏与应用】枝叶茂密，树姿优美，花期长，花色金黄灿烂，富热带特色，可作庭园树和行道树。

32. 豆科皂荚属

（1）皂荚（皂角）*Gleditsia sinensis* Lam.（图 3-1-64）

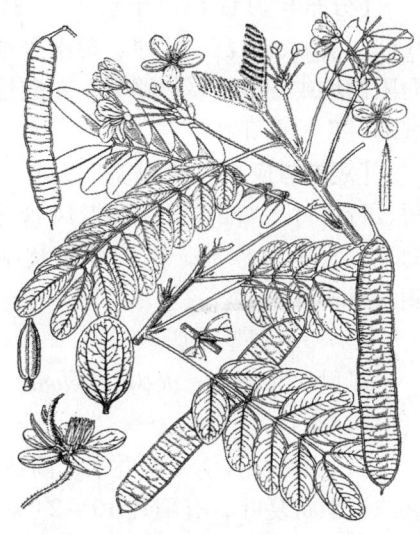

图 3-1-63　黄槐

【识别特征】①落叶乔木，高 15~30m。树冠扁球形。②枝刺圆而有分歧。③一回羽状复叶，小叶 6~14 枚，卵形至卵状长椭圆形，长 3~8cm，先端钝而具短尖，叶缘有细钝锯齿，叶背网脉明显。④总状花序腋生萼、瓣各为 4 个，花序轴、花梗、花萼有柔毛。⑤荚果较肥厚，直而不扭转，木质，黑棕色，被白粉，经冬不落。种子扁平，亮棕色。花期 4~5 月，果熟期 10 月。

【变种、变型与品种】金叶皂荚'Sunburst'：一回奇数羽状复叶，幼叶黄中带红，生长季节叶保持金黄色，色彩鲜艳。

【分布与习性】原产中国长江流域，分布极广，自中国北部至南部及西南均有分布。喜光而稍耐荫，喜温暖湿润的气候及深厚肥沃、适当湿润的土壤，但对土壤要求不严，在石灰质及盐碱甚至黏土或砂土均能正常生长。生长速度慢但寿命很长，可达六七百年，属于深根性树种。

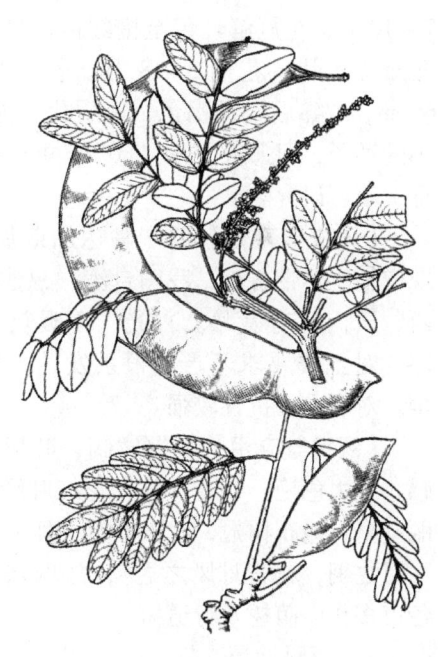

图 3-1-64　皂荚

【观赏与应用】树冠圆满宽阔，叶密荫浓，宜作庭荫树、行道树及"四旁"绿化，也可造林用或截干作刺篱。荚果含皂荚素，可用作洗涤。种子、树皮、枝刺可入药。

（2）日本皂荚（山皂荚）*Gleditsia japonica* Miq.（*G. horrida* Mak.）（图 3-1-65）

【识别特征】①落叶乔木，高 20~25m。树冠扁球形。②小枝淡紫色。枝刺扁平。③一回至二回偶数羽状复叶，小叶 6~10 对，卵形至卵状披针形，长 2~6.5cm，疏生钝锯齿或近全缘。④花杂性异株，雄花序总状，雌花序穗状，花柄极短。⑤荚果薄而扭曲或为镰刀状，革质，棕褐色。花期 5~6 月，果期 10~11 月。

【分布与习性】产于辽宁、河北、山东、河南、江苏、安徽、浙江、江西、湖南等地。喜光，多生于向阳山坡或谷地、溪边路旁，在酸性土壤和石灰质土壤均可生长良好。

【观赏与应用】树冠宽广，叶密荫浓，用作庭荫树、行道树、"四旁"绿化及风景林树种。果荚可代肥皂，种子可榨油，作润滑剂及制肥皂，种子、枝刺、果实可药用。

33. 豆科凤凰木属

凤凰木（红楹、火树）Delonix regia（Bojer）Raf.（图3-1-66）

【识别特征】①落叶乔木，高达20m。树冠伞形。②二回羽状复叶，有羽片10～24对，对生，小叶20～40对，对生，近圆形，长5～8mm，两面被绢毛，顶端钝。③伞房式总状花序顶生和腋生，花大，直径7～10cm，花冠鲜红色至橙红色，具黄色斑，花萼和花瓣皆5片。花期5～8月。④荚果带状，长可达60cm，成熟后呈深褐色，木质化，内藏40～50粒细小的种子，每颗平均只有0.4g重，种皮有斑纹，有毒，不可误食。

图3-1-65 日本皂荚

【分布与习性】原产马达加斯加岛及热带非洲，现广植于热带各地，我国台湾、福建南部、广东、广西、云南均有栽培。喜光，喜暖热湿润气候，不耐寒，对土壤要求不严。根系发达，生长快。不耐烟尘，对病虫害抗性较强。

【观赏与应用】树冠宽阔，叶形如羽，有轻柔之感，花大色艳，初夏开放，花红叶绿，满树如火，富丽堂皇，遍布树冠，犹如蝴蝶飞舞其上。由于"叶如飞凰之羽，花若丹凤之冠"，故取名凤凰木。在华南各市多作庭荫树及行道树。

34. 豆科槐属

国槐（槐树、家槐）Sophora japonica L.（图3-1-67）

【识别特征】①落叶乔木，高达25m。树冠圆形。②树皮灰褐色，具纵裂纹。当年生枝绿色，无毛，皮孔明显，芽被青紫色毛。③奇数羽状复叶，小叶7～17枚，卵形至卵状披针形，长2～2.5cm，基部圆形至广楔形，叶背有白粉及柔毛。④花两性，顶生，蝶形，浅黄绿色，圆锥花序。7～8月开花。⑤荚果串珠状，肉质，长2～8cm，熟后不开裂，也不脱落。10月成熟。

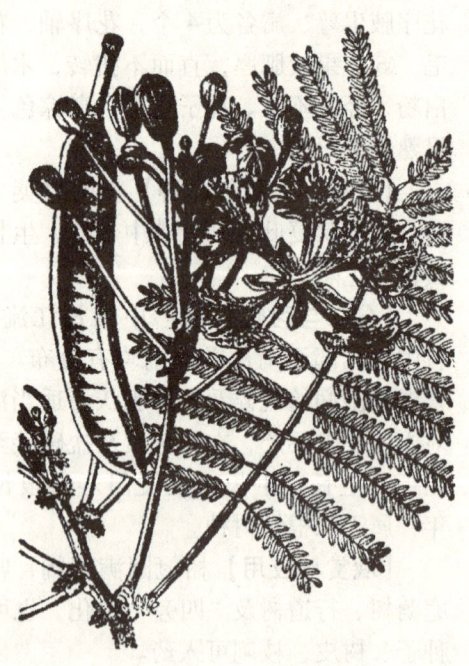

图3-1-66 凤凰木

【变种、变型与品种】①龙爪槐 var. *pendula* Lond.：小枝均下垂，并向不同方向弯曲盘悬，形似龙爪，树冠呈伞状。②金枝槐'Golden Stem'：枝条黄色，冬季效果更为明显。③金叶槐：叶片为金黄色，树枝为绿色。

【分布与习性】原产中国北部，现南北各省区广泛栽培，华北和黄土高原地区尤为多见。喜光而稍耐荫，能适应较冷气候。对土壤要求不严，在酸性至石灰性及轻度盐碱土，甚至含盐量在0.15%左右的条件下都能正常生长。根深而发达，抗风，也耐干旱、瘠薄，尤其能适应城市土壤板结等不良环境条件。对二氧化硫和烟尘等污染的抗性较强。

【观赏与应用】国槐是庭院常用的特色树种，其枝叶茂密，绿荫如盖，适作庭荫树，在中国北方多用作行道树。宜配植于公园、建筑四周、街坊住宅区及草坪上（龙爪槐则宜门前对植或列植，或孤植于亭台山石旁），也可作工矿区绿化之用。夏秋可观花，并为优良的蜜源植物。花蕾可作染料，果肉能入药，种子可作饲料等。又是防风固沙、用材及经济林兼用的树种，对二氧化硫、氯气等有毒气体有较强的抗性。

图3-1-67 国槐

35. 豆科刺槐属

（1）刺槐（洋槐、德国槐）*Robinia pseudoacacia* L.（图3-1-68）

【识别特征】①落叶乔木，高达25m。树冠椭圆状倒卵形。②树皮灰褐色交叉深纵裂。小枝灰褐色，幼时有棱脊，微被毛，后无毛。具托叶刺，长达2cm。冬芽小，被毛。③奇数羽状复叶，小叶7~19枚，椭圆状至卵状长圆形，先端圆或微凹，有小尖头。④总状花序腋生，花白色，芳香，旗瓣基部有黄斑。⑤荚果扁平，带状，腹缝线有窄翅，种子肾形，黑色。花期5月，果10~11月成熟。

【变种、变型与品种】①曲枝刺槐'Tortuosa'：枝条扭曲生长，又称疙瘩刺槐。②红花刺槐'Decaisneana'：花冠蝶形，紫红色。南京、北京、大连、沈阳有栽培。③香花槐'Idahoensis'：树皮褐色至灰褐色，光滑。小枝棕红色，托叶刺较小，叶片较大，花粉红色至紫红色。

【分布与习性】原产北美，20世纪初引入我国青岛。现遍布全国，以黄河、淮河流域最为普遍。极喜光，温带树种，要求较干冷气候。耐干旱瘠薄，在酸性土、中性土、轻盐碱土及石灰性土壤中均能生长。浅根性，易风倒，萌蘖力强。

图3-1-68 刺槐

【观赏与应用】刺槐树冠高大，叶色鲜绿，每当开花季节绿白相映，素雅而芳香。可作为行道树、庭荫树。是工矿区绿化及荒山荒地绿化的先锋树种。对二氧化硫、氯气、光化学烟雾等的抗性都较强，还有较强的吸收铅蒸气的能力。

（2）毛刺槐（江南槐、红花槐）*Robinia hispida* L.（图3-1-69）

【识别特征】①落叶灌木，高2m。②茎、小枝、花梗均有红色刺毛，托叶不变为刺状。③奇数羽状复叶，小叶7～13枚，广椭圆状至近圆形，长2～3.5cm，叶尖钝而有小尖头。④花粉红色或紫红色，2～7朵成稀疏的总状花序，开花一般不孕。花期5月。⑤荚果长5～8cm，具腺状刺毛。

【分布与习性】原产北美，中国东北南部及华北园林中常有栽培。喜光，耐寒，喜排水良好土壤，萌蘖力强。

【观赏与应用】毛刺槐花大色美，常植于庭院的草坪观赏。用刺槐高接繁殖，能形成小乔木，可作支干道的行道树。

图3-1-69 毛刺槐

36. 豆科马鞍树属

朝鲜槐（山槐、高丽槐、怀槐）*Maackia amurensis* Rupr. et Maxim.（图3-1-70）

【识别特征】①落叶乔木，高达13m。②鳞芽不为叶柄基部覆盖。③奇数羽状复叶，小叶7～11枚，卵状椭圆形，长3.5～8cm，叶端突尖，叶基阔楔形。④复总状花序，长9～15cm，花冠白色。⑤荚果扁平，长椭圆形，沿腹缝线有宽1mm的狭翅。

【分布与习性】分布于东北、内蒙古、河北、山东等地，朝鲜也有。性喜光，耐寒，喜肥沃而排水良好的土壤。

【观赏与应用】朝鲜槐以其独特的皮色、秀丽的叶形与叶色倍受园林工作者的青睐，野生植株被大量移入城市用于园林中，是优良的绿化树种，适作园林中的庭荫树和行道树。

图3-1-70 朝鲜槐

37. 豆科刺桐属

刺桐（刺桐树、象牙红）*Erythrina variegata* var. *orientalis*（L.）Merr.（*E. indica* L.）（图3-1-71）

【识别特征】①落叶大乔木，高达20m。②干皮灰色，有圆锥形刺。③羽状复叶具3小叶，常密集枝端，宽卵形至菱状卵形，侧生小叶较狭，托叶变为宿存腺体。④总状花序，长约15cm，萼佛焰状，长2～3cm，口部偏斜，一边开裂，花冠深红色，旗瓣椭圆形，长5～6cm，翼瓣与龙骨瓣近等长，短于萼。花期3月。⑤荚果厚，念珠状，种子肾形，暗红色。

【变种、变型与品种】黄脉刺桐 var. *orentalis*：叶脉黄色。

【分布与习性】原产亚洲热带，我国华南有栽培。喜高温、高湿、向阳的环境和排水良好而肥沃的砂质壤

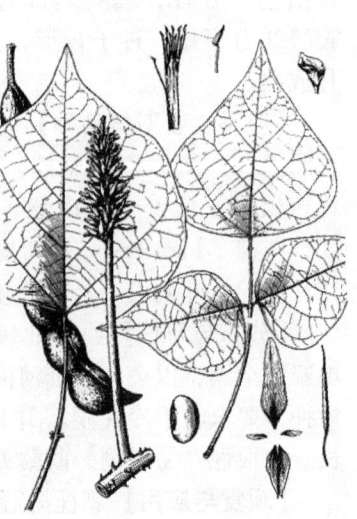

图3-1-71 刺桐

土，不耐寒。

【观赏与应用】刺桐适合单植于草地或建筑物旁，可供公园、绿地及风景区美化，又是公路及市街的优良行道树。本种生长较迅速，可栽作胡椒的支柱。

38. 胡颓子科胡颓子属

沙枣（桂香柳、银柳）*Elaeagnus angustifolia* L.（图3-1-72）

【识别特征】①落叶灌木或小乔木，高达5~10m。②幼枝银白色，老枝栗褐色，有时具刺。③叶薄纸质，椭圆状披针形至线状披针形，长3~7cm，，先端钝尖，基部楔形，全缘，两面均有银白色鳞片，背面更密，叶柄纤细，银白色。④花1~3朵生于小枝下部叶腋，花被筒钟状，外面银白色，里面黄色，芳香，花柄极短。⑤果实椭圆形，直径约1cm，熟时黄色，果肉粉质。花期6月前后，果9~10月成熟。

【变种、变型与品种】东方沙枣 var. *orientalis*（Linn.）O. Kuntze：花枝下部的叶片阔椭圆形，上部的叶片披针形或椭圆形，果实大，阔椭圆形，栗红色或黄色。

【分布与习性】产于东北、华北及西北，地中海沿岸、亚洲西部、苏联和印度也有。性喜光，耐寒性强、耐干旱、耐水湿也耐盐碱，水平根发达，寿命较长，适应性强，根蘖性强，病虫害少。

图3-1-72 沙枣

【观赏与应用】沙枣是我国西北干旱地区营造防护林、水土保持林、薪炭林、风景林和"四旁"绿化的重要树种之一，果可食用，蜜源植物，叶、果、根可入药。

39. 蓝果树科珙桐属

珙桐（鸽子树、水梨子）*Davidia involucrata* Baill.（图3-1-73）

【识别特征】①落叶乔木，高20m。树冠呈圆锥形。②树皮深褐色，常裂成不规则的薄片而脱落。冬芽锥形，具4~5对卵形鳞片，常成覆瓦状排列。③叶纸质，互生，广卵形，长7~16cm，先端渐长尖，基部心形，缘有粗尖锯齿，背面密生绒毛。④花杂性同株，由多数雄花和1朵两性花组成顶生头状花序，花序下有2片大型白色苞片，苞片卵状椭圆形，长8~15cm，中上部有疏浅齿，常下垂，花后脱落。花期4~5月。⑤核果椭球形，长3~4cm，紫绿色，锈色皮孔显著，内含3~5核。果10月成熟。

【变种、变型与品种】光叶珙桐 var. *vilmoriniana*：叶仅背面脉上及脉腋有毛，其余无毛。

图3-1-73 珙桐

【分布与习性】产于湖北西部、四川、贵州及云南北部，海拔1300~2500m的山地林中。

喜半荫和温凉湿润气候，略耐寒。喜深厚、肥沃、湿润及排水良好的酸性或中性土壤，忌碱性和干燥土壤。不耐严寒和暴晒。

【观赏与应用】 珙桐为国家一级保护树种，也是世界著名的珍贵观赏树，树形高大，端正整齐，开花时白色的苞片远观似许多白色的鸽子栖于树端，蔚为奇观，故有"鸽子树"之称。宜植于温暖地带较高海拔地区的庭院、山坡、休疗养所、宾馆、展览馆前作庭荫树，有象征和平的含义。材质沉重，是建筑的上等用材，可制作家具和作雕刻材料。

40. 山茱萸科梾木属

灯台树（瑞木、女儿木、六角树）*Cornus controversa* Hemsl.（图3-1-74）

【识别特征】 ①落叶乔木，高15~20m。②树皮暗灰色，老时浅纵裂。枝紫红色，无毛。③叶互生，常集生枝梢，卵状椭圆形至广椭圆形，长6~13cm，叶端突渐尖，叶基圆形，侧脉6~8对，叶表深绿，叶背灰绿色疏生贴伏短柔毛，叶柄长2~6.5cm。④伞房状聚伞花序顶生，花小，白色。花期5~6月。⑤核果球形，直径6~7mm，熟时由紫红色变紫黑色。果9~10月成熟。

【分布与习性】 主产于长江流域及西南各地，北达东北南部，南至两广及台湾。朝鲜、日本也有分布。常生于海拔500~1600m的山地杂木林中及溪谷旁。喜阳光，稍耐荫，喜温暖湿润气候，有一定耐寒性，喜肥沃湿润而排水良好的土壤。

图3-1-74 灯台树

【观赏与应用】 树形整齐，大侧枝呈层状生长，宛若灯台，形成美丽的圆锥树冠。以树姿优美奇特、叶形秀丽、白花素雅，被称为园林绿化珍品，为优良的庭荫树及行道树。

41. 山茱萸科四照花属

四照花（石枣、羊梅、山荔枝）*Dendrobenthamia japonica*（DC.）Fang var. *chinensis*（Osborn）Fang（图3-1-75）

【识别特征】 ①落叶灌木至小乔木，高可达9m。②小枝细、绿色，后变褐色，光滑。③叶对生，卵状椭圆形或卵形，长6~12cm，叶端渐尖，叶基圆形或广楔形，侧脉3~4（5）对，弧形弯曲。叶表疏生白柔毛，叶背粉绿色，脉腋具淡褐色绢毛。④头状花序近球形，有小花20~30朵，序基有4枚白色花瓣状总苞片，椭圆状卵形。花期5~6月。⑤核果聚为球形，熟后变紫红色。果9~10月成熟。

【分布与习性】 主产于长江流域及河南、陕西、

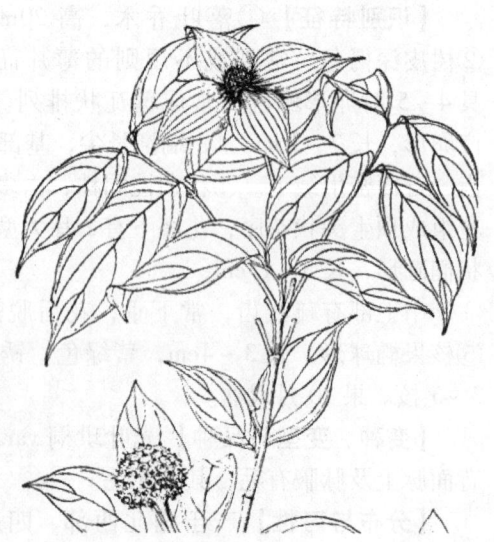

图3-1-75 四照花

甘肃等地。性喜光，稍耐荫，喜温暖湿润气候，较耐寒，对土壤要求不严，以土层深厚、排水良好的砂质壤土生长良好。

【观赏与应用】四照花树形美观、整齐，初夏开花，白色苞片覆盖全树，美观且显眼，颇富观赏价值，秋季红果满树，能使人感受到硕果累累、丰收喜悦的气氛，是一种美丽的庭园观花、观果树种。可孤植或列植，也可丛植于草坪、路边、林缘、池畔，与常绿树混植。

42. 卫矛科卫矛属

丝棉木（白杜、明开夜合、桃叶卫矛）*Euonymus bungeanus* Maxim.（图3-1-76）

【识别特征】①落叶小乔木，高可达6~8m。树冠圆形或卵圆形。②小枝细长、绿色，无毛。③叶对生，卵形至卵状椭圆形，长5~10cm，先端急长尖，叶基近圆形，缘有细锯齿，叶柄长2~3.5cm。④花淡绿色，3~7朵组成聚伞花序。花期5月。⑤蒴果粉红色，4深裂，种子具橘红色假种皮。果10月成熟。

【分布与习性】产于华东、华北、华中各地。喜光，稍耐荫，耐寒，耐旱，耐潮湿。对土壤要求不严，一般土壤均能生长良好。根系发达，抗风，抗烟尘，萌芽力强。

【观赏与应用】丝棉木枝叶娟秀细致，姿态幽丽，秋季叶色变红，果实挂满枝梢，开裂后露出橘红色假种皮，甚为美观。庭院中可配植于屋旁、墙垣、庭石及水池边，也可作庭荫树栽植。

图3-1-76 丝棉木

43. 大戟科乌桕属

乌桕（腊子树、柏子树）*Sapium sebiferum*（L.）Roxb.（图3-1-77）

【识别特征】①落叶乔木，高达15m。树冠圆球形。②树皮暗灰色，浅纵裂，小枝纤细。③叶互生，纸质，菱形至菱状卵形，全缘，长5~9cm，先端尾尖，基部广楔形，叶柄细长顶端有2个腺体。④花序穗状，顶生，长6~12cm，花小黄绿色。花期5~7月。⑤蒴果三棱状球形，果皮熟时黑色，3裂，脱落。种子黑色，外被白蜡，固着于中轴上经冬不落。果10~11月成熟。

【分布与习性】原产于我国，分布很广，主产长江流域及珠江流域。喜光，不耐荫，喜温暖环境，不甚耐寒。适生于深厚肥沃、含水丰富的土壤，对酸性、钙质土、盐碱土均能适应。主根发达，抗风力强，耐水湿。寿命较长。

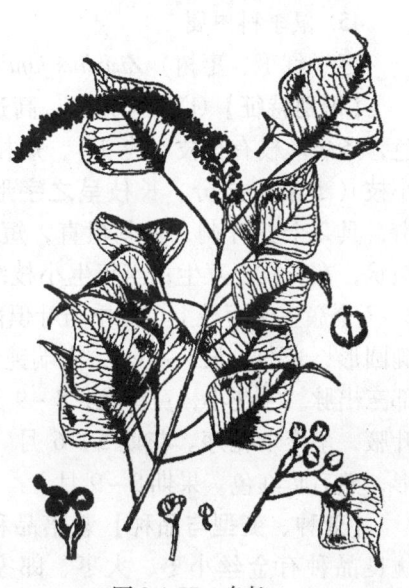

图3-1-77 乌桕

【观赏与应用】乌桕树冠整齐，叶形秀丽，秋叶经霜时如火如荼，十分美观，有"乌桕赤于枫，园林二月中"之赞名。若与亭廊、花墙、山石等相配，也甚协调。冬日白色的乌桕子挂满枝头，经久不凋，也颇美观，古人就有"偶看柏树梢头白，疑是江海小着花"的诗句。可孤植、丛植于草坪和湖畔、池边，在园林绿化中可栽作护堤树、庭荫树及行道树。

44. 大戟科油桐属

油桐（桐油树、三年桐）*Aleurites fordii* Hemsl.（图3-1-78）

【识别特征】①落叶乔木，高达12m。树冠扁球形。②树皮灰褐色，小枝粗壮，无毛。③叶互生，卵形至宽卵形，长7～18cm，全缘，有时3浅裂，基部截形或心形，叶柄顶端有2紫红色扁平无柄腺体。④雌雄同株，花大，直径约3cm，花瓣白色，基部有淡红褐色条纹。花期3～4月先叶开放。⑤果球形或扁球形，直径4～6cm，果皮光滑，种子3～5粒。果10成熟。

【分布与习性】原产于我国，主产长江流域以南，河南、陕西和甘肃南部有栽培。喜光，喜温暖湿润气候，不耐寒，不耐水湿及干旱瘠薄，在背风向阳的缓坡地带以及在深厚、肥沃、排水良好的酸性、中性或微石灰性土壤上生长良好。对二氧化硫污染极为敏感，可作大气中二氧化硫污染的监测植物。

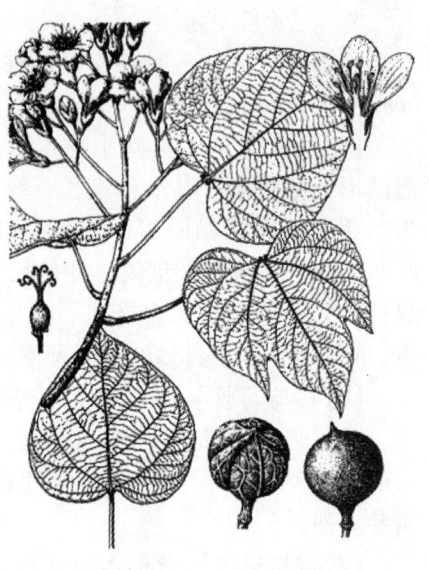

图3-1-78　油桐

【观赏与应用】珍贵的特有经济树种，种子榨油即为桐油，为优质干性油，种仁含油量51%，是我国重要的传统出口物资。树冠圆整，叶大荫浓，花大而美丽，可植为行道树和庭荫树，是园林结合生产的树种之一。

45. 鼠李科枣属

枣（红枣、枣树）*Ziziphus jujuba* Mill.（图3-1-79）

【识别特征】①落叶乔木，高达10m。②树皮灰褐色，条裂。枝有长枝（枣头）、短枝（枣股）和脱落性小枝（枣吊）之分。长枝呈之字形曲折，红褐色，光滑，具2个托叶刺，长刺粗直，短刺下弯；短枝短粗，矩状，在长枝上互生；当年生小枝绿色，下垂，单生或2～7个簇生于短枝上，冬季与叶俱落。③叶卵形至卵状椭圆形，光滑，长3～7cm，先端钝尖，缘有细锯齿，基部三出脉。④花小，黄绿色，8～9朵簇生于脱落性枝的叶腋，呈聚伞花序。花期5～6月。⑤核果卵状至椭圆形，熟后暗红色。果期8～9月。

【变种、变型与品种】栽培品种约680个，著名的优良品种有金丝小枣、大枣、郎家园枣、庆枣、无核枣、湘枣、晋枣、义乌大枣等。在园林中栽培观赏的变种有：

图3-1-79　枣

①无刺枣 var. *inermis*：枝上无刺，果大，味甜。

②缢痕枣（葫芦枣）var. *lageniformis*：果实中部或中上部有缢痕，形似葫芦。

③曲枝枣（龙爪枣）var. *tortuous*：枝及叶柄均扭曲，状如龙爪柳。也可盆栽或制成盆景。

【分布与习性】在我国分布很广，自东北南部至华南、西南、西北均有，而以黄河中下游、华北平原栽培最普遍。伊朗、俄罗斯中亚地区、蒙古、日本也有。喜光，喜干冷气候，耐寒，耐热，耐旱，耐涝，虽耐湿热，但果实品质差，对土壤要求不严，平原、沙地、沟谷、山地均可生长，以微碱性或中性砂壤土生长最好，根系发达，萌蘖性强，耐烟熏，不耐水雾。

【观赏与应用】枣树枝梗劲拔，翠叶垂荫，果实累累。宜在庭园、路旁散植或成片栽植。也是园林结合生产的好树种，其老根古干可作树桩盆景，果可鲜食或加工成红枣、乌枣、蜜枣等食品。果实、根还可供药用。

46. 鼠李科枳椇属

枳椇（拐枣、万韦果、金钩子）*Hovenia dulcis* Thunb.（图 3-1-80）

【识别特征】①落叶乔木，高达 15～25m。②树皮灰黑色，深纵裂。小枝红褐色。③叶互生，卵形至宽卵形，长 7～18cm，全缘，有时 3 浅裂，基部截形或心形，叶柄顶端有 2 紫红色扁平无柄腺体。④雌雄同株，花大直径约3cm，花瓣白色，基部有淡红褐色条纹。花 3～4 月先叶开放。⑤果球形或扁球形，直径 4～6cm，果皮光滑，种子3～5粒。果10月成熟。

【分布与习性】原产于我国，主产长江流域以南，河南、陕西和甘肃南部有栽培。喜光，喜温暖湿润气候，不耐寒，不耐水湿及干旱瘠薄，在背风向阳的缓坡地带以及深厚、肥沃、排水良好的酸性、中性或微石灰性土壤上生长良好。对二氧化硫污染极为敏感，可作大气中二氧化硫污染的监测植物。

【观赏与应用】树姿优美，叶大荫浓，生长快，适应性强，是良好的庭荫树、行道树及农村"四旁"绿化树种。木材硬度适中，纹理美观，可作建筑、家具、车、船及工艺美术用材。果可酿酒及药用。

47. 无患子科栾树属

栾树（木栾、栾华）*Koelreuteria paniculata* Laxm.（图 3-1-81）

【识别特征】①落叶乔木，高达 15m。树冠近圆球形。②树皮灰褐色，细纵裂。小枝稍有棱，无顶芽，皮孔明显。③奇数羽状复叶，有时部分小叶深裂为不

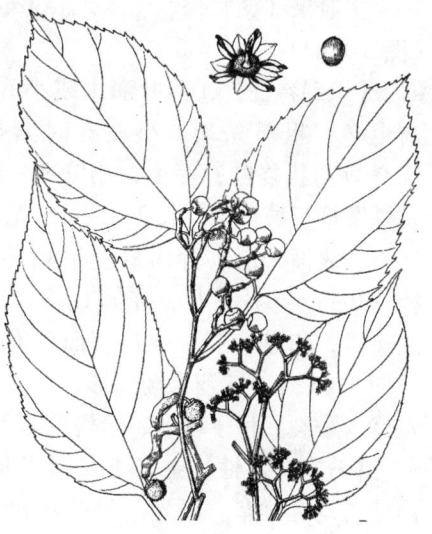

图 3-1-80 枳椇

图 3-1-81 栾树

完全的2回羽状复叶，长达40cm，小叶7~15枚，卵形或卵状椭圆形，缘有不规则粗齿，近基部常有深裂片，背面沿脉有毛。④花小，金黄色，顶生圆锥花序宽而疏散。花期6~7月。⑤蒴果三角状卵形，长4~5cm，顶端尖，成熟时红褐色或橘红色。果9~10月成熟。

【分布与习性】主产于我国华北，东北南部至长江流域及福建，西到甘肃、四川均有分布。喜光，耐半荫，耐寒、耐干旱瘠薄，喜生于石灰质土壤，也能耐盐渍土及短期水涝。深根性，萌蘖力强，生长速度中等，幼树生长慢，以后渐快。有较强的抗烟尘能力。

【观赏与应用】树形端正，枝叶茂密而秀丽，春季嫩叶多为红色，入秋叶色变黄，夏季开花，满树金黄，十分美丽，是理想的绿化、观赏树种。宜作庭荫树、行道树及园景树，也可用作防护林、水土保持及荒山绿化树种。

48. 无患子科文冠果属

文冠果（文官果、土木瓜）*Xanthoceras sorbifolia* Bunge（图3-1-82）

【识别特征】①落叶灌木或小乔木，高达8m。②树皮灰褐色，粗糙条裂。小枝有时紫褐色，有毛，后脱落。③奇数羽状复叶，互生，小叶9~19枚，对生或近对生，长椭圆形至披针形，长3~5cm，先端尖，基部楔形，缘有锯齿，表面光滑，背面疏生星状柔毛。④花杂性、整齐，径约2cm，萼片5枚，花瓣5枚，白色，基部有由黄变红之斑晕，花盘5裂，裂片背面各有一橙黄色角状附属物。花期4~5月。⑤蒴果椭球形，直径4~6cm，具木质后壁，室背3瓣裂。种子球形，暗褐色。果8~9月成熟。

【分布与习性】主产于我国华北，陕西、甘肃、辽宁、内蒙古均有分布。喜光，耐严寒和干旱，不耐涝，对土壤要求不严，在沙荒、石砾地、黏土及轻盐碱土上均能生长。深根性，主根发达，萌蘖力强。生长快，3~4年生即可开花结果。

图3-1-82 文冠果

【观赏与应用】本种花序大而花朵密，春天百花满树，且有秀丽光洁的绿叶相衬，更显美观，花期可持续约20天，并有紫花品种。在园林中配植于草坪、路边、山坡、假山旁或建筑物前都很合适，也适于山地、水库周围风景区大面积绿化造林，能起到绿化、护坡固土作用。是华北地区重要的木本油料树种。

49. 无患子科无患子属

无患子（黄金树，洗手果）*Sapindus mukorossi* Gaertn.（图3-1-83）

【识别特征】①落叶或半常绿乔木，高达20~25m。②枝开展，成广卵形或偏球形树冠。树皮灰白色，平滑不裂。小枝无毛，芽两个叠生。③偶数羽状复叶互生，小叶8~14枚，互生或近对生，卵状披针形或卵状椭圆形，长

图3-1-83 无患子

7~15cm，先端尖，基部不对称，全缘，薄革质，无毛。④花杂性异株，黄白色或带淡紫色，成顶生多花圆锥花序。花期5~6月。⑤核果近球形，熟时黄色或橙黄色。种子球形，黑色，坚硬。果9~10月成熟。

【分布与习性】分布于淮河流域以南各地。济南植物园有栽培，露地越冬，枝干冻死，翌年再发。喜光，稍耐荫，喜温暖湿润气候，耐寒性不强，对土壤要求不严，以深厚、肥沃而排水良好之地生长最好。深根性，抗风力强，萌芽力弱，不耐修剪，生长尚快，寿命长。对二氧化硫抗性较强。

【观赏与应用】树形高大，树冠广展，绿荫稠密，秋叶金黄，颇为美观。宜作庭荫树及行道树。孤植、丛植在草坪、路旁或建筑物附近都很合适。若与其他秋色叶树种及常绿树种配植，更可为园林秋景增色。

50. 七叶树科七叶树属

（1）七叶树（梭椤树、天师栗）*Aesculus chinensis* Bunge（图3-1-84）

【识别特征】①落叶乔木，高达25m。②树皮灰褐色，片状剥落。小枝粗壮，栗褐色，光滑无毛。冬芽大，具树脂。③掌状复叶具长柄，小叶5~7枚，倒卵状长椭圆形至长椭圆状披针形，长8~16cm，先端渐尖，基部楔形，缘具细锯齿，侧脉13~17对，仅背面脉上疏生柔毛。④花小，花瓣4枚，不等大，白色，上面2瓣常有橘红色或黄色斑纹，雄蕊通常7枚，成直立密集圆锥花序，近圆形，长20~25cm。花期5月。⑤蒴果球形或倒卵形，直径3~4cm，黄褐色，粗糙，无刺，也无尖头，内含1或2粒种子，形如板栗，种脐大，占种子1/2以上。果9~10月成熟。

图3-1-84 七叶树

【分布与习性】原产黄河流域，陕西、甘肃、山西、河北、江苏、浙江等地有栽培。仅秦岭有野生，甘肃陇东有一棵300多年的古树，陇南地区分布较多。喜光，稍耐荫，喜温暖气候，也能耐寒，喜深厚、肥沃、湿润而排水良好的土壤。深根性，萌芽力不强，生长速度中等偏慢，寿命长。

【观赏与应用】树姿壮丽，枝叶扶疏，冠如华盖，叶大而形美，开花时硕大的花序竖立于绿叶簇中，似一个华丽的大烛台，蔚为奇观，是世界著名的观赏树。最宜作行道树和庭荫树，与悬铃木、鹅掌楸、银杏、椴树共称为世界五大行道树。

（2）欧洲七叶树（马栗树）*Aesculus hippocastanum* L.

【识别特征】①落叶乔木，高达25~30m。②小枝幼时有棕色长柔毛，后脱落。冬芽卵圆形，有丰富树脂。③掌状复叶，小叶5~7枚，无柄，倒卵状长椭圆形至倒卵形，长10~25cm，基部楔形，先端短急尖，缘有不整齐重锯齿，背面绿色，幼时有褐色绒毛，后仅基部脉腋留有簇毛。④花较大，直径约2cm，花瓣4或5枚，白色，基部有红、黄色斑，呈顶生圆锥花序，长20~30cm，基部直径约10cm。花期5~6月。⑤蒴果近球形，直径约6cm，褐色，果皮有刺。果9月成熟。

【分布与习性】原产阿尔巴尼亚和希腊。中国引种，在上海和青岛等城市都有栽培。喜光，稍耐荫，耐寒，喜深厚、肥沃而排水良好的土壤。

【观赏与应用】本种树体高大雄伟，树冠广阔，绿荫浓密，花序美丽，在欧美各国广泛栽作行道树及庭园观赏树，并有许多园艺变种。木材良好，可制各种家具。

（3）日本七叶树（七叶枫树、开心果）Aesculus turbinata Bl.（图3-1-85）

【识别特征】①落叶乔木，高可达30m，胸径2m。②小枝淡绿色，当年生者有短柔毛。冬芽卵形，有丰富的树脂。③掌状复叶对生，小叶5~7枚，无柄，倒卵状长椭圆形，长20~35cm，中间的小叶较其余的小叶大2倍以上，先端短急尖，基部楔形，边缘有圆齿状锯齿，背面略有白粉，脉腋有褐色簇毛。④花较小，直径约1.5cm，花瓣4或5枚，白色或淡黄色，有红色斑点，呈直立顶生圆锥花序。花期5~6月。⑤蒴果近洋梨形，直径约5cm，顶端常突起，深棕色，有疣状突起。果9月成熟。

【分布与习性】原产日本，我国上海、青岛等地有引种栽培，现各地园林常见栽培。喜光，耐寒，不耐旱。性强健，生长较快。

图3-1-85　日本七叶树

【观赏与应用】树型壮观，冠形开阔，叶大形美，成荫效果好，花期时大花序似宝塔立在树冠上，是世界上著名的观赏树种，可作行道树和庭园树。木材细密可制造器具和建筑之用。

51. 槭树科槭树属

（1）元宝枫（平基槭、华北五角槭）Acer truncatum Bunge（图3-1-86）

【识别特征】①落叶小乔木，高达10~13m。树冠伞形或倒广卵形。②树皮灰黄色，浅纵裂。嫩枝绿色，后变红褐色及灰棕色，无毛。冬芽卵形，先端尖。③单叶对生，掌状5裂，裂片先端渐尖，有时中裂片或中部3裂片又3裂，叶基通常截形最下部两裂片有时向下开展，叶柄细长。④花杂性，小而黄绿色，呈顶生聚伞花序。4月花与叶同放。⑤翅果扁平，翅较宽而略长于果核，形似元宝，两翅展开约呈直角。果10月成熟。

【分布与习性】广布于东北、华北、西至陕西、四川、湖北，南达浙江、江西、安徽等省。较喜光，喜温凉湿润气候，肥沃、排水良好的土壤，耐旱不耐涝，较抗烟，深根性，萌蘖力强。

【观赏与应用】元宝枫嫩叶红色，秋叶黄色、红色或紫红色，树姿优美，叶形秀丽，为优良的观叶树种。宜作庭荫树、行道树或风景林树种。现多用于道路绿化。也是优良的防护林、用材林、工矿区绿化树种。

图3-1-86　元宝枫

（2）糖槭（银白槭）*Acer saccharum* Marsh

【识别特征】①落叶乔木，高达24m。树冠卵圆形。②枝条棕红色到棕色，有小孔，冬季枝条是黑棕色或灰色。③叶对生，掌状3裂或5裂，浅绿到深绿色，长约12.5cm，下面生白色细毛。④雌雄异株，雄花的花序聚伞状，雌花的花序总状，均由无叶的小枝旁边生出，常下垂，花梗长约1.5~3cm，花小，黄绿色，开于叶前，无花瓣及花盘。花期4月。⑤翅果，绿色，于10月成熟，变成褐色，张开成锐角或近于直角。

【分布与习性】原产于北美洲，我国东北有引种栽培，华东及华南地区也有栽培。喜凉爽、湿润环境，喜肥沃、排水良好的微酸性土壤。喜光，有一定耐荫性。不抗空气污染、持续高热、干旱和盐碱。

【观赏与应用】糖槭秋季叶色艳丽，树冠浓密，适合栽植在面积较大的庭园或开阔地域内作观赏用。

（3）茶条槭（茶条、华北茶条槭）*Acer ginnala* Maxim.（图3-1-87）

【识别特征】①落叶小乔木，高6~10m。②树皮灰色，粗糙。幼枝绿色或紫褐色，老枝灰黄色。③单叶对生，纸质，卵形或长卵状椭圆形，长6~10cm，通常3裂，中裂片特大，有时不裂或具不明显之羽状5浅裂，基部圆形或近心形，边缘为不整齐疏重锯齿，近基部全缘，表面通常无毛，背面脉上及脉腋有长柔毛。④花杂性同株，顶生伞房花序，淡绿色或带黄色。花期5~6月。⑤翅果深褐色，两翅展开呈锐角或近平行。果9月成熟。

图3-1-87 茶条槭

【分布与习性】原产东北、华北及长江下游地区。弱阳性，耐荫，耐寒，喜湿润土壤，但耐干燥瘠薄，抗病力强，适应性强。萌蘖性强，深根性，抗风雪，耐烟尘，较能适应城市环境。

【观赏与应用】树干直，花有清香，夏季果翅红色美丽，秋叶又很易变成鲜红色，是良好的庭园观赏树种，也可栽作绿篱及小型行道树。可丛植、群植，且较其他槭树耐荫。萌蘖力强，可盆栽。

（4）青榨槭（青虾蟆、大卫槭）*Acer davidii* Franch.（图3-1-88）

【识别特征】①落叶乔木，高20m。②树皮黑褐色或灰褐色，常纵裂成蛇皮状。小枝细瘦，圆柱形，无毛，当年生的嫩枝紫绿色或绿褐色。③叶纸质，长圆状卵形或近长圆形，先端尾尖，基部心形或圆形，边缘具钝齿，仅嫩叶下面沿叶脉被短柔毛，老时无毛。④花黄绿色，杂性，雄花与两性花同株，呈下垂的总状花序，

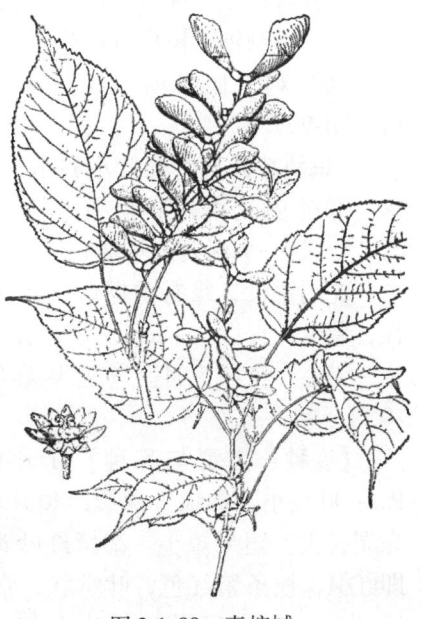

图3-1-88 青榨槭

顶生于着叶的嫩枝。开花与嫩叶的生长大约同时,花期4月。⑤翅果嫩时淡绿色,成熟后黄褐色,翅宽约1~1.5cm,连同小坚果共长2.5~3cm,展开呈钝角或几呈水平。果期9月。

【分布与习性】产于华北、华东、华中、华南、西南各省区。喜湿润的阴坡及山谷。生长迅速。

【观赏与应用】青榨槭叶片深绿阔大,叶多繁茂。青榨槭的树皮为竹绿色或蛙绿色,独具一格,似竹而胜于竹,具有极佳的观赏效果。是城市园林、风景区等的优良绿化树种。

(5) 复叶槭（梣叶槭、羽叶槭）Acer negundo L. （图3-1-89）

【识别特征】①落叶乔木,高达20m。树冠圆球形。②小枝粗壮,绿色,有时带紫红色,无毛,有白粉。③奇数羽状复叶对生,小叶3~5枚,稀7~9枚,卵形至长椭圆状披针形,缘有不规则缺刻,顶生小叶常3浅裂,叶柄比侧生小叶长,叶背沿脉或脉腋有毛。④花单性异株,黄绿色,无花瓣及花盘,雄花有长柄,呈下垂簇生状,雌花为下垂总状花序。花期3~4月,叶前开放。⑤果翅狭长,展开呈锐角。果8~9月成熟。

【变种、变型与品种】花叶复叶槭 var. *variegatum*：叶片有金黄色或银白色斑点。

图3-1-89 复叶槭

【分布与习性】原产北美东南部,我国东北、华北、内蒙古、新疆及华东一带有引种。喜光,喜冷凉气候,耐干冷,喜深厚、肥沃、湿润的土壤,稍耐水湿。生长快,寿命较短。抗烟尘能力强。

【观赏与应用】枝叶茂密,入秋叶色金黄,颇为美观,宜作庭荫树、行道树及防护林树种。因具有速生的优点,在北方也常作"四旁"绿化树种。可作家具及细木工用材,树液含糖分,可制糖,树皮可供药用。

(6) 鸡爪槭（鸡爪枫、槭树）Acer palmatum Thunb. （图3-1-90）

【识别特征】①落叶小乔木,高可达8~13m。树冠伞形。②树皮光滑,灰褐色。枝开张,小枝细长,光滑。③叶掌状5~9深裂,基部心形,裂片卵状长椭圆形至披针形,先端锐尖,缘有重锯齿,背面脉腋有白簇毛。④花杂性,紫色,直径6~8cm,萼背有白色长柔毛。伞房花序顶生,无毛。花期5月。⑤翅果无毛,两翅展开呈钝角。果10月成熟。

【变种、变型与品种】①小叶鸡爪槭 var. *thunbergii* Pax：叶较小,掌状7深裂,裂片狭窄,缘有尖锐重锯齿,先端长尖,翅果短小。②紫红叶鸡爪槭 'Atropurpurenm'：即红枫,枝条紫红色,叶掌状,常年紫红色。③金叶鸡爪槭 'Aureun'：即黄枫,叶全年金黄色。④细叶鸡爪槭

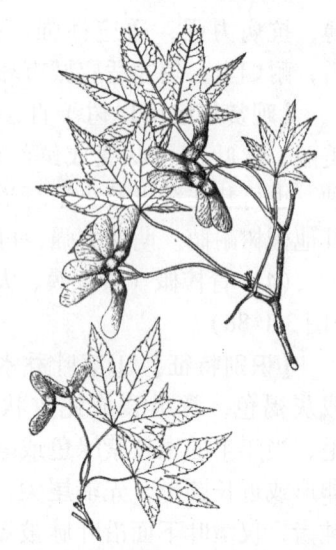

图3-1-90 鸡爪槭

'Dissectum'：即羽毛枫，枝条开展下垂，叶掌状 7～11 深裂片，裂片有皱纹。⑤条裂鸡爪槭 'Linearilobum'：叶深裂达基部，裂片线形，缘有疏翅或近全缘。

【分布与习性】产于中国、日本和朝鲜，中国分布于长江流域各地，山东、河南、浙江也有。弱喜光，耐半荫，夏季需遮阴。喜温暖湿润气候及肥沃、湿润、排水良好的土壤，耐寒性不强。

【观赏与应用】鸡爪槭树姿婆娑，叶形秀丽，有很多园艺品种，有些常年红色，有些生长季绿色，入秋转红，色艳如花，为珍贵的观叶树种。植于草坪、土丘、溪边、池畔，或于墙隅、亭廊、山石间点缀，均十分得体。制作盆景或盆栽用于室内美化也极雅致。

52. 漆树科黄栌属

黄栌（黄栌树、黄栌台、摩林罗）Cotinus coggygria Scop.（图 3-1-91）

【识别特征】①落叶灌木或小乔木，高达 5～8m。树冠圆形；②树皮暗灰褐色。小枝紫褐色，被蜡粉。③单叶互生，通常倒卵形，长 3～8cm，先端圆或微凹，全缘，无毛或仅背面脉上有短柔毛，侧脉顶端常二叉状，叶柄细长，长 1～4cm。④花小，杂性，黄绿色，呈顶生圆锥花序。花期 4～5 月。⑤核果小，扁肾形。果 6～7 月成熟。

【变种、变型与品种】①毛黄栌 var. *pubescens* Engl.：小枝有短柔毛，叶近圆形，两面脉上密生灰白色娟状短柔毛。②垂枝黄栌 var. *pendula* Dipp.：枝条下垂，树冠伞形。③紫叶黄栌 var. *purpurens* Rehd.：叶紫色，花序有暗紫色毛。

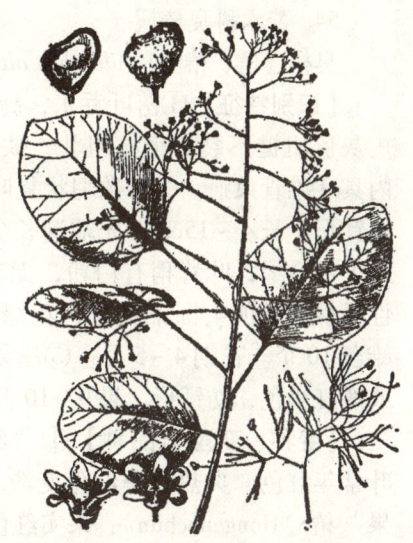

图 3-1-91　黄栌

【分布与习性】产于我国西南、华北、西北、浙江、安徽。喜光，也耐半荫，耐寒，耐干旱瘠薄和碱性土壤，但不耐水湿。以深厚、肥沃而排水良好的砂质壤土生长最好。生长快，根系发达。萌蘖性强，砍伐后易形成次生林。

【观赏与应用】黄栌叶子秋季变红，鲜艳夺目，初夏花后有淡紫色羽毛状的伸长花梗宿存树梢，远望宛如万缕罗纱萦绕林间。在园林中宜丛植于草坪、山丘或山坡，也可混植于其他树群尤其是常绿树群中，能为园林增添秋色。此外，可在郊区山地、水库周围营造大面积的风景林，或作为荒山造林先锋树种。

53. 漆树科黄连木属

黄连木（楷木、惜木、孔木）Pistacia chinensis Bunge（图 3-1-92）

【识别特征】①落叶乔木，高达 30m。树冠近圆球形。②树皮薄片状剥落。③偶数羽状复叶，小叶 10～14 枚，披针形或卵状披针形，长 5～9cm，先端渐尖，基部偏斜，全缘，有特殊气味。④雌雄异株，圆锥花序，雄花序淡绿

图 3-1-92　黄连木

色，雌花序紫红色。花期 3～4 月，先叶开放。⑤核果，初时黄白色，后变红色至蓝紫色。果 9～11 月成熟。

【分布与习性】黄河流域及华南、西南均有分布，泰山有栽培。喜光，喜温暖，耐干旱瘠薄，对土壤要求不严，以肥沃、湿润而排水很好的石灰岩山地生长最好。生长慢，抗风性强，萌芽力强。

【观赏与应用】黄连木树冠浑圆，枝叶繁茂而秀丽，早春嫩叶红色，入秋叶又变成深红或橙黄色，红色的雌花序也极美观。宜作庭荫树、行道树及山林风景树，也常作"四旁"绿化及低山区造林树种。在园林中可植于草坪、坡地、山谷或于山石、亭阁之旁配植。

54. 苦木科臭椿属

臭椿（樗、椿树）*Ailanthus altissima* Swingle（图 3-1-93）

【识别特征】①落叶乔木，高达 30m。树冠开阔。②树皮灰色粗糙不裂。小枝粗壮，缺顶芽。叶痕大而倒卵形，内具 9 维管束痕。③奇数羽状复叶，小叶 13～25 枚，卵状披针形，长 4～15cm，先端渐长尖，基部具 1～2 对腺齿，中上部全缘，叶背稍有白粉，无毛或沿中脉有毛。④花杂性异株，呈顶生圆锥花序，花绿色，花萼、花瓣各 5 个，雄蕊 10 个。花期 4～5 月。⑤翅果长 3～5cm，熟时淡褐色或淡红褐色，纺锤形。果 9～10 月成熟。

【变种、变型与品种】①"红叶"椿'Hongyechun'：叶常年红色，炎热夏季红色变淡。观赏价值极高。②"红果"椿'Hongguochun'：果实红色。③"千头"椿'Qiantouchun'：树冠圆球形，分枝密而多，腺齿不明显。

【分布与习性】原产我国华南、西南、东北南部各地，现华北、西北分布最多。喜光，适应干冷气候，能耐 -35℃ 低温；对土壤适应性强，耐干旱瘠薄，是石灰岩山地常见树种。不耐积水，耐烟尘，抗有毒气体。深根性。根蘖性强，生长快，寿命可达 200 年。

【观赏与应用】臭椿树干通直高大，春季嫩叶紫红色，秋季红果满树，是良好的观赏树和行道树。可孤植、丛植或与其他树种混栽，适宜于工厂、矿区等绿化。臭椿还是华北山地及平原防护林的重要速生树种。在国外很多国家用作行道树。

图 3-1-93　臭椿

55. 楝科香椿属

香椿（香椿芽、香桩头、大红椿树）*Toona sinensis*（A. Juss.）Roem.（图 3-1-94）

【识别特征】①落叶乔木，高达 25m。②树皮暗褐色，浅纵裂。有顶芽，小枝粗壮，叶痕大。③偶数（稀奇数）羽状复叶，有香气，小叶 10～20 枚，矩圆形至矩圆状披针

图 3-1-94　香椿

形，先端渐长尖，基部偏斜，有锯齿。④圆锥花序顶生，花白色，芳香。花期6月。⑤蒴果椭圆形，红褐色，种子上端具翅。果9～10月成熟。

【分布与习性】原产中国中部，现辽宁南部、华北至东南和西南各地均有栽培。喜光，不耐荫，适生于深厚、肥沃、湿润之砂质壤土，稍耐盐碱，耐水湿，对有害气体抗性强。萌蘖性、萌芽力强，耐修剪。

【观赏与应用】树干通直，树冠开阔，枝叶浓密，嫩叶红艳，常用作庭荫树、行道树、"四旁"绿化树。香椿是华北、华东、华中低山丘陵或平原地区的重要树种，有"中国桃花心木"之称。嫩芽、嫩叶可食，可培育成灌木状以利于采摘嫩叶，是重要的经济树种。

56. 芸香科黄檗属

黄檗（黄菠萝、黄柏）*Phellodendron amurense* Rupr.（图3-1-95）

【识别特征】①落叶乔木，高达22m，枝开展，树冠广阔。②树皮木栓层发达，深纵裂，富弹性，内皮鲜黄色。二年生小枝淡柑黄色或淡黄色，无毛。③奇数羽状复叶对生，小叶5～13片，卵状椭圆形至卵状披针形，长5～12cm，叶端长尖，叶基稍不对称，叶缘有细钝锯齿，齿间有透明油点，叶表光滑，叶背中脉基部具毛。④花小，黄绿色，萼、花瓣、雄蕊各5枚。花期5～6月。⑤核果球形，熟时黑色，有特殊香味。果10月成熟。

【分布与习性】分布于东北大兴安岭、长白山及华北北部，朝鲜、俄罗斯、日本也有。性喜光，稍耐荫，要求冷凉湿润气候及深厚肥沃土壤，耐寒力强，深根性，抗风力强。

图3-1-95 黄檗

【观赏与应用】树冠整齐，生长旺盛，秋季叶变黄，是理想的庭荫树及行道树。与核桃楸、水曲柳等组成混交林，是东北"三大阔叶用材树"之一。内皮入药名"黄柏"。

57. 木犀科流苏树属

流苏树（牛筋子、乌金子、茶叶树）*Chionanthus retusus* Lindl. et Paxt.（图3-1-96）

【识别特征】①落叶灌木或乔木，高可达20m。②树干灰色，大枝皮常纸状剥裂、开展，小枝初时有毛。③单叶，对生，卵形至倒卵状椭圆形，长3～10cm，端钝圆或微凹，全缘或有时有小齿，叶柄基部带紫色。④花白色，4裂片狭长，花冠筒极短。花期4～5月。⑤核果卵圆形，蓝黑色，长1～1.5cm。

【分布与习性】产于中国甘肃、陕西、山西、河北、河南以南至云南、四川、广东、福建、台湾各地，朝鲜、日本也有分布。喜光，不耐荫，耐寒、耐旱，忌积水，生

图3-1-96 流苏树

长速度较慢，寿命长，耐瘠薄，对土壤要求不严，但以在肥沃、通透性好的砂壤土中生长最好。

【观赏与应用】流苏树植株高大优美、枝叶繁茂，花期如雪压树，且花形纤细，秀丽可爱，气味芳香，是优良的园林观赏树种，群植、列植均具很好的观赏效果，以常绿树作背景衬托，效果更好。盆景爱好者还可以进行盆栽，制作盆景。

58. 木犀科白蜡属

（1）白蜡树（梣、青榔木、白荆树）Fraxinus chinensis Roxb.（图3-1-97）

【识别特征】①落叶乔木，高达15m。树冠卵圆形。②树皮黄褐色。小枝光滑无毛。③小叶5~9枚，通常7枚，卵圆形或卵状椭圆形，长3~10cm，先端渐尖，基部狭，不对称，缘有齿及波状齿，表面无毛，背面沿脉有短柔毛。④圆锥花序侧生或顶生于当年生枝上，大而疏松，花萼钟状，无花瓣。花期3~5月。⑤翅果倒披针形，长3~4cm。果10月成熟。

【变种、变型与品种】大叶白蜡树 var. rhynchophylla（Hance）Hemsl.：又名花曲柳，小叶通常5枚，宽卵形或倒卵形，顶生小叶特宽大，锯齿钝粗或近全缘。

图3-1-97 白蜡树

【分布与习性】东北中南部至黄河流域、长江流域，西至甘肃，南达华南、西南。喜光，适宜温暖湿润气候，也耐干旱，耐寒冷。对土壤要求不严。抗烟尘及有毒气体。深根性，根系发达，萌芽、根蘖力均强，生长快，耐修剪。

【观赏与应用】形体端正，树干通直，枝叶繁茂而鲜绿，秋叶橙黄色，是优良的行道树、庭院树、公园树和遮阴树。其又耐水湿，抗烟尘，可用于湖岸绿化和工矿区绿化。放养白蜡虫生产白蜡，材理通直，生长迅速，柔软坚韧，供编制各种用具，是我国重要的经济树种之一。

（2）洋白蜡（毛白蜡、宾州白蜡）Fraxinus pennsylvanica Marsh.

【识别特征】①落叶乔木，高20m。②树皮灰褐色，纵裂。③小叶通常5枚，卵状长椭圆形至披针形，长8~14cm，先端渐尖，基部阔楔形，缘具钝锯齿或近全缘。④圆锥花序生于去年生小枝，花单性异株，无花瓣。⑤果翅披针形，下延至果实的基部。

【分布与习性】原产于美国东部及中部，我国北方地区有栽培。喜光，耐寒，耐水湿，也稍耐干旱，对土壤要求不严，对城市环境适应性强。生长快，根浅，发叶晚而落叶早。

【观赏与应用】树形优美，树干端直，枝叶茂密，叶色深绿而有光泽，秋叶黄色。可作行道树、庭荫树、独赏树以及防护林、湖岸绿化、厂矿区绿化树种。

（3）绒毛白蜡（津白蜡、绒毛梣）Fraxinus velutina Torr.（图3-1-98）

【识别特征】①落叶乔木，高18m。树冠伞形。②树皮灰褐色，浅纵裂。幼枝、冬芽上均生绒毛。③小叶3~7枚，通常5枚，顶生小叶较大，狭卵形，长3~8cm，先端尖，基部楔形，叶缘有锯齿，下面有绒毛。④圆锥花序生于二年生枝上，花萼4~5齿裂，无花瓣。

花期4月。⑤翅果长圆形，长2~3cm。果10月成熟。

【分布与习性】原产北美，20世纪初济南开始引种，后黄河中、下游及长江下游均有引种，以天津栽培最多，近年来，内蒙古南部、辽宁南部也有引种。垂直分布在海拔1500m以下。喜光，对气候、土壤要求不严，耐寒、耐干旱、耐水湿、耐盐碱。深根树种，侧根发达，生长较迅速，少病虫害，抗风，抗烟尘，材质优良。

【观赏与应用】可营造防护林，可供沙荒、盐碱地造林，也是北方"四旁"绿化的主要树种之一。是沿海城市绿化的优良树种。

（4）美国白蜡 Fraxinus americana L.（图3-1-99）

【识别特征】①落叶乔木，高达25~40m。②树皮浅灰色或灰褐色，纵裂。小枝无毛，冬芽褐色，叶痕上缘明显下凹。③小叶7~9枚，卵形至卵状披针形，近全缘，顶端稍有钝齿。④花单性异株，无花瓣，先叶开放，花序生于去年生枝侧。花期3~5月。⑤翅果长圆柱形，黄褐色，花萼宿存。果9~10月成熟。

【分布与习性】原产于北美，我国北方地区有栽培。喜光，稍耐荫，耐寒、耐旱、耐湿、耐盐碱，喜深厚肥沃土壤。深根性，根系发达，生长快，萌芽力、萌蘖力强，耐修剪。对烟尘及有害气体抗性较强。

【观赏与应用】树干端正，叶绿荫浓，秋叶黄色。可作行道树、庭荫树、独赏树、防护林及"四旁"绿化树种。

59. 玄参科泡桐属

（1）泡桐（白花泡桐、大果泡桐、华桐）*Paulownia fortunei*（Seem.）Hemsl.（图3-1-100）

【识别特征】①落叶乔木，高达27m。树冠宽卵形或圆形。②树皮灰褐色。小枝粗壮，初有毛，后渐脱落。③叶卵形，长10~25cm，宽6~15cm，先端渐尖，全缘，稀浅裂，基部心形，表面无毛，背面被有白色星状绒毛。④花蕾倒卵状椭圆形，花萼倒圆锥状钟形，浅裂均为萼的1/4~1/3，毛脱落，花冠漏斗状，乳白色至微带紫色，内具紫色斑点及黄色条纹。花期3~4月。⑤蒴果椭圆形，长6~11cm。果9~11月成熟。

【分布与习性】主产长江流域以南各地，东起江苏、浙江、台湾，西南至四川、云南，南至广东、广西。山东、河南及陕西均有引种栽培，越南、老挝也有。喜温暖气候，耐寒性稍差，喜光稍耐荫，对黏重贫瘠的土壤适应

图3-1-98 绒毛白蜡

图3-1-99 美国白蜡

图3-1-100 泡桐

性较其他种。萌芽力、萌蘖力强。

【观赏与应用】主干端直，冠大荫浓，春天繁花似锦，夏天绿树成荫。适于庭院、公园、广场、街道作庭荫树或行道树。也可作为平原地区粮桐间作和"四旁"绿化的理想树种。

（2）毛泡桐（紫花泡桐、绒毛泡桐）*Paulownia tomentosa* (Thunb.) Steud.（图3-1-101）

【识别特征】①落叶乔木，高15m。树冠宽大圆形，树干耸直。②树皮褐灰色。小枝有明显皮孔，幼时常具黏质短腺毛。③叶阔卵形或卵形，长20～29cm，宽15～28厘米，先端渐尖或锐尖，基部心形，全缘或3～5裂，表面被长柔毛、腺毛及分枝毛，背面密被具长柄的白色树枝状毛。④花蕾近圆形，密被黄色毛，花萼浅钟形，裂至中部或过中部，外面绒毛不脱落，花冠漏斗状钟形，鲜紫色或蓝紫色，长5～7cm。花期4～5月。⑤蒴果卵圆形，长3～4cm，宿萼不反卷。果8～9月成熟。

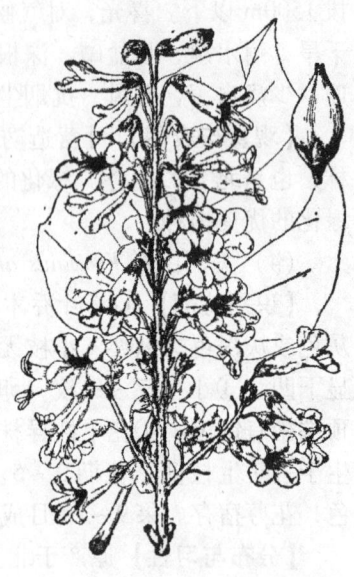

图3-1-101 毛泡桐

【分布与习性】辽宁南部、河北、河南、山东、江苏、安徽、湖北、江西等地常栽培，西部地区有野生，海拔可达1800m，日本、朝鲜、欧洲和北美洲也有引种栽培。强喜光树种，生性耐寒耐旱，耐盐碱，耐风沙，抗性很强，对气候的适应范围很大，高温38℃以上生长受到影响，到绝对最低温度-25℃时受冻害。该种较耐干旱瘠薄，在北方较寒冷和干旱地区尤为适宜，但主干低矮，生长速度较慢。

【观赏与应用】毛泡桐树干端直，树冠宽大，叶大荫浓，花大而美丽，宜作行道树、庭荫树和"四旁"绿化树种。也是重要的速生用材树种，是园林结合生产的优良树种。

60. 紫葳科梓树属

（1）梓树（花楸、水桐、臭梧桐）*Catalpa ovata* D. Don.（图3-1-102）

【识别特征】①落叶乔木，高10～20m。枝条开展，树冠宽阔。②树皮灰褐色，纵裂。③叶广卵形或近圆形，基部心形或圆形，通常3～5浅裂，有毛，背面基部脉腋有紫斑。④顶生圆锥花序，花萼绿色或紫色，花冠淡黄色，内部有黄色条纹或紫色斑纹。花期5月。⑤蒴果细长下垂，种子具毛。果期8～11月。

【分布与习性】产于我国辽宁南部至广东北部，西至西南各地，新疆有栽培。适应性较强，喜温暖，也能耐寒。土壤以深厚、湿润、肥沃的砂质壤土较好，不耐干旱瘠薄。抗污染能力强，生长较快。

【观赏与应用】花大美丽，树冠宽大，是行道树、庭荫

图3-1-102 梓树

树及"四旁"绿化的好树种。常与桑树配植,"桑梓"意为故乡。木材轻软,易加工,可制作琴底板,在乐器业上有"桐天梓地"之说。

(2) 楸树(梓桐、金丝楸)*Catalpa bungei* C. A. Mey.(图3-1-103)

【识别特征】①落叶乔木,高可达30m。树干通直,树冠呈倒卵形。②树皮灰褐色,浅纵裂,老年树干上具瘤状突起,小枝灰绿色。③叶三角状卵形,长6~16cm,顶端尾尖,全缘,有时近基部有3~5对尖齿,两面无毛,背面脉腋有紫色腺斑。④总状花序伞房状排列,顶生,萼片顶端2尖裂,花冠浅粉色,内有紫色斑点。花期4~5月。⑤蒴果长25~50cm,种子扁平,具长毛。果期6~10月。

【分布与习性】原产我国,长江下游和黄河流域各地普遍栽培。喜光,较耐寒。喜深厚肥沃湿润的土壤,不耐干旱、积水,稍耐盐碱。萌蘖性强,幼树生长慢,10年以后生长加快,侧根发达。耐烟尘,抗有害气体能力强。自花不孕,往往开花而不结实。

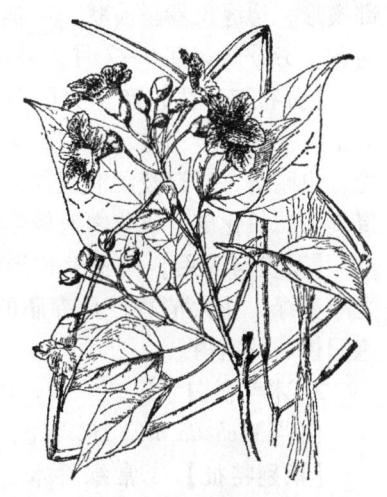

图3-1-103 楸树

【观赏与应用】楸树树姿挺拔,干直荫浓,花紫白相见,艳丽悦目,宜作庭荫树及行道树。孤植于草坪中也极适宜,与建筑配植更能显示古朴、苍劲之树势。

61. 紫葳科菜豆树属

菜豆树(蛇树、豆角树、幸福树)*Radermachera sinica* (Hance) Hemsl. (图3-1-104)

【识别特征】①落叶乔木,高达12m。②树皮深纵裂。③一至三回奇数羽状复叶对生,小叶卵形至椭圆状披针形,长3~7cm,先端尖,全缘。④花冠漏斗状,端5裂,多二唇形,黄白色,二强雄蕊,顶生圆锥花序。花期5月。⑤蒴果细长如豇豆,通常扭曲,种子两侧有膜质翅。果9~10月成熟。

【分布与习性】原产我国广东、广西及云南,在次生阔叶林中常见。喜高温多湿、阳光足的环境,耐高温、畏寒冷、宜湿润、忌干燥。生于山谷或平地疏林中。栽培宜用疏松肥沃、排水良好、富含有机质的壤土和砂质壤土。

【观赏与应用】菜豆树可作中小型盆栽,摆放在阳台、卧室、门厅等处。成熟的菜豆树叶子茂密青翠,充满活力朝气,可以作为生旺的植物,为人们带来幸福的寓意。在华南地区可栽作园林绿化树及行道树。

图3-1-104 菜豆树

(二)常绿乔木

1. 木兰科木兰属

广玉兰(荷花玉兰)*Magnolia grandiflora* L. (图3-1-105)

【识别特征】①常绿乔木,高达10m。树冠卵形。②小枝、芽、叶柄、叶片下面均被锈色绒毛,但幼树叶片下面无毛。③叶厚革质,长椭圆形,长10~20cm,表面亮绿色,背面有锈色绒毛。④先端钝尖,基部楔形,边缘反卷呈波状,叶柄粗壮。⑤花大而白色,宛如荷花,芳香。花期6~7月,果熟期10月。

【分布与习性】产于美国东南部。我国长江流域及以南城市广为栽培。生长速度中等,幼年生长慢,寿命长。喜光,也耐荫,喜温暖湿润气候,有一定耐寒性。抗烟尘,对氯气、二氧化硫、氯化氢有较强的抗性。

【观赏与应用】广玉兰树形古朴典雅,叶大浓郁,终年光泽亮绿,花大清香,是寺庙的常用树。一般用作园景树、遮阴树、行道树。

2. 木兰科白兰属

白兰 Michelia alba DC.（图3-1-106）

【识别特征】①常绿乔木,可高达17m。树冠长卵形。②新叶及芽有白色绢毛,叶薄革质,长椭圆形或椭圆状披针形,长10~17cm,叶柄上的托叶痕通常短于叶柄长的1/2。③花白色,芳香,通常不结实。花期4~5月和8~9月。

【分布与习性】原产印尼爪哇,我国华南各城市常栽植。喜光,喜温暖多雨及肥沃疏松的酸性土壤,不耐寒和干旱,忌积水。对二氧化硫、氯气等有毒气体抗性差。生长快,寿命长。

【观赏与应用】名贵香花树种。树形美观,终年翠绿,花开清香诱人,宜作庭荫树和行道树,是芳香园的主要树种。

3. 木兰科木莲属

木莲（绿楠）Manglietia fordiana (Hemsl.) Oliv.（图3-1-107）

【识别特征】①常绿乔木,高可达20m。②嫩枝及芽有红褐色短毛。③叶革质,长椭圆状披针形,全缘,叶柄上托叶痕半椭圆形,长3~4m。④花被叶通常9枚,白色。⑤聚合蓇葖果卵形或阔卵形。⑥种子暗红色。⑦花期3~4月。

【分布与习性】分布于长江流域以南各省,海南不产。耐荫,喜温暖湿润气候及肥沃酸性土壤。

【观赏与应用】树姿雄伟,树冠浑圆,枝叶浓密,花大,状如莲花,洁白芳香,果熟后紫红色。在园林中孤植、列植、群植均适宜。

图3-1-105 广玉兰

图3-1-106 白兰

图3-1-107 木莲

4. 樟科樟属

（1）香樟 *Cinnamomum camphora* (L.) Presl. （图3-1-108）

【识别特征】①常绿乔木，高达30m，树冠庞大，广卵形。②树皮幼时绿色，光滑，木材均有樟脑气味。③叶互生，薄革质，卵形或卵状椭圆形，长6~12cm，先端急尖或渐尖，基部钝或略呈圆形，无毛，离基三出脉，脉腋有明显腺体。④圆锥花序腋生。花小，淡黄绿色。⑤果球形，紫黑色。花期4~5月，果期10~11月。

【分布与习性】分布于我国长江以南和西南各省，越南，朝鲜和日本也有分布。亚热带地区广泛栽培。喜光，喜温暖湿润气候。不耐干旱瘠薄，忌积水。抗风，抗大气污染，并有吸收灰尘和噪声的功能。生长快，寿命长，是我国常见的古树名木之一。

【观赏与应用】树冠宽阔，枝叶茂密翠绿，树姿雄伟，有挥发性樟脑香味，为优良的绿化树种和行道树种。国家二级保护植物。

图3-1-108 香樟

（2）阴香 *Cinnamomum burmannii* (C. G. et TH. Nees) Bl. （图3-1-109）

【识别特征】①常绿乔木，高达10~15m。②树皮灰褐色至黑褐色，平滑。枝叶揉碎有肉桂香味。③叶互生，革质至薄革质，卵形至长圆形或长椭圆状披针形，长6~10cm，先端渐尖，无毛，离基三出脉，脉腋内无腺体。④圆锥花序，长2~6cm。⑤果卵形，长约8mm。⑥花期3~4月，果实11~12月成熟。

【分布与习性】分布于云南、广东、海南、福建；东南亚其他地方也有分布。喜光，稍耐荫，喜温暖湿润气候，适应性强，耐寒。抗风，抗大气污染。喜土层深厚、排水良好之土壤。

【观赏与应用】树冠近圆球形，树姿优美整齐，枝叶终年常绿，有肉桂之香味，为优良绿化树种，可作庭院风景树、绿荫树和行道树等。

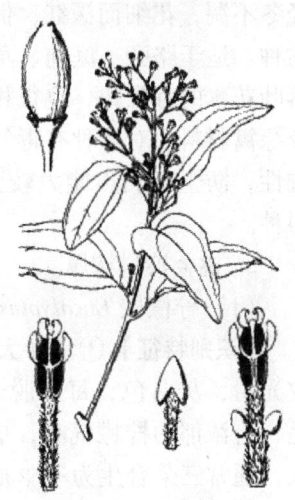

图3-1-109 阴香

（3）兰屿肉桂（平安树）*Cinnamomum kotoense* Kanehira et Sasaki （图3-1-110）

【识别特征】①常绿乔木，高达15m。②叶、枝及树皮干时不具有芳香气味。③叶对生或近对生，卵圆形至长圆状卵形，长8~11cm，两面无毛，具离基三出脉。④果卵球形。果期8~9月。

【分布与习性】产于台湾兰屿地区。

【观赏与应用】叶色浓绿而富有光泽，叶片厚，革质，耐

图3-1-110 兰屿肉桂

荫性极强。在华南地区常作室内观赏植物。

5. 金缕梅科蚊母树属

蚊母树 *Distylium racemosum* Sieb. et Zuce（图3-1-111）

【识别特征】①常绿乔木，高达25m。树冠开展，呈球形。②小枝略呈"之"字形曲折，嫩枝端具星状鳞毛。③叶倒卵状长椭圆形，长3~7cm，先端顿或稍圆，全缘，厚革质，光滑无毛，侧脉5~6对。④总状花序，花药红色。⑤蒴果卵形，密生星状毛，顶端有2宿存花柱。花期4月，果九月成熟。

【分布与习性】产于我国海南、福建、台湾、浙江等省，日本也有分布。喜光，稍耐荫，喜温暖湿润气候，耐寒性不强。对土壤要求不严，但以排水良好而肥沃湿润的土壤为最好。耐烟尘能力强。萌芽、发枝力强，耐修剪。扦插或播种繁殖。

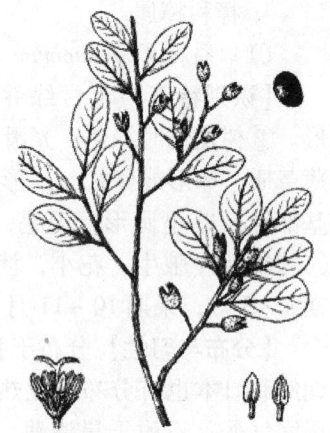

图3-1-111 蚊母树

【观赏与应用】蚊母树小枝密集，树形整齐，叶色浓绿，经冬不凋，花细而深红，俏丽可观，是常见的城市及工厂绿化树种。适于路旁、庭前、草坪内外以及大乔木下种植，如作为落叶花木的背景树，也很相宜。也可修剪成球形作为基础种植及绿篱材料。对多种有毒气体如二氧化硫、二氧化氮有很强的抗性，防尘、隔声能力较强，是街道、厂矿区优良的抗污染树种。

6. 桃金娘科桉属

（1）柠檬桉 *Eucalyptus citriodora* Hoof. f.（图3-1-112）

【识别特征】①常绿大乔木，高达40m。树干挺直。②树皮光滑，灰白色，每年脱落。③幼态叶披针形，具棕红色腺毛，有浓郁的柠檬气味，成熟叶条形，长10~25cm。④花稍大，通常三朵合生为一伞形花序，后又结成腋生的圆锥花序，总花梗有棱，帽状花盖半球状，顶端具小尖头。花期4~9月。⑤蒴果壶形或坛形，果瓣深藏。

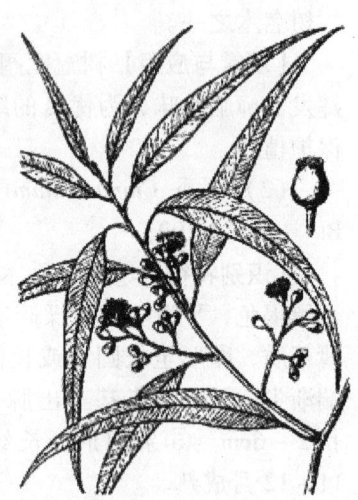

图3-1-112 柠檬桉

【分布与习性】原产于澳大利亚。我国福建、广东、广西、云南、台湾、四川等省区均有栽培。喜光，不耐荫，故侧枝易死亡而形成高耸的主干。喜暖热湿润气候及深厚、肥沃、适当湿润的土壤，但对土壤要求不严。不耐寒，易受霜害。根系深，生长迅速。

【观赏与应用】树干挺直，树皮洁白，枝叶有芳香，有"林中少女"之美誉，适作公路两旁、山坡地及公共绿地的绿化树种。

（2）大叶桉 *Eucalyptus robusta* Smith（图3-1-113）

【识别特征】①常绿乔木，高25~30m。②树皮木栓质，暗褐色，纵裂，宿存。③幼态叶厚革质，卵形；成熟叶卵状长

图3-1-113 大叶桉

椭圆形至广披针形，长 3~13cm。④伞形花序，花序梗粗扁，花梗短而粗。花期4~5月和8~9月。⑤蒴果卵状壶形或碗状。

【分布与习性】原产于澳洲沿海地区，我国南部各省均有引种。喜光，喜暖热湿润气候及深厚、肥沃、适当湿润的土壤，较耐寒，极耐水湿。生长迅速，根系深，但枝脆易风折。

【观赏与应用】宜作行道树、庭院树。

7. 桃金娘科白千层属

白千层 Melaleuca Leucadendra L. （图3-1-114）

【识别特征】①常绿乔木，高可达20m。树皮灰白色，厚而疏松，多层纸状剥落。②与红千层的主要区别在于叶小而坚挺，披针状椭圆形、狭椭圆形或倒披针形，长 4~10cm，平行纵脉5条。③穗状花序，排成试管刷状，乳白色或偶尔淡红色。花期秋冬季。④蒴果木质，先端扁平，簇生于枝条上。

【分布与习性】原产于澳大利亚，新几内亚、印度尼西亚和新喀里多尼亚海岸地区也有分布。我国引种。喜光，喜高温多湿气候，不耐寒，耐水湿，不甚耐旱。抗风，抗大气污染。

【观赏与应用】树冠椭圆状锥形，树姿优美整齐，树皮白色，外皮厚呈海绵状可层层剥落，每层薄如纸，故名"白千层"，且其枝叶浓密，故为美丽的观赏树和行道树。

8. 桃金娘科蒲桃属

蒲桃 Syzygium. jambos (L.) Alston （图3-1-115）

【识别特征】①常绿乔木，高 10m。②主干极短，多分枝，老枝红褐色。③叶革质，长椭圆形状披针形，长 10~20cm，叶端渐尖，叶基楔形，叶背侧脉明显，在叶缘处连合而成一边脉，叶面多透明小腺点。④伞房花序顶生，花白色。花期夏季。⑤果球形或卵形，淡黄绿色，内有种子 1~2粒。

【分布与习性】原产于马来群岛及中印半岛，我国有栽培。喜光，喜暖热气候，喜深厚肥沃土壤。喜水湿，不耐干旱和贫瘠。

【观赏与应用】根系发达，枝叶茂密，为优良的防风固沙植物。宜植于水边、草坪、绿地作风景树和绿荫树。

9. 杜英科杜英属

（1）尖叶杜英 Elaeocarpus apiculatus Mast. （图3-1-116）

【识别特征】①常绿乔木，高 10~30m。②有板根，

图3-1-114 白千层

图3-1-115 蒲桃

图3-1-116 尖叶杜英

分枝呈假轮生状。③叶革质，倒披针形，长10～20cm。④总状花序生于分枝上部叶腋，花冠白色，花瓣边缘流苏状，芳香。⑤核果圆球形，绿色。夏季为开花期，种子秋末成熟。

【分布与习性】产于我国海南、云南南部，中南半岛至马来西亚也有分布，我国南方广为栽培。喜光，喜温暖、高温和湿润气候，不耐干旱瘠薄，喜肥沃湿润、富含有机质的土壤。深根性，抗风力强。

【观赏与应用】大叶轮生，形成塔形树冠，盛花期一串串总状花序悬垂于枝梢，散发阵阵幽香，盛夏以后又是硕果累累，给人以充实的感觉。为优良木本花卉、园林风景树和行道树。

（2）海南杜英（水石榕）*Elaeocarpus Hainanensis* Oliver（图3-1-117）

【识别特征】①常绿小乔木，高5～6m。②分枝假轮生。③叶革质，倒披针形，长7～15cm。④总状花序含2～6朵花，花冠白色，花瓣有流苏状边缘。⑤核果纺锤形，两端尖，绿色。夏季为开花期，种子秋季成熟。

【分布与习性】产于我国海南、广西、云南，越南也产，我国南方广为栽培。喜半荫，喜高温多湿气候，不耐干旱，喜湿但不耐积水，须植于湿润而排水良好之地，喜肥沃和富有机质的土壤。深根性，抗风力较强。

【观赏与应用】分枝多而密，树冠呈圆珠笔状锤形。花期长，花冠洁白淡雅，为常见的木本花卉，适宜作庭院风景树。

10. 桑科波萝蜜属（桂木属）

波萝蜜 *Artocarpus heterophyllus* Lam.（图3-1-118）

【识别特征】①常绿乔木，高达20m。②有时具板状根，小枝有环状托叶痕。③叶椭圆形至倒卵形，长7～15cm，全缘（幼树之叶有时3裂），两面无毛，背面粗糙，厚革质。④雄花序顶生或腋生，圆柱形；雌花序椭圆形，生于树干或大枝上。⑤聚花果椭圆形至球形，成熟时黄色，外皮呈六角形瘤状突起。花期2～3月，果7～8月成熟。

【分布与习性】原产于印度和马来西亚，现广植于热带各地，我国华南有栽培。

【观赏与应用】著名热带水果，行道树。

11. 桑科榕属

（1）垂叶榕 *Ficus ben jamina* L.（图3-1-119）

【识别特征】①常绿乔木，高达20m。枝条稍下垂。②叶互生，近革质，长圆形或椭圆形，长3.5～10cm，顶

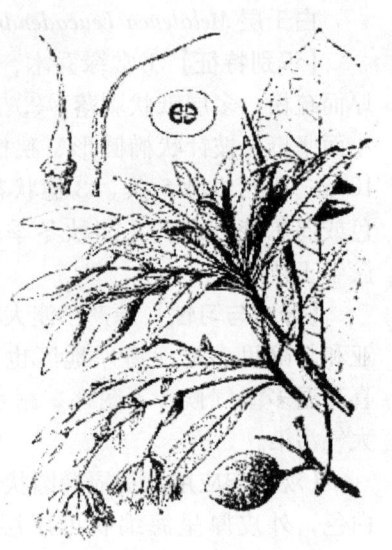

图3-1-117 海南杜英

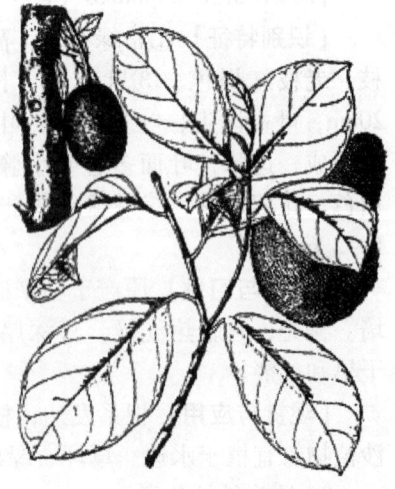

图3-1-118 波萝蜜

端尾状渐尖，微外弯，基部宽楔形或浑圆。③隐头花序单个或成对生于叶腋，球形，成熟时黄色或淡红色。花果期 8～12 月。

【变种、变型与品种】①花叶垂榕 'Variegata'：部分叶片具黄白色斑，或整叶呈黄白色。②白边垂榕 'Bella'：叶沿边缘具不规则白斑纹，枝软垂。③星光垂榕 'Star Light'：叶面约 1/2 带黄白色斑，且多数叶的中部仅有很少的绿色部分，叶质较薄。④扭枝垂榕 'Wiandi'：枝呈扭曲状分枝，叶波状下垂，为盆景式垂叶榕。

【分布与习性】原产于我国南部至西南部以及亚洲南部至大洋洲。我国南方广为栽培作庭院风景树和行道树。喜光，耐荫，喜高温多湿气候，适应性强，抗风，耐潮耐瘠薄，抗大气污染，不耐干旱。对土质要求不严，但须肥沃和排水良好。耐强度修剪，可作各种造型，移植易成活。

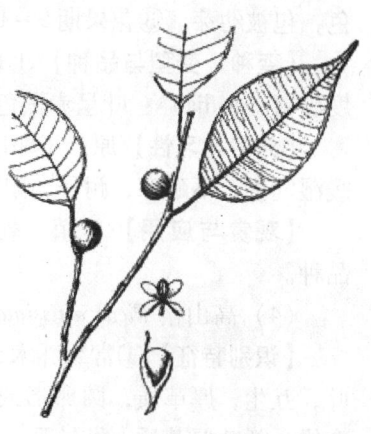

图 3-1-119　垂叶榕

【观赏与应用】树型下垂，叶簇油绿，姿态柔美，为优良的庭院树、行道树、绿篱树。可单植、列植、群植于庭院、校园、公园和游乐区。

（2）榕树（小叶榕）*Ficus. Microcarpa* L. f.（图 3-1-120）

【识别特征】①常绿乔木，高达 15～25m。②枝具下垂须状气生根。树皮深灰色。③叶椭圆形至倒卵形，长 4～10cm，先端钝尖，基部楔形，全缘或浅波状，羽状脉，侧脉 5～6 对，革质，无毛。④隐花果腋生，近扁球形，熟时淡红色。花果期 5～12 月。

【变种、变型与品种】①厚叶榕（卵叶榕，金钱榕）var. *crassifolia* Shieh：叶宽卵形，厚肉质，分枝力强，常盆栽或丛植。②黄金榕（黄叶榕）'Golden Leaves'：嫩叶或向阳的叶呈金黄色。③花叶榕（乳斑榕）'Milk Strips'：叶表面绿色并有浅黄色或乳白色的色斑。

图 3-1-120　榕树

【分布与习性】产于我国华南，印度、越南、缅甸、马来西亚、菲律宾等国也有分布。喜温暖多雨气候及酸性土壤。生长快，寿命长。

【观赏与应用】树冠庞大，枝叶茂密，是我国华南地区常见的行道树和庭荫树。变种常作花坛、绿带或盆栽观赏。

（3）印度胶榕 *Ficus elastica* Roxb. Ex Hornem.（图 3-1-121）

【识别特征】①常绿乔木，高达 45m，富含乳汁，全体无毛。②叶革质，有光泽，长椭圆形，长 10～30cm，全缘，中脉显著，羽状侧脉多而细，且平行直伸，托叶大，淡红

图 3-1-121　印度胶榕

色,包被幼芽。③花果期9~11月。

【变种、变型与品种】①斑叶橡胶榕'Variegata':叶片黄色,有绿色斑块。②黑叶印度胶榕'Aidjan':叶呈赤黑色。③白边橡胶榕'Asahi':叶较大,叶缘具狭黄白斑,立叶。

【分布与习性】原产于印度、缅甸。华南地区常见露地栽培,长江以北作盆栽。耐荫喜暖湿气候,不耐寒,耐旱,耐瘠薄。抗污染,萌芽力强,耐修剪。

【观赏与应用】单植、列植、群植均可,作庭荫树或盆栽观赏。有各种斑叶的观叶品种。

（4）高山榕 *Ficus altissima* Bl.

【识别特征】①常绿乔木,高达30m。②树皮灰色,平滑。小枝绿色。有气生根。③单叶,互生,厚革质,圆卵形或卵状椭圆形,长10~21cm,先端钝尖,基部圆形或近心形,全缘。托叶厚革质,披针形。④花序托成对腋生,幼时为外生灰色柔毛的帽状苞片所包围(苞片脱落后残存基部呈杯状体),雌雄同株,雄花散生于花序内壁。⑤隐花果近球形,深红色或淡黄色。花果期3~12月。

【分布与习性】产于我国广东、广西及云南南部,多生于山地林中,马来西亚、印度及斯里兰卡也产。

【观赏与应用】叶大荫浓,常单植作庭荫树或列植作行道树。

12. 壳斗科青冈栎属

青冈栎 *Cyclobalanopsis glauca* (Thunb.) Oerst. (图3-1-122)

【识别特征】①常绿乔木,高达22m。②树皮平滑不裂。小枝幼时有毛,后脱落。③叶长椭圆形或倒卵状长椭圆形,长6~13cm,端渐尖,基部广楔形,边缘上半部有梳齿,中部以下全缘,背面有平伏毛,侧脉8~12对。④总苞单生或2~3集生,杯状,鳞片结合成5~8条环带。⑤坚果卵形或近球形。花期4~5月,果10~11月成熟。

【同属其他种】在华南地区园林中具有应用前景的本属植物还有饭甑青冈 *C. fleuryi* (Hock. et A. Camus) Chun:常绿乔木。叶卵状长椭圆形或倒卵状长椭圆形,长14~27cm,全缘或近顶端有波状浅齿,幼叶两面密被黄棕色绒毛,老时无毛。壳斗高钵形,包坚果2~3或以上,外壁被黄棕色绒毛。花期3~4月,果期10~12月。

图3-1-122 青冈栎

【分布与习性】产于江西、湖南、贵州、云南和华南,越南北部也有。主要分布于长江流域及其以南各省区,北至河南、陕西及甘肃南部,是本属中分布范围最广且最北的一种。树体高大,树形优雅,春天萌生的新叶密被黄棕色绒毛,奇特秀丽,可作园景树。喜温暖多雨气候,较耐荫。喜钙质土,常生于石灰岩山地,在排水很好、腐殖质深厚的酸性土壤上也能生长。

【观赏与应用】可作行道树种和风景林树种。

13. 蔷薇科枇杷属

枇杷 *Eriobotrya Japonica* (Thunb.) Lindl. (图 3-1-123)

【识别特征】①常绿小乔木，高可达 10m。②小枝、叶背及花序密被锈色绒毛。③叶粗大革质，常为倒披针状椭圆形，长 12~30cm，先尖端，中上部疏生浅齿，侧脉 11~21 对，在表面凹入。④花白色，芳香。10~12 月开花。⑤果近球形或梨形，黄色或橘黄色，直径 2~5cm。翌年初夏果熟。

【分布与习性】产于我国，四川、湖北省有野生，南方多作果树栽培。喜光，稍耐荫，喜温暖气候及肥沃、湿润而排水良好的土壤，不耐寒。生长缓慢，寿命较长。播种、嫁接、压条或扦插均可繁殖。

【观赏与应用】树形整齐美观，叶大荫浓，常绿而有光泽。冬日白花盛开，初夏黄果累累，南方多于庭院内栽植，是园林结合生产的优良树种。

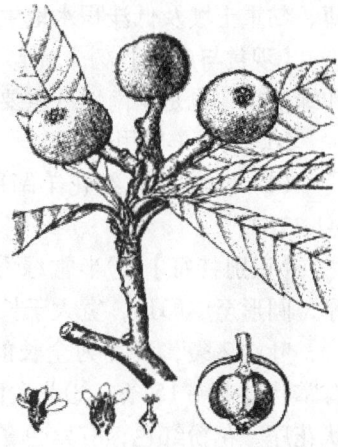

图 3-1-123 枇杷

14. 豆科金合欢属

台湾相思 *Acacia confusa* Merr. (图 3-1-124)

【识别特征】①常绿乔木，高达 6~15m。树冠卵圆形。②叶互生，幼苗具羽状复叶，长大后退化为叶状柄，叶状柄线状披针形，具纵平行脉 3~5 条，革质。③头状花序腋生，圆球形，花黄色，微香。④荚果扁平带状。花期 3~8 月，果期 7~10 月。

【分布与习性】原产于我国台湾，东南亚也有分布。福建至华南、云南等广为栽培。喜暖热气候，也耐低温，喜光，也耐半荫，耐干旱瘠薄土壤。耐短期水淹，喜酸性土。播种繁殖。

【观赏与应用】宜作行道树、"四旁"和公路绿化。也是绿化荒山、营造水土保持林、防风固沙林和薪炭林的优良树种。

图 3-1-124 台湾相思

15. 豆科合欢属

南洋楹 *Albizia falcataria* (L.) Fosberg. (图 3-1-125)

【识别特征】①常绿大乔木，高可达 45m。树冠伞状半球形。②二回偶数羽状复叶，小叶 11~20 对，菱状长圆形，长 1~1.5cm，先端尖，中脉稍偏上缘，两面无毛，叶柄中部有大腺体 1 枚，叶轴上有腺体 3~4 枚。托叶锥形，早落。③穗状花序腋生、单生或排成圆锥状，花无梗，淡白色。④荚果条形，开裂。花期 4~5 月，果期 7~9 月。

【分布与习性】原产于印度尼西亚马鲁古群岛，现广植于亚洲和非洲热带地区，我国华南各地有栽培，在广州等城市绿地生长良好。喜暖热多雨气候及肥沃湿润土壤，在干旱瘠

图 3-1-125 南洋楹

薄、黏重土壤及低洼积水地生长良好。不抗风，老树易受寄生植物的侵害。

【观赏与应用】树干高耸，树冠绿荫如伞，蔚为壮观，生长快速，为优良的庭院风景树和绿荫树，也是华南地区重要的速生用材林树种。

16. 豆科羊蹄甲属

（1）洋紫荆（红花羊蹄甲）Bauhinia variegata L.（图 3-1-126）

【识别特征】①半常绿乔木，高 5～8m。②叶革质较厚，圆形至广卵形，宽大于长，长 7～10cm，叶基圆形至心形，叶端 2 裂，裂片为全长的 1/4～1/3，裂片端浑圆，基有掌状脉 11～15 条。③花大而显著，约 7 朵排成伞房状总状花序，花粉红色，有紫色条纹，芳香，花萼裂成佛焰苞，先端具 5 小齿，花瓣倒广披针形至倒卵形，发育雄蕊 5 枚。④荚果扁条形。花期 3～4 月，果期 6 月。

【变种、变型与品种】白花洋紫荆 var. candida Buch. -Harm：花冠白色。

【分布与习性】分布于福建、广东、广西、云南等省，越南、印度均有分布。喜光，喜温暖至高温湿润气候，适应性强，耐寒，耐干旱瘠薄，抗大气污染，对土质不甚选择，但不抗风。

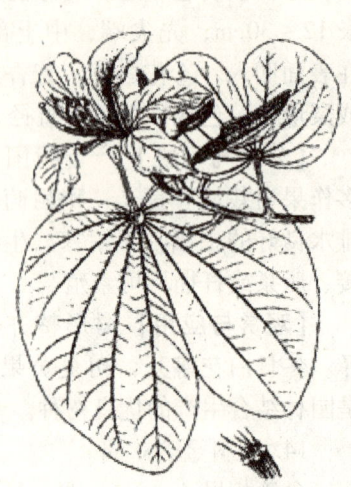

图 3-1-126　洋紫荆

【观赏与应用】本种在广州园林中为常见的观赏树种，盛花期叶较少，花期长，花多而密，色彩淡雅，为良好的垂直绿化植物。

（2）羊蹄甲 Bauhinia purpurea L.（图 3-1-127）

【识别特征】①常绿乔木，高达 8m。②叶近革质，广卵形至近圆形，长 5～12cm，端 2 裂，裂片为全长的 1/3～1/2，裂片端钝或略尖，有掌状脉 9～13 条，两面无毛。③伞房花序顶生，花玫瑰红色，有时白色，花萼裂为几乎相等的 2 裂片，花瓣倒披针形，发育雄蕊 3～4 枚。花期 10 月。④荚果扁条形，略弯曲。

【分布与习性】我国分布于福建、广东、广西、云南，中南半岛、马来半岛、印度、斯里兰卡也有分布。喜肥沃湿润的酸性土，耐水湿，但不耐干旱。

【观赏与应用】树冠开展，枝丫低垂，花大而美丽，秋冬季开放，叶片形如牛羊的蹄甲，是个很有特色的树种。在广州及其他华南城市常作行道树及庭园风景树。

图 3-1-127　羊蹄甲

17. 山龙眼科银桦属

银桦 Grevillea robusta Cunn.（图 3-1-128）

【识别特征】①常绿乔木，高 8m，但在原产地可达 40～50m。树冠圆锥形。②幼枝、芽及叶柄密被锈色绒毛。③叶互生，长 5～20cm，二回羽状深裂，裂片狭长渐尖，边缘反卷，背面密被银灰色丝状毛。④总状花序腋生，花偏于一侧，无花瓣，萼片 4，橙黄色。⑤蓇葖果有宿存的细长花柱。种子有翅。花期 5 月，果 7～8 月成熟。

【同属其他种】红花银桦 G. banksii. R. Br.：它与银桦的主要区别在于叶一回羽状全裂，总状花序顶生，萼片粉红色至鲜红色，花期春至夏季。原产于大洋洲，我国华南地区有少量栽培。

【分布与习性】原产于大洋洲，现热带及亚热带地区广泛栽培。我国南部和西南部有栽培。喜光，喜温暖和较凉爽气候，不耐寒。喜深厚肥沃而排水良好的偏酸性砂壤土，有一定的耐旱力。生长快。较抗氯化氢和氯气，但对二氧化硫抗性较差。

【观赏与应用】树干通直，树冠高大整齐，花序橙黄色，宜作行道树。

18. 楝科桃花心木属

大叶桃花心木（美洲红木）Swietenia macrophylla King（图3-1-129）

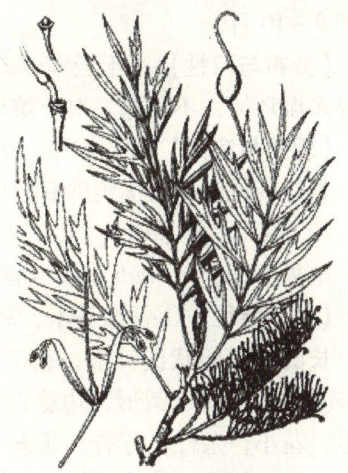

图3-1-128 银桦

【识别特征】①常绿乔木，高25m以上。②树皮淡红褐色。③一回偶数羽状复叶，叶长约35cm，小叶4~6对，革质而有光泽，卵形或卵状披针形，两侧不对称，长10~16cm，全缘，先端长渐尖，基部偏斜，下面网脉细致明显。④花小，两性，圆锥花序腋生，长6~15cm，花萼浅杯状，5裂，花瓣白色。⑤果卵形，直径约8cm。种子多数，连翅长达7cm。海南花期3~4，果翌年3~4月初成熟。

【分布与习性】原产于南美洲，在热带地区广泛栽培。我国福建、海南、广东及广西引种，在广州约有30年栽培历史，生长良好。适肥沃深厚的土壤，不耐霜冻。生长速度中等。

图3-1-129 大叶桃花心木

【观赏与应用】木材是世界名材，为高级家具、造船、建筑、车辆、装饰等用材。枝叶浓密，树形美观，是优良的行道树种和庭园观赏树种。

19. 漆树科人面子属

人面子 Dracontomelon duperreanum Pierre（图3-1-130）

【识别特征】①常绿大乔木，高25m，胸径1.5m。②幼枝被灰色绒毛。③奇数羽状复叶，长30~45cm，小叶5~7对，互生，叶轴和叶柄疏生柔毛，长圆形，长5~14cm 先端渐尖，基部偏斜，两侧不等，全缘，网脉两面突起，两面沿中脉被毛，下面脉腋具白色髯毛。④花序比叶短，长12~23cm，花白色。⑤果扁球形，长2cm，直径2.5cm，熟时黄色。种子3~4颗。

图3-1-130 人面子

果期9～10月。

【分布与习性】 产于云南（东南）、广西、广东，生于山丘陵林中，越南也有分布。喜高温多湿环境，不耐寒。对土壤要求不严。萌芽能力强。

【观赏与应用】 树形雄伟，塔形，枝叶茂盛，遮荫效果好，叶片层次清晰，终年常有光泽，具热带风光，为优美的庭荫树和行道树。在珠三角地区城市绿化中广泛应用。

20. 漆树科杧果属

杧果 *Mangifera indica* L. （图3-1-131）

【识别特征】 ①常绿乔木，高18m。②单叶互生，革质，长圆状或卵状披针形，长7～30cm，先端渐尖或钝尖，基部楔形或近圆形，边缘波状，无毛。③圆锥花序顶生，花小，杂性，芳香，雄蕊1～5枚，仅1枚发育，子房1室1胚珠。④核果长卵形或扁圆形，长8～15cm，熟时淡黄绿色或淡黄色。春季开花，5～8月果熟。

【分布与习性】 原产于喜马拉雅山以南的热带地区。我国广东、广西、福建、四川、台湾等无霜地区有栽培。喜光稍耐荫。热带及亚热带树种，要求温暖湿润气候。在深厚肥沃的砂质土壤中生长良好，在黏质土壤中栽培应注意排水。

【观赏与应用】 树冠广阔，树姿美观，嫩叶富色彩变化。花开时色彩淡雅，芳香扑鼻，结果时硕果累累，令人垂涎，为庭院观花观果佳品，作为庭荫树或行道树也备受赞誉。该树种是热带名果，果香味甜。

图3-1-131　杧果

21. 芸香科柑橘属

柑橘 *Citrus reticulata* Blanco （图3-1-132）

【识别特征】 ①常绿小乔木或灌木，高约5m。②幼枝无毛，常有棘刺。③叶片椭圆状卵形，近全缘，叶柄具窄翅。④花单生，白色，有香味，雄蕊多数，花丝在基部合生。⑤柑果扁球形，直径2.5～7.5cm，橙红色或橙黄色，果皮薄，易剥离。4～5月开花，10～12月果熟。

【同属其他种】 ①柚 *C. maxima*（Burm.）Merr.：有黄色大型果。②甜橙（橙）*C. sinensis*（L.）Osb.：果近球形。③香橼 *C. medica* L.：果芳香。

【分布与习性】 分布甚广，主产于我国长江以南诸省，凡无严重霜冻地区均可栽培。稍耐荫，喜温暖湿润气候，不耐−5℃以下的低温。在深厚肥沃的中性或微酸性土壤中生长最佳。播种和嫁接繁殖。

【观赏与应用】 我国重要果树，品种甚多。作为庭

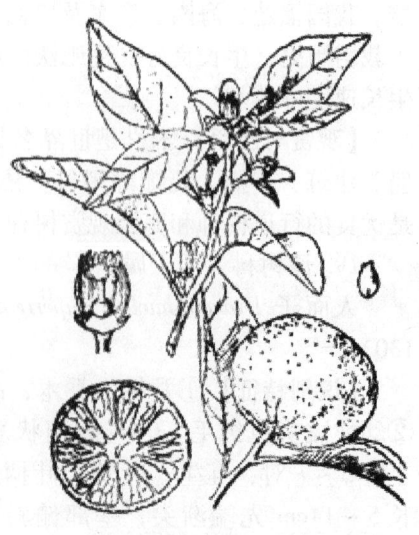

图3-1-132　柑橘

院栽植，观赏价值不低，因其四季常青，树冠整齐，叶色葱绿，春季花香浓郁，秋季果实累累，为大众所喜爱。在大型园林中可辟出柑橘园，小型庭院中则宜孤植或丛植，可兼收采果及观赏之利。

22. 五加科鹅掌柴属

鹅掌柴 *Schefflera octophylla* (Lour.) Harms. （图3-1-133）

【识别特征】①常绿乔木或灌木。②掌状复叶，小叶6~9枚，革质，长卵圆形或椭圆形，长7~17cm，宽3~6cm，叶柄长8~25cm，小叶柄长1.5~5cm。③花白色，有芳香，排成伞形花序又复结成顶生长25cm的大圆锥花丛，萼5~6裂，花瓣5枚，肉质，长2~3mm，花柱极短。花期在冬季。④果球形，直径3~4cm。

图3-1-133 鹅掌柴

【分布与习性】分布于台湾、广东、福建等地，在中国东南部地区常见生长。喜暖热湿润气候，为华南习见植物。生长快，用种子繁殖。

【观赏与应用】植株紧密，树冠整齐优美可供观赏用，或作园林中的掩蔽树种用。材质轻软致密，纹理直，可供火柴工业及一些手工业做原料。根皮可泡酒，性温，有祛风之效，又可外敷治跌打损伤用。

23. 夹竹桃科盆架树属

盆架树 *Alstonia rostrata* C. E. C. Fisch. (*Winchia calophylla* A. DC.) （图3-1-134）

【识别特征】①常绿乔木，高30m。②全株无毛，枝条幼时有棱。③叶3~4片轮生，稀对生，厚纸质，狭椭圆形，长7~20cm，顶端尾尖或渐尖，侧脉多，与中脉呈80°~90°角，叶柄长1~2cm。④聚伞花序无毛，花序梗长1.5~3cm，花冠白色，被柔毛，花冠裂片广卵形，向左覆盖，无花盘，心皮2，合生。⑤蓇葖果合生，长18~35cm。种子狭椭圆形，两端被棕黄色的绵毛。花期4~7月，果期8~12月。

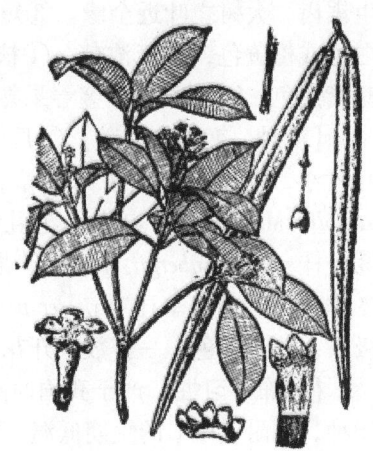

图3-1-134 盆架树

【分布与习性】产于海南和云南南部，印度、缅甸、泰国、马来西亚和印度尼西亚也有分布。喜光，喜高温湿润气候。对土壤要求不严，但需排水良好。生长快，抗大气污染。

24. 夹竹桃科海杧果属

海杧果 *Cerbera manghas* L. （图3-1-135）

【识别特征】①常绿乔木，高达8m。枝条轮生。②叶狭卵形，长6~37cm，基部楔形，顶端渐尖，叶柄长2.5~

图3-1-135 海杧果

6cm。③花序梗粗壮，花冠白色，中央粉红色，直径 4～7cm，内面被长柔毛。④核果平滑，长 5～8cm。种子通常 1 颗。花期 3～10 月，果期 7～12 月。

【分布与习性】产于广西南部、广东南部、海南和台湾南部生于海边或近海边湿润的地方，东南亚、日本、太平洋岛屿和澳大利亚也有分布。抗逆性强，耐热，耐旱，耐湿，耐碱，耐荫，抗风。生长快，易移植。

【观赏与应用】花美丽芳香，树冠深绿美观，为著名庭园观赏树种。果实及种子剧毒，误食可致死。

25. 木犀科木犀属

桂花（木犀）Osmanthus fragrans (Thunb.) Lour. （图 3-1-136）

【识别特征】①常绿灌木至小乔木，高达 10m。树冠卵圆形。②叶对生，椭圆形或椭圆状卵形，幼树的叶缘疏生锯齿，大树之叶近全缘。③短总状花序生于叶腋，花黄白色或橙黄色，香气浓郁。④核果椭圆形，长 1.5cm，熟时紫黑色。10 月开花，翌春果熟。

【变种、变型与品种】①丹桂 var. *aurantiacus* Makino：叶较小，花橙黄色，香味较浓，秋季开花。②银桂 var. *latifolia* Makino：叶较小，花乳白色，极香，秋季开花。③金桂 var. *thunbergii* Makino：花金黄色，花极香，秋季至冬季开花。④四季桂 var. *semperflorens* Hort.：灌木状，叶极小，花淡黄色，一年数次开花，香味较淡。

图 3-1-136　桂花

【分布与习性】产于我国西南及华中，南方各地广泛栽培。颇耐荫，为亚热带或暖温带树种，能耐 -10℃ 的短期低温。要求深厚肥沃土壤，忌低洼盐碱。病虫害不严重，对氯气、二氧化硫有较强抗性。

【观赏与应用】我国传统名花，树冠整齐，绿叶光润，中秋前后开花，香飘数里。因栽培历史悠久，产生了金桂、银桂、丹桂、四季桂等品种，增加其园林价值。在园林中，或孤植于草地，或列植于道旁，均可赏姿闻香，而群植成林，则郁郁葱葱长势更佳；在小型庭院中，则不论窗前屋后，水滨亭旁，均可星散点缀、若与松竹配植，更加有情趣。

26. 木犀科女贞属

女贞 *Ligustrum lucidum* Ait. （图 3-1-137）

【识别特征】①常绿乔木，高 15m。②树皮灰色，平滑不裂。③叶卵形或卵状披针形，长 6～12cm，光滑无毛。顶端尖，基部圆形或阔楔形，全缘。④圆锥状花序顶生，长 10～20cm，花白色，几无柄。⑤核果蓝黑色，含 1～4 核。6 月开花，11～12 月果熟。

【变种、变型与品种】①大叶女贞：叶薄革质，椭

图 3-1-137　女贞

圆形至倒卵状长圆形，无毛，顶端钝，基部楔形，全缘，边缘略向外反卷，叶柄有短柔毛。②金叶女贞：叶片较大叶女贞稍小，单叶对生，椭圆形或卵状椭圆形，长2~5cm。核果阔椭圆形，紫黑色。花期6月，果期10月。③红叶女贞：单叶对生，小枝略被茸毛，叶卵形、卵圆形至卵状椭圆形，薄革质，叶形与小叶女贞极相似，萌芽力更强，且生长较快，长势旺盛。④花叶女贞：叶薄革质，椭圆形至倒卵状长圆形，无毛，顶端钝，基部楔形，全缘，边缘略向外反卷，叶柄有短柔毛。

【分布与习性】产于我国秦岭、淮河流域以南，南至广东、广西，西至四川、云南、贵州，山东、山西、河南等省的南部地区也有栽培。

【观赏与应用】该树种虽无娇艳的花朵和炫目的姿色，但生长强健，仪态大方，夏季白花微带香气，冬季紫果经霜不凋，作为配景，或用以掩蔽劣景。尤因其抗污染力强，繁殖栽培容易，常作为城市行道树。

27. 紫葳科火焰木属

火焰树（苞萼木）*Spathodea campanulata* Beauv.（图3-1-138）

【识别特征】①常绿乔木，高10m。②树皮灰褐色，稍纵裂。③一回羽状复叶，对生，小叶13~17枚，叶片椭圆形或倒卵形，长5~10cm，先端渐尖，基部浅心形或圆形，边缘全缘，两面均被灰褐色短柔毛，侧脉在叶面凹陷，小叶柄短或几无。④花大，橙红色，聚合成紧密的伞房式总状花序，花萼佛焰苞状，花冠钟状，一侧膨大，有皱纹。⑤蒴果长圆状菱形，果瓣赤褐色，近木质。种子有膜质翅。

【分布与习性】原产于非洲和美洲热带，现热带地区多有栽培。喜光，喜高温湿润气候，不耐寒。以深厚肥沃、排水良好的砂壤土为宜。不抗风。扦插、播种或高枝压条繁殖。

图3-1-138 火焰树

【观赏与应用】树姿优雅，树冠广阔，四季常青，绿荫效果甚好。如气候适宜，全年均可开花。开花时，花朵自外围向中心逐步开放，一簇簇橙红色的花序似火焰般灿烂夺目，是珍贵的园景树和行道树。

【知识链接】被子植物概述与乔木概说

一、被子植物概述

当前多数学者认为被子植物起源于白垩纪或晚侏罗纪，我国学者潘广等人研究认为被子植物的起源应早于白垩纪，但目前关于被子植物起源依然处于推测阶段。从第三纪至今的演化发展，被子植物在世界上已发现有25万~30万种。植物学家比较一致的观点认为被子植物由蕨类演化而来。

由于被子植物起源于至今1.35亿年以前的侏罗纪或更早，最原始的代表植物已经绝迹，被保存下来并被发现的化石又很不完善，因此只能从现存的被子植物代表或原始的种子植物化石及它们现存的代表进行比较，来推算被子植物的起源。由于研究者的论据不同，很多分类学家根据各自的系统发育理论提出许多不同的被子植物系统，其中有代表性的如恩格勒系统、哈钦松系统、克朗奎斯特系统等，20世纪60年代以来修订或新提出的系统有10多个，但到目前为止，还没有一个大家公认的、完美的、真正反映系统发育的被子植物分类系统。

在不同的自然分类系统中，被子植物有300～400多科，如恩格勒系统在1964年出版的《植物分科志要》第十二版中将被子植物增加到62目，344科；哈钦松系统在《有花植物科志》1973年修订的第三版中，被子植物共有111目，411科；克朗奎斯特系统在1981年版中共有83目，388科。

被子植物对环境具有高度的适应能力，遍布全球各地，是现代植物界中最繁茂的类群，也是植物界中最高级、最占优势的类群。

被子植物包括乔木、灌木、藤本或草本。单叶或复叶，网状脉或平行脉。繁殖过程中产生特有的生殖器官——花，所以又称有花植物，两性或单性，胚珠包藏于由心皮密封的子房中，胚珠发育成种子，子房发育成果实，种子有或无胚乳，子叶2个或1个。

裸子植物体内的管胞不仅输导水分也起着机械支持作用，而运输养料是由单个的筛细胞完成的，而在被子植物体内出现了由多细胞组成的导管高效输导水分，由后壁的纤维细胞起机械支持作用，由较长的筛管输送养料，这种输导组织和支持组织的加强，保证了对陆地条件更强的适应性，进一步说明被子植物比裸子植物更为进化。

二、乔木概述

乔木是多年生木本植物，是指树体高大（通常6m至数十米）、具有独立明显主干、树干与树冠有明显区别的一类树种，如杨树、槐树、雪松等。乔木是园林绿化中的骨干树种，主要作为孤植树、行道树、庭荫树、林带等应用，在生态功能上和艺术处理上发挥着主导作用。

（一）乔木的分类

1. 根据成年树的高度分为伟乔、大乔、中乔、小乔四级

伟乔木类：31m以上，如巨杉、望天树等。

大乔木类：21～30m，如毛白杨、柠檬桉等。

中乔木类：11～20m，如玉兰、旱柳等。

小乔木类：6～10m，如杏树、海棠等。

2. 根据乔木生长速度分为速生树、中生树、缓生树

速生树：如杨树、柳树等。

中生树（中速树）：如桦树、油松等，大多数树种属于此类。

缓生树（慢生树）：如银杏、云杉等。

3. 根据叶片的大小和形状分为针叶乔木和阔叶乔木

针叶乔木：单叶，叶片细小，呈针状、鳞片状或线形、条形、钻形、披针形，如松树、柏树、杉等。

阔叶乔木：有单叶也有复叶，叶片宽阔，大小差异悬殊，叶形各异，如杨树、槐树等很多乔木树种。

4. 按冬季或旱季落叶与否分为落叶乔木和常绿乔木

落叶乔木：每年秋冬季节或干旱季节叶全部脱落的乔木，如合欢、银杏、栾树、杨树、

悬铃木、元宝枫等。温带乔木树种大部分是落叶乔木。落叶是由短日照引起的内部生长素减少、脱落酸增加而产生离层的结果。

常绿乔木：是一类常年具有绿叶的乔木。常绿树种并不是不落叶，一般叶的寿命2~3年或更长，每年有新叶长出，因为叶片是陆续更新，所以常绿树种能够终年保持绿色。如广玉兰、雪松、棕榈、龙柏等。

（二）乔木的特点

乔木的植株一般生长高大，不同树种具有相对独特的树形。树冠的形态和大小主要由遗传性决定，气候、土壤及小环境的不同也有一定的影响，而人工养护管理也具有很大作用。乔木的寿命、高度、粗度等差异较大，有的寿命达几千年，有的则为几十年；有的高达上百米，有的只有几米；有的树种如巨杉、墨西哥落羽杉胸径可达10m以上。

常绿乔木能构成园林环境的绿色基调而达到四季常青的效果，通常作为背景，烘托雕塑、小品等，同时可以与观花观果的落叶树种配植，相互映衬，丰富园林景观。在我国北方，常绿乔木在秋冬季节扮演着重要角色。

落叶乔木可用作行道树、庭荫树、观叶、观花、观果树种及工矿企业绿化树种等，用途非常广。落叶乔木具有明显的季相特点，为春花、夏荫、秋叶等多彩景观营造提供丰富的素材，绿化实践中应通过有意识的配植体现季节变换特点。落叶乔木在冬季因为树叶脱落，形成萧条的冬景，可以通过配植适宜的常绿树种增加变化。

（三）乔木的园林用途

乔木体量大，具有明显高大的主干，枝繁叶茂，寿命长，景观效果突出，是园林植物景观营造中的骨干材料。

乔木树种的选择和应用能够反映一个城市或地区的整体景观营造风格，是绿化工作中首先考虑的因素。在进行园林景观设计时，首先确定大中型乔木的种类和位置。小乔木常用于景观分隔、空间限制与围合，也可作为焦点和构图中心。

同时，乔木与其他类型树种相比常具有明显的文化价值，被赋予了丰富的文化内涵。将乔木树种与建筑中的厅堂楼榭结合应用，与题词、碑刻等形成著名景点，有些树种被选作市花、市树等都是其文化特征的体现。

利用乔木树种进行造景时，应注意以下几点：

（1）乔木树种主要用作行道树、庭荫树、孤植树或林带等，主要发挥夏季遮阴、美化街景的作用，因此树种选择要求株型整齐、观赏价值高，最好具有明显的季节性叶色的变化。

（2）乔木树种配植时要注意与环境和建筑物的和谐统一。

（3）配植应用时注意利用乔木树种的文化意义。

（4）应用时应选择生命力强健，病虫害少，适合本地区正常生长的，管理方便，管护成本较低，花、果、枝叶无不良气味的乔木树种；同时应具有耐污染、抗性强、寿命长、生长速度不要太缓慢而且繁殖容易等特点。

【学习评价】

学生成绩评分标准见表3-1-2。

表 3-1-2　学生成绩评分标准

任务一　乔木类园林树木分类

序号	评价项目	评价内容	分值
1	学习态度	全勤（5分）；学习积极主动，态度认真、努力（5分）；回答问题准确率高（5分）	15
2	学习方法	能够充分准备理论资料（5分）；任务调查计划周密、实施到位（5分）；善于运用多种手段，具有一定的探索精神（5分）	15
3	团队精神	积极参加小组合作，团队意识强（5分）；共同研究、认真讨论，解决问题效率高（5分）	10
4	能力水平	任务报告按时完成，内容完整、表述正确（30分）；条理清晰、电子版报告图文并茂（10分）；实践能力突出（10分）；完成任务有创新之处（10分）	60

【复习思考】

1. 本地区乔木类观花树种有哪些？各树种的主要特征有哪些？
2. 本地区乔木类观叶树种有哪些？各树种的主要特征有哪些？
3. 本地区乔木类观形树种有哪些？各树种的主要特征有哪些？
4. 本地区乔木类观果树种有哪些？各树种的主要特征有哪些？
5. 本地区主要的行道树种有哪些？庭荫树种有哪些？
6. 本地区常见的落叶树种和常绿树种都有哪些？
7. 谈谈西府海棠、海棠花、山丁子、海棠果的主要形态区别。
8. 谈谈朴树、榉树、榆树的主要形态区别。
9. 谈谈梧桐、泡桐、法桐的主要形态区别和观赏特点。
10. 谈谈毛刺槐、香花槐、刺槐、国槐、朝鲜槐的主要形态区别和观赏特点。
11. 以检索表形式写出毛白杨、加杨、新疆杨、旱柳、绦柳、垂柳、龙须柳的主要形态区别。
12. 谈谈紫荆与洋紫荆，国槐与洋槐，梓树与楸树的形态区别。

任务二　灌木类园林树木分类

【任务描述】

本任务旨在学习被子植物门中的灌木类园林树种，掌握各灌木类树种的识别特征、分布习性、观赏特色和园林应用特点。包括落叶灌木和常绿灌木两部分内容。

【任务分析】

灌木类树体矮小，通常无明显主干，多数分枝较低或呈丛生状。常用作观花、观叶、观果以及基础种植，或作盆栽观赏树种。本任务在植物系统分类学知识的基础上，按照科、属、种的体系，通过树木识别与应用调查任务驱动的形式，认识和了解园林常见灌木树种，能够准确鉴别并合理应用。在学习过程中，注意掌握各科代表性树种，善于对比和归纳，以便掌握更多的有关树种；要特别注意区别形态相似的树种。

【任务目标】

准确识别本地区常用的针叶树与阔叶树、常绿树与落叶树等类型；掌握相关灌木树种的观赏特色和园林应用特点，掌握主要灌木树种特别是代表性灌木树种的主要习性；能够根据常见灌木树种的观赏特点和应用特点进行合理栽培和配植。

【任务实施】

教师运用多媒体进行案例式教学，同时利用校园、公园、居住区等城市绿地通过现场教学或实训实习等形式，引导学生认知代表性树种；发挥学生主体学习作用，布置以学习小组为单位合作完成树种实地调查任务，主要内容包括各灌木树种的形态特征、自然分布、生态习性、观赏特性及在园林中的应用。

一、材料与用具

本地区常见的灌木树种，照相机、手持放大镜、解剖镜、枝剪、记录夹等。

二、任务实施步骤

（1）运用多种教学手段，如多媒体教学、现场教学、实训实习等，教师指导学生学习代表性灌木树种。

（2）完成本地区灌木类园林树种调查报告（Word 格式或 PPT 格式），要求调查代表性树种 40～50 种。

灌木类园林树种识别与应用调查记录表见表 3-2-1。

表 3-2-1　灌木类园林树种识别与应用调查记录表

序号	树种	科属	识别要点	观赏特点	主要生态习性	园林应用特点
1						
…						

后附树种图片。

三、树种认知

（一）落叶灌木

1. 蜡梅科蜡梅属

蜡梅（黄梅花、香梅）*Chimonanthus praecox* (L.) Link.（图 3-2-1）

【识别特征】①落叶丛生灌木，在暖地叶片常绿，高达 3m。②小枝近方形。③叶半革质，椭圆状卵形至卵状披针形，长 7～15cm，叶端渐尖，叶基圆形或广楔形，叶表有硬毛，叶背光滑。④花单生，直径约 2.5cm，花被外轮蜡黄色，中轮有紫色条纹，浓香。⑤果托坛状，小瘦果种子状，栗褐色，有光泽。花期 12 至翌年 3 月，远在叶前开放，果 8 月成熟。

图 3-2-1　蜡梅

【变种、变型与品种】①狗牙蜡梅（狗蝇梅）var. *intermedius* Mak.：叶比原种狭长而尖，花较小，花瓣长尖，中心花瓣呈紫色，香气弱。②罄口蜡梅 var. *grandflora* Mak.：叶较宽大，长达20cm。花也较大，直径3~3.5cm，外轮花被片淡黄色，内轮花被片有浓红紫色边缘和条纹。③素心蜡梅 var. *concolor* Mak.：内外轮花被片均为纯黄色，香味浓。④小花蜡梅 var. *parviflorus* Turrill：花小，直径约0.9cm，外轮花被片黄白色，内轮有浓红紫色条纹，栽培较少。

【分布与习性】产于湖北、陕西等省，现各地有栽培。河南省鄢陵县姚家花园为蜡梅苗木生产基地之一。喜光也略耐荫，较耐寒，在北京小气候良好处可露地过冬。耐干旱，忌水湿，花农有"旱不死的蜡梅"的经验，但仍以湿润土壤为好，最宜选深厚肥沃、排水良好的砂质壤土，如植于黏性土及碱土上均生长不良。蜡梅的生长势强、发枝力强，修剪不当则常易发徒长枝，宜在栽培时注意控制徒长以促进花芽的分化。蜡梅花期长且开花早，故应植于背风向阳地点。寿命长。

【观赏与应用】蜡梅花开于寒月早春，花黄如蜡，清香四溢，是冬季观赏佳品。配植于室前、墙隅均适宜。天竺与蜡梅配植可谓色、香、形三者相得益彰，极得造化之妙。

2. 小檗科小檗属

小檗（紫叶小檗、金叶小檗）*Berberis thunbergii* DC.（图3-2-2）

【识别特征】①落叶灌木，高2~3m。②小枝常红褐色，有沟槽，刺通常不分叉。③叶倒卵形或匙形，长0.5~2cm，先端钝，基部急狭，全缘，表面暗绿色，背面灰绿色。④花浅黄色，1~5朵成簇生状伞形花序。花期5月。⑤浆果椭圆形，长约1cm，熟时亮红色。果9月成熟。

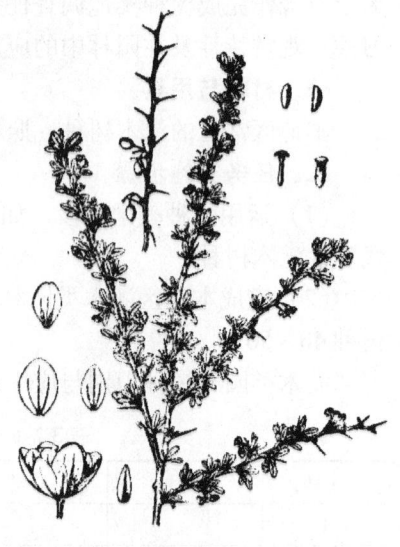

图 3-2-2　小檗

【变种、变型与品种】①常见变型紫叶小檗 f. *atropurea* Rehd.：平时叶深紫色，观赏价值更高。②1942年在荷兰育成矮紫小檗'Atropurpurea Nana'：株高仅60cm。

【分布与习性】原产日本及中国，各大城市有栽培。喜光，稍耐荫，耐寒，对土壤要求不严，以在肥沃而排水良好的砂质壤土上生长最好。萌芽力强，耐修剪。

【观赏与应用】本种枝细密而有刺，春季开小黄花，入秋则叶色变红，果熟后也红艳美丽，是良好的观果、观叶和刺篱材料。

3. 金缕梅科金缕梅属

金缕梅 *Hamamelis mollis* Oliv.（图3-2-3）

【识别特征】①落叶灌木或小乔木，高可达9m。②幼枝密生星状绒毛。裸芽有柄。③叶倒卵圆形，长8~15mm，先端急尖，基部歪心形，缘有波状齿，表面略粗

图 3-2-3　金缕梅

糙，背面密生绒毛。④花瓣 4 片，狭长如带，长 1.5～2mm，淡黄色，基部带红色，芳香，萼背有锈色绒毛。⑤蒴果卵球形，长约 1.2mm。2～3 月叶前开花，果 10 月成熟。

【分布与习性】产于安徽、浙江、江西、湖北、湖南、广西等省区，多生于山地次生林中。喜光，耐半荫，喜温暖湿润气候，但畏炎热，有一定耐寒力。对土壤要求不严，在酸性、中性土以及山坡、平原均能适应，而以排水良好的湿润而含腐殖质的土壤最好。

【观赏与应用】本种花形奇特，具有芳香，早春先叶开放，黄色细长花瓣宛如金缕，缀满枝头，十分惹人喜爱。国内外庭院常有栽培，并有一些好品种出现，是著名观赏花木之一。在庭院角隅、池边、溪畔、山石间及树丛外缘配植都很合适。此外，花枝可作切花瓶插材料。如欲催花，应于 12 月至次年 1 月间将枝条剪下瓶插于 20℃ 左右温室中，约经 10～20 天即可开花。

4. 桑科桑属

无花果 *Ficus carica* Linn.（图 3-2-4）

【识别特征】①落叶小乔木，高可达 10m，或成灌木状。②小枝粗壮。③叶广卵形或近圆形，长 10～20cm，常 3～5 掌状裂，边缘波状或成粗齿，表面粗糙，背面有柔毛。④隐花果梨形，长 5～8cm，绿黄色。

【分布与习性】原产地中海沿岸，栽培历史悠久，约在 4000 年前在叙利亚即有栽培。我国各地有栽培。喜光，喜温暖湿润气候，不耐寒，冬季在 -12℃ 时小枝受冻，-20℃ 至 -22℃ 则地上部分全部冻死。对土壤要求不严，能耐旱，在酸性、中性和石灰性土上均可生长，以肥沃的砂质壤土栽培最宜。根系发达，但分布较浅。生长较快，用营养繁殖（分株、压条、扦插）极易成活，2～3 年生树可开始结果，6～7 年生进入盛果期，寿命可达百年以上。栽培品种多。青岛、长江流域及其以南地区可陆地栽培，常植于庭院及公共绿地，华北多盆栽观赏，需在温室越冬。

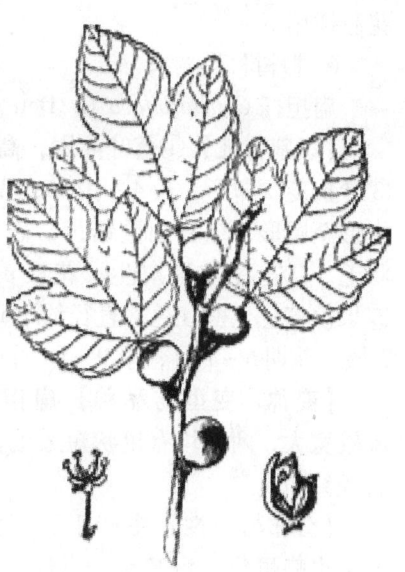

图 3-2-4　无花果

【观赏与应用】本种繁殖栽培容易，是绿化、观赏结合生产的优良树种。

5. 芍药科芍药属

牡丹 *Paeonia suffruticosa* Andr.（图 3-2-5）

【识别特征】①落叶灌木，高达 2m。②叶呈二回羽状复叶，小叶长 4.5～8cm，阔叶形至卵状长椭圆形，先端 3～5 裂，基部全缘，叶背有白粉，平滑无毛。③花单生枝顶，大形，直径 10～30cm。花型有多种。花色丰富，有紫、深红、粉红、黄、白、豆绿等色。雄蕊多数，心皮 5 枚，有毛，其周围为花盘所包。花期 4 月下旬至五月，果 9 月成熟。

【变种、变型与品种】①矮牡丹 var. *spontanea* Rehd.；

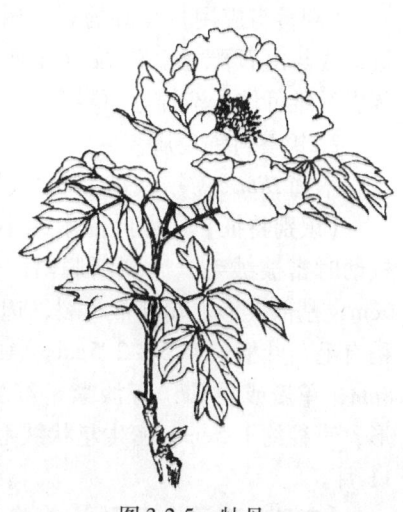

图 3-2-5　牡丹

高0.5~1m。叶片纸质,叶背及叶轴有短柔毛,顶端小叶宽椭圆形,长4~5.5cm,3深裂片,裂片再浅裂。花白色或浅粉色,单瓣型,直径约11cm。特产于陕西延安一带山坡疏林中。②寒牡丹 var. *hiberniflora* Makino.:叶小。花白色或紫色,小形,直径8~10cm。本变种的习性是极易促成开花。在日本有栽培。

【分布与习性】原产于中国西部及北部,在秦岭伏牛山、中条山、嵩山均有野生。现各地有栽培。喜温暖,不喜酷热气候,较耐寒。喜光但忌夏季暴晒,以在弱荫下生长最好,尤其在花期若能适当遮阴可延长花期并且可保持纯正的色泽。牡丹为深根性的肉质根,喜深厚肥沃、排水良好、略带湿润的砂质壤土,最忌黏土及积水之地,较耐碱,在pH值为8的土壤中正常生长。

【观赏与应用】在园林中常作专类花园及供重点美化用。也可植于花台、花池观赏。也可自然式孤植或丛植于岩石旁、草坪边缘或配植于庭院。此外,也可盆栽作室内观赏或作切花瓶插用。

6. 椴树科椴树属

扁担杆 *Grewia biloba* G. Don(图3-2-6)

【识别特征】①落叶灌木,高达3m。②小枝有星毛。③叶狭菱状卵形,长4~10cm,先端尖,基部三出脉,广楔形至圆形,缘有细重锯齿,表面几无毛,背面稀生星状毛。④花序与叶对生,花淡黄绿色,直径不足1cm。⑤果橙黄色至橙红色,直径约1cm,无毛,2裂,每裂有2核。花期6~7月,果9~10月成熟。

【变种、变型与品种】扁担木 var. *parviflora* Hand.:叶较宽大,两面均有星状短柔毛,背面毛更密。花较大,直径约2cm。

【分布与习性】主产于长江流域及其以南各地。喜光,也略耐荫,耐贫瘠,不择土壤,常自生于平原、丘陵或低山灌木丛中。

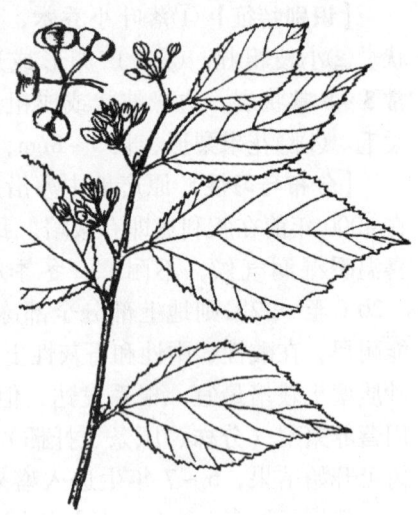

图3-2-6 扁担杆

【观赏与应用】良好的观果树种,宜于庭院丛植、篱植,或与山石配植。果枝可作瓶插材料。枝叶供药用,茎皮纤维可作人造棉等原料。

7. 锦葵科锦葵属

木槿 *Hibiscus syriacus* Linn.(图3-2-7)

【识别特征】①落叶灌木或小乔木,高3~4m。②小枝幼时密被绒毛,后渐渐脱落。③叶菱形卵状,长3~6cm,基部楔形,端部常3裂,边缘有钝齿,仅背面脉上稍有毛,叶柄长0.5~2.5cm。④花单生叶腋,直径5~8cm,单瓣或重瓣,有淡紫、红、白等色。⑤蒴果卵圆形,直径约1.5cm,密生星状绒毛。花期6~9月,果9~11月。

【变种、变型与品种】单瓣品种纯白色'Totus Al-

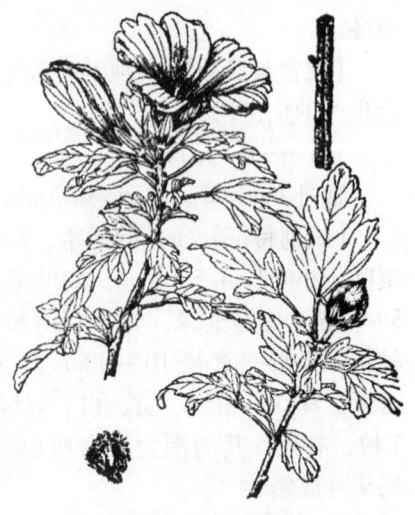

图3-2-7 木槿

bus'、皱瓣纯白'W. R. Smith'、大花纯白'Dinana'、白花褐心'Monstrosus'等。重瓣和半重瓣的品种粉红重瓣'Flore-plenus'、白花重瓣'Albo-ple-nus'、桃心重瓣'paeoniflorus'等。

【分布与习性】原产于东亚，中国自东北南部至华南各地均有栽培，尤以长江流域为多。喜光，耐半荫，喜温暖湿润气候，也颇耐寒，适应性强，耐干旱贫瘠土壤，但不耐积水。萌蘖性强，耐修剪。

【观赏与应用】常作围篱及基础种植材料，也宜丛植于草坪、路边或林缘。因具有较强抗性，也是工厂绿化的优良树种。同属植物木芙蓉（*H. mutabilis* Linn.）秋季开花，花色、花型丰富，也是一种很好的观花树种。

8. 杨柳科杨柳属

银芽柳 *Salix leucopithecia* Kimura（图3-2-8）

【识别特征】①落叶灌木，高约2～3m，分枝稀疏。②枝条绿褐色，具红晕，幼时具绢毛，老时脱落。冬芽红紫色，有光泽。③叶片椭圆形，长9～15cm，先端尖，基部近圆形，缘具细浅齿，表面微皱，深绿色，背面密被白毛，半革质。④雄花序椭圆状圆柱形，长3～6cm，早春叶前开放，初开时芽鳞疏展包2被于花序基部。

【分布与习性】原产于日本，中国上海、南京、杭州一带有栽培。喜光，喜湿润土地，颇耐寒，北京可露地越冬。用扦插法繁殖。栽培后每年需重剪，促使萌发多数长枝条。

【观赏与应用】雄花序盛开前密被银白色绢毛，颇为美观，春节前后插瓶观赏。

9. 杜鹃花科杜鹃花属

（1）迎山红（蓝荆子、迎红杜鹃）*Rhododendron mucronulatum* Turcz.（图3-2-9）

图3-2-8 银芽柳

【识别特征】①落叶灌木，高1.5m左右。②分枝多，小枝细长，疏生鳞片。③叶长椭圆状披针形，长3～8cm，疏生鳞片。④花淡紫色，直径3～4cm，2～5朵簇生枝顶，先叶开放。花芽鳞在花期宿存，雄蕊10枚。⑤蒴果圆柱形，长1.3cm，褐色，有密鳞片。花期4月，果熟期8月。

【变种、变型与品种】毛叶蓝荆子（毛叶迎红杜鹃）var. *ciliatum* Nakai.：叶表疏生粗毛。产于东北南部，分布较原种为多。开花期也略早于原种。

【分布与习性】产于东北、华北、山东、江苏北部。朝鲜、日本、俄罗斯也有。喜光，耐寒，喜空气湿润和排水良好的土壤。

【观赏与应用】蓝荆子花也可生食，略有酸味。在园林中可与迎春相配植，紫、黄相映，能加强春光明媚的欢悦气氛。

图3-2-9 迎山红

（2）满山红 *Rhododendron mariesii* Hemsl. et Wils.（图3-2-10）

【识别特征】①落叶小乔木，高1~2m。②枝轮生，幼枝有黄褐色毛，后变光滑。③叶厚纸质，常3枚轮生枝顶，卵圆形，长4~8cm，端急尖，基圆钝。④花通常双生枝顶，花冠蔷薇紫色，上侧裂片有红紫色点。花梗直立，有硬毛，花萼小，有棕色伏毛。雄蕊10枚，子房密生棕色长柔毛。⑤蒴果圆柱形，被密毛。花期4月，果熟期8月。

【分布与习性】产于长江下游，南达福建、台湾。

【观赏与应用】满山红花繁叶茂，绮丽多姿，萌发力强，耐修剪，根桩奇特，是优良的盆景材料。园林中最宜在林缘、溪边、池畔及岩石旁成丛、成片栽植，也可于疏林下散植。

图3-2-10　满山红

10. 八仙花科山梅花属

（1）山梅花 *Philadelphus incanus* Koehne（图3-2-11）

【识别特征】①落叶灌木，高达3~5m。②树皮褐色，薄片状剥落。小枝幼时密生柔毛，后渐脱落。③叶卵形至卵状长椭圆形，长3~6（10）cm，缘具细尖齿，表面疏生短毛，背面密生柔毛，脉上毛尤多。④花白色，直径2.5~3cm，无香，萼外有柔毛，花柱无毛，5~7（11）朵成总状花序。花期（5）6~7月，果8~9月成熟。

【变种、变型与品种】牯岭山梅花 var. *sergeantiana* Koehne：高2~3m，小枝紫褐色，叶卵状椭圆形至椭圆状披针形，缘具疏齿，花白色。产于江西庐山牯岭附近。

【分布与习性】产于陕西南部、甘肃南部、四川东部、湖北西部及河南等地，常生于海拔1000~1700m山地灌丛中。喜光，较耐寒，耐旱，怕水湿，不择土壤，生长快。可用播种、分株、扦插等法繁殖。性强健，管理粗放。适时剪除枯老枝可强壮树势，开花更好。

【观赏与应用】本种花朵洁白如雪，虽无香气，但花期长，经久不谢。可作庭园及风景区绿化观赏材料，宜成丛、成片栽植于草地、山坡及林缘，若与建筑、山石等配植也很合适。

图3-2-11　山梅花

（2）京山梅花（太平花）*Philadelphus pekinensis* Rupr.（图3-2-12）

【识别特征】①丛生灌木，高达2m。②树皮栗褐色，薄片状剥落。小枝光滑无毛，常带紫褐色。③叶卵状椭圆形，长3~6cm，基部广楔形或近圆形，三主脉，先端渐

图3-2-12　京山梅花

尖，缘疏生小齿，通常两面无毛，或有时背面脉腋有簇毛，叶柄带紫色。④花5~9朵呈总状花序，花乳黄色，直径2~3cm，微有香气，萼外面无毛，里面沿边有短毛。⑤蒴果陀螺形。花期6月，9~10月果熟。

【变种、变型与品种】①毛太平花 var. *bracbotrys* Koehae：又称宝仙，小枝及叶两面均有硬毛，叶柄通常绿色，花序通常具5朵花，短而密集，产陕西华山。②毛萼太平花 var. *dascalyx* Rehd：花托及萼片外有斜展毛，产山西及河南西部。

【分布与习性】产于中国北部及西部，北京山地有野生，朝鲜也有分布。各地庭园常有栽培。喜光，耐寒，多生于肥沃、湿润的山谷或溪沟两侧排水良好处，也能生长在向阳的干旱瘠薄土地上，不耐积水。

【观赏与应用】本种枝叶茂密，花乳黄色而有清香，多朵聚集，花期较久，颇为美丽。宜丛植于草地、林缘、园路拐角和建筑物前，也可作自然式花篱或大型花坛的中心栽植材料。在古典园林中于假山石旁点缀，尤为得体。太平花在我国栽培历史很久，宋仁宗时始植于宫廷，据传宋仁宗赐名"太平瑞圣花"，流传至今。北京故宫御花园中所植太平花，相传为明代遗物。

11. 八仙花科溲疏属

（1）大花溲疏 *Deutzia grandiflora* Bunge（图3-2-13）

【识别特征】①落叶灌木，高达2m。②树皮通常灰褐色。③叶卵形，长2.5~5cm，先端急尖或短渐尖，基部圆形，缘有小齿，表面散生星状毛，背面密被白色星状毛。④花白色，较大，直径2.5~3cm，1~3朵聚伞状，雄蕊10，花丝端部两侧具勾状齿牙，花柱3，长于雄蕊，萼片线状披针形，比花托长。花期4月中下旬，果6月成熟。

【分布与习性】产于湖北、山东、河北、陕西、内蒙古、辽宁等省区，朝鲜也有分布。多生于丘陵或低山山坡灌丛中。喜光，稍耐荫，耐寒，耐旱，对土壤要求不严。可用播种、分株等法繁殖。

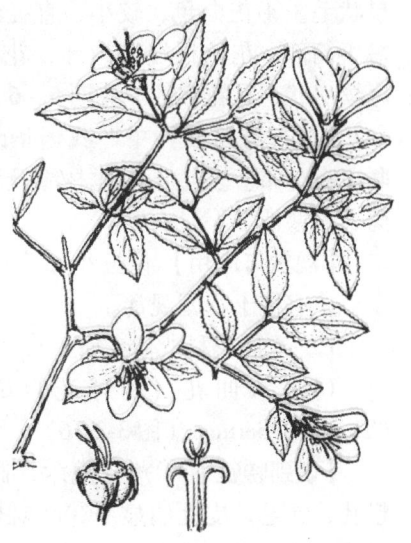

图3-2-13　大花溲疏

【观赏与应用】本种花朵大而开花早，颇为美丽，宜植于庭园观赏，也可作山坡地水土保持树种。

（2）溲疏 *Deutzia scabra* Thunb.（图3-2-14）

【识别特征】①落叶灌木，高达2.5m。②树皮薄片状剥落。小枝红褐色，幼时有星状柔毛。③叶长卵状椭圆形，长3~8cm，缘有不显小刺尖状齿，两面有星状毛，粗糙。④花白色，或外面略带粉红色，花柱3，稀为5，萼裂片短于筒部，直立圆锥花序，长5~12m。⑤蒴果近球形，顶端截形，长约5mm。花期5~6月，果10~11月成熟。

【变种、变型与品种】①白花重瓣溲疏'Candidissima'：花重瓣，纯白色。②紫花重瓣溲疏'Flore Pleno'：花重瓣，外面带玫瑰紫色。

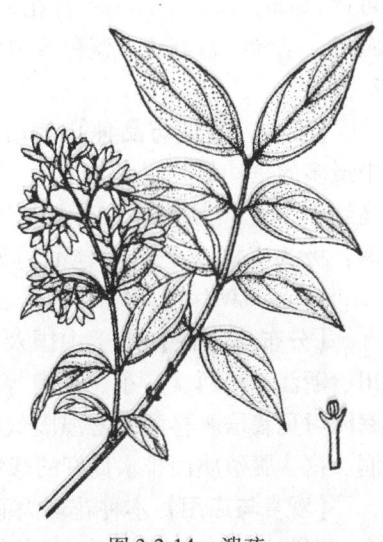

图3-2-14　溲疏

【分布与习性】产于我国长江流域各省（浙江、江西、安徽南部、江苏、湖南、湖北、四川、贵州），日本也有分布。喜光，稍耐荫，喜温暖气候，也有一定的耐寒力，在北京小气候良好处能露地生长，但每年枝梢干枯，喜富含腐殖质的微酸性和中性土壤。在自然界多生于山谷溪边、山坡灌丛中或林缘。性强健，萌芽力强，耐修剪。

【观赏与应用】溲疏夏季开白花，洁净素雅，其重瓣变种更加美丽。国内外庭园久经栽培。宜丛植于草坪、林缘及山坡，也可作花篱及岩石园种植材料。花枝可供瓶插观赏。

（3）小花溲疏 *Deutzia parviflora* Bunge（图3-2-15）

【识别特征】①落叶灌木，高达2m。②小枝疏生星状毛。③叶卵形至狭卵形，长3~8cm，先端短渐尖，基部广楔形或圆形，缘有短芒状尖齿，两面疏生星状毛。④花白色，较小，直径约1.2cm，萼裂片稍短于筒部，花丝顶端无齿牙，花柱3，短于雄蕊，花序伞房状，具花多数。花期5~6月。

【分布与习性】主产我国华北及东北，朝鲜、苏联也有分布。多生于山地林缘及灌丛中。喜光，稍耐荫，耐寒性强。

【观赏与应用】花虽小而繁密，且正值初夏少花季节，宜植于庭园观赏。

12.八仙花科八仙花属

（1）八仙花（绣球花）*Hydrangea macrophylla* (Thunb.) Seringe（图3-2-16）

【识别特征】①落叶灌木，高达3~4m。②小枝粗壮，无毛，皮孔明显。③叶对生，大而有光泽，倒卵形至椭圆形，长7~15（20）cm，缘有粗锯齿，两面无毛或仅背脉有毛。④顶生伞房花序近球形，直径可达20cm，几乎全部为不育花，扩大之萼片4枚，卵圆形，全缘，粉红色、蓝色或白色，极美丽。花期6~7月。

【变种、变型与品种】栽培变种及品种很多，其中最多的是其品种'紫阳花''Otaksa'：植株较矮，高约1.5m，叶质较厚，花序中全为不育性花，状如绣球，极为美丽，是盆栽佳品。另有变种银边八仙花 var. *maculata* Wils.：叶具白边，多作盆栽观赏。

【分布与习性】产于中国及日本，中国湖北、四川、浙江、江西、广东、云南等省区部有分布。各地庭园习见栽培。喜荫，喜温暖气候，耐寒性不强，华北地区只能盆栽，于温室越冬。喜湿润、富含腐殖质而排水良好的酸性土壤。性颇健壮，少病虫害。

【观赏与应用】本种花球大而美丽，且有许多园艺品种，耐荫性较强，是极好的观赏花木。在暖地可配植于林下、路缘、棚架边及建筑物的北面。盆栽八仙花则常作室内布置用，

图3-2-15 小花溲疏

图3-2-16 八仙花

是窗台绿化和家庭养花的好材料。

（2）东陵八仙花（柏氏八仙花）*Hydrangea bretschneidreri* Dippel（图 3-2-17）

【识别特征】①落叶灌木，高达 3m。②树皮薄片状剥裂，小枝较细，幼时有毛。③叶椭圆形或倒卵状椭圆形，长 8～12cm，先端尖，基部楔形，缘有锯齿，背面密生灰色卷曲长毛，叶柄常带红色。④伞房花序，直径 10～15cm，其边缘有不育花，先白色后变浅紫色，可育花白色，子房半下位。⑤蒴果具宿存萼。花期 6～7 月，果 8～9 月成熟。

【分布与习性】分布于黄河流域（河北、山西、陕西、甘肃、四川）各省的海拔较高处，多生于山区林缘或灌丛中，在河北东陵的山地颇为普遍。喜光，稍耐荫，耐寒，喜湿润而排水良好的土壤。可用扦插、压条、分株、播种等法繁殖。

【观赏与应用】开花时颇为美丽，可作庭园、公园或风景区绿化观赏材料，最宜成丛栽植。

图 3-2-17 东陵八仙花

（3）圆锥八仙花（水亚木）*Hydrangea paniculata* Sieb.（图 3-2-18）

【识别特征】①落叶小乔木或灌木，高可达 8m。②小枝粗壮，略方形，有短柔毛。③叶对生，有时上部 3 叶轮生，椭圆形或卵状椭圆形，长 5～10cm，先端渐尖，基部圆形或广楔形，缘有内曲的细锯齿，表面幼时有毛，背面有刚毛及短柔毛，脉上尤多。④圆锥花序，长 10～20cm，不育花具 4 萼片、全缘、白色，后变淡紫色，可育花白色，芳香。花期 8～9 月。

【变种、变型与品种】圆锥绣球'Grandiflora'：圆锥花序全部或大部为大形不育花组成，长达 30～40cm，且开花持久，常于庭园栽培观赏。

【分布与习性】产于福建、浙江、江西、安徽、湖南、湖北、广东、广西、贵州、云南等省区，日本也有分布。多生于溪边或较湿处，耐寒性不强。

【观赏与应用】宜栽于庭院观赏，国外栽培颇多。

图 3-2-18 圆锥八仙花

13. 茶藨子科茶藨子属

东北茶藨子 *Ribes mandshuricum*（Maxim.）Kom.（图 3-2-19）

【识别特征】①落叶灌木，高约 1～2m。②树皮条片状剥裂。枝较粗壮，褐色。③单叶互生或簇生，掌状常 3 裂片，缘有齿，长 5～10cm，叶先端尖，基部心形，背面

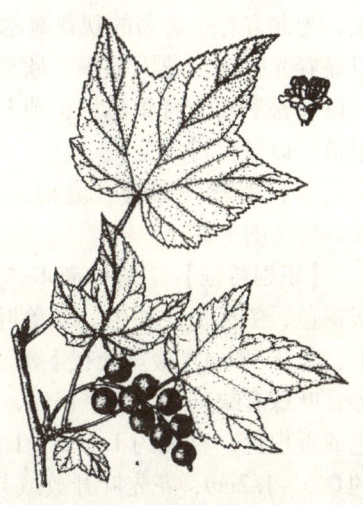

图 3-2-19 东北茶藨子

密生白色绒毛。④总状花序长5~15cm，花序轴和花柄密被绒毛，花两性，黄绿色。花期4~5月。⑤浆果球形，红色而有光泽，长约8mm。果7~8月成熟。

【分布与习性】分布于东北、内蒙古、华北和西北地区。喜光，稍耐荫，耐寒，但怕热。

【观赏与应用】夏秋红果美丽，适宜在我国北方园林绿地特别是风景区、森林公园中点缀栽培，富有野趣。

14. 蔷薇科李属（樱属）

（1）榆叶梅 *Prunus triloba* (Lindl.) Ricker（图3-2-20）

【识别特征】①栽培上多成灌木状生长，高3~5m。②枝干紫褐色而粗糙，老干薄片状裂，小枝细长。③叶倒卵状椭圆形，长2.5~6cm，先端尖而有时有不明显3浅裂，重锯齿。④花1~2朵，先叶或与叶同放，直径2~3cm，粉红色至深红色。花期4~5月。⑤核果近球形，直径1~1.8cm，黄红色，被柔毛。果期7月。

【变种、变型与品种】有40多个品种。如①重瓣榆叶梅'Plena'：花较大，粉红色至深粉红色，萼片通常为10，花瓣很多，完全重瓣，不见花蕊，花朵密集艳丽，北京常见栽培。②鸾枝'Atropurpurea'：小枝紫红色，花稍小而常密集成簇，玫瑰紫红色，半重瓣或重瓣，花瓣、萼片各10枚，有时大枝及老干也能直接开花，北京多栽培。③红花重瓣榆叶梅'Roseo-plena'：花玫瑰红色，重瓣，直径大约3cm，花期最晚。

【分布与习性】原产中国北部，东北、华北到华东各地普遍栽培。喜光，耐寒，耐旱，不耐水涝，适应性强，可在轻度碱土上生长。

图3-2-20 榆叶梅

【观赏与应用】早春开花，先叶开放，花朵艳丽而繁茂，为北方春季著名的观花灌木。北方园林适宜大量应用，以显春光明媚、花团锦簇、欣欣向荣的景象。在园林中最好以苍松翠柏为背景丛植，或与金钟花、连翘等异色树种配植，以显映衬之美。

（2）郁李（翠梅、庭梅、长柄扁桃）*Prunus japonica* Thunb.（图3-2-21）

【识别特征】①落叶灌木，高达1~1.5m。②小枝细，灰褐色，冬芽3枚并生。③单叶互生，叶卵形或卵状披针形，长3~7cm，最宽处在下部。先端急尖或渐尖，基部圆形，叶缘有缺刻状尖锐重锯齿，叶柄长2~3mm。④花粉红色或近白色，直径约1.5cm，1~3朵簇生，花梗无毛，长约0.5~1.2cm，花先叶开放或与叶同放。花期5月。⑤果深红色，广卵形至广椭圆形，直径约1cm，果核两端尖。

图3-2-21 郁李

果期7~8月。

【变种、变型与品种】常见的有：①白花郁李'Alba'：花白色，单瓣。②白花重瓣郁李'Albo-plena'：花重瓣，白色。③红花郁李'Rubra'：花红色，单瓣。④长梗郁李 var. *nakaii* Rehd.（*P. nakaii* Levl.）：花梗有毛，长1~2cm，花常2~3朵簇生，叶柄长3~5mm，枝条纤细，花密集而美丽，产于我国东北各省。

【分布与习性】产于我国东北、华北、华东、华中至华南地区，朝鲜、日本也有分布。喜光，耐寒、耐旱，但不耐水湿。根系发达。

【观赏与应用】枝条细长，花朵繁茂，是非常美丽的春季观花树种，而且果色鲜红，常于庭院中丛植作观赏树种。果可食用。

(3) 麦李 *Prunus glandulosa* Thunb. （图3-2-22）

【识别特征】①落叶灌木，高达1.5~2m。②叶卵状长椭圆形至椭圆状披针形，中部或中下部最宽，叶缘有不整齐细锯齿，长5~8cm，先端急尖而基部广楔形。③花粉红色或白色，直径1.5~2cm，花梗长约2cm。3~4月叶前开花。④果红色。

【变种、变型与品种】常见的有：①白花麦李'Alba'：花单瓣，纯白色。②粉花麦李'Rosea'：花单瓣，粉红色。③重瓣白麦李又叫小桃白'Albo-plena'：花重瓣，白色，较大。④重瓣红麦李又叫小桃红'Sinensis'：花重瓣，粉红色。

【分布与习性】产于中国中部及北部地区。较耐寒，北京可露地越冬，根系发达。

【观赏与应用】春天叶前开花，满树繁花，特别是重瓣品种，更为美观，各处庭园栽培观赏。宜植于草坪、假山旁或林缘等地，也可作为基础种植。

图3-2-22 麦李

(4) 毛樱桃（山豆子）*Prunus tomentosa* Wall. （图3-2-23）

【识别特征】①落叶灌木，高2~3m。②幼枝密被绒毛。冬芽3枚并生。③叶椭圆形或倒卵形，长3~7cm，叶缘有不整齐尖锯齿，两面具绒毛，叶面发皱。④花白色或略带粉红色，直径1.5~2cm，花梗甚短。4月与叶同放。⑤核果红色，近球形，直径0.8~1cm，无纵沟。6月果熟。

【变种、变型与品种】有白果'Leucocarpa'（果较大而发白）、垂枝'Pendula'、重瓣'Plena'等栽培品种。

【分布与习性】产于我国内蒙古、东北、华北、西北及西南地区。喜光，稍耐荫，性强健，耐寒力强，耐干旱瘠薄，根系发达。

【观赏与应用】春天白花满树，红果成熟晶莹剔透，结

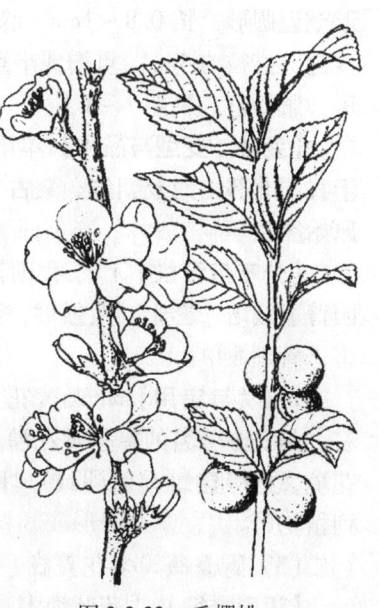

图3-2-23 毛樱桃

果早而丰盛，果可食。北方常植于庭院中观花赏果。

15. 蔷薇科蔷薇属

(1) 玫瑰 *Rosa rugosa* Thunb.（图3-2-24）

【识别特征】①落叶直立丛生灌木，高达2m。②茎枝灰褐色，密生绒毛，并有针刺和腺毛，具有被绒毛的皮刺。③奇数羽状复叶，小叶5～9枚，小叶椭圆形或椭圆状倒卵形，表面多皱，叶柄和叶背面密被绒毛，长2～5cm，有钝锯齿。④花单生或数朵聚生，紫红色，直径5～8cm，浓香。花期5～8月，盛花期在5月，以后可陆续零星开到8、9月。⑤果扁球形，具宿存萼片。8～9月成熟。

【变种、变型与品种】①白玫瑰'Alba'：花白色，单瓣。②红玫瑰'Rosea'：花玫瑰粉红色，单瓣。③紫玫瑰'Rubra'：花红紫色，单瓣。④重瓣紫玫瑰'Rubro-plena'：花重瓣，玫瑰紫红色，香气浓。⑤重瓣白玫瑰'Albo-plena'：花重瓣，白色。

图3-2-24 玫瑰

【分布与习性】原产中国、日本和朝鲜和我国华北，现各地栽培。喜光，耐寒，耐旱，忌阴湿，怕积水。适应性强，对土壤要求不严。萌蘖力强，生长快。

【观赏与应用】花色艳丽芳香，花期长。在庭园中适宜栽作花篱、花境、花坛，也可丛植于草坪、山坡等地观赏。还可作为专类园树种。

(2) 黄刺玫 *Rosa xanthina* Lindl.（图3-2-25）

【识别特征】①落叶丛生灌木，高达2～3m。②小枝红褐色，具硬直扁刺。③奇数羽状复叶，小叶7～13枚，广卵形至近圆形，长0.8～1cm，缘具圆钝锯齿。④花单生叶腋，黄色，直径约4cm，重瓣或半重瓣。4～5月开花。⑤果近球形，紫褐色。果期7～8月。

【变种、变型与品种】单瓣黄刺玫 f. *spontanea* Rehd.：产于我国北部山地及朝鲜、蒙古等地，栽培较少。是黄刺玫的原始类型。

【分布与习性】产于我国东北、华北及西北地区，各庭园普遍栽培。喜光，性强健，耐寒、耐旱、耐瘠薄，少病虫害，管理简单。

【观赏与应用】春天黄花满树，而且花期长达20天左右，是北方著名的春季观花灌木。东北、华北园林中常植于花境，点缀建筑前路隅或草坪，也可作花篱。丛植、群植、列植均可。

图3-2-25 黄刺玫

(3) 野蔷薇（多花蔷薇、蔷薇）*Rosa multiflora* Thunb.（图3-2-26）

【识别特征】①落叶灌木，高达3m。②皮刺常生于托叶下。③小叶5～7（9）枚，倒卵状椭圆形，缘有尖锯齿，托叶篦齿状。④圆锥状伞房花序，花白色芳香，径1.5～2.5cm，花萼有毛，花后反折。花期5~6月。⑤果近球形，褐红色。果熟期10~11月。

【变种、变型与品种】①粉团蔷薇（粉花蔷薇）var. *cathayensis* Rehd. Et Wils.：小叶较大，先端尖，通常5~7枚，花较大，直径3~4cm，单瓣，粉红色至玫瑰红色，数朵至20朵呈伞房花序，产河南、陕西、甘肃至长江流域各地，南及两广。②七姊妹（十姊妹）'Platyphylla'（'Grevillea'）：花大叶大，重瓣，深粉红色，常6~9朵呈伞房花序，花美丽，各地栽培观赏。③白玉棠'Alboplenc'：枝上刺少，小叶倒广卵形，花白色重瓣，多朵簇生，北京常见。

【分布与习性】产于华北、华东、华中、华南及西南。性强健，喜光，耐寒、耐旱，也耐水湿，对土壤要求不严。

【观赏与应用】适宜植为花篱，或用于坡地绿化。可作月季、蔷薇类的砧木。

图3-2-26 野蔷薇

16. 蔷薇科珍珠梅属

珍珠梅（华北珍珠梅）*Sorbaria kirilowi*（Regel）Maxim.（图3-2-27）

【识别特征】①落叶灌木，高达2~3m。②枝皮灰褐色，黄色皮孔明显。枝条开展，小枝稍弯曲。③奇数羽状复叶，小叶11~21枚，叶长卵状披针形，叶缘具重锯齿。④顶生圆锥花序，长15~20cm，花小而白色，花蕾时如珍珠，雄蕊20枚，花开后似梅花，故名珍珠梅。花期6~8月，华北可陆续开到10月。⑤蓇葖果，果梗直立。

【分布与习性】产于华北、内蒙古及西北地区，华北各地习见栽培。喜光，也耐荫，耐寒、耐旱，对土壤适应性强，萌蘖性强，耐修剪，生长快。

图3-2-27 珍珠梅

【观赏与应用】花叶清秀，盛夏开花，正值少花季节，花期极长，引人注目，是北方园林重要的盛夏观花灌木。可丛植于草地边缘、路边、建筑物旁，可作自然式绿篱，也可于庭园背阴处或林下栽植为观赏花木。

17. 蔷薇科棣棠属

棣棠 *Kerria japonica*（L.）DC.（图3-2-28）

【识别特征】①落叶丛生灌木，高达2m。②小枝绿色光滑，有棱，呈"之"字形弯曲。③单叶互生，卵形至卵状椭圆形，长4~8cm，先端长尖，基部楔形或近圆形，缘有尖锐重锯齿。④花金黄色，直径3~4.5cm，单生于侧枝顶端。花期4~5月。⑤瘦果5~8，离生。

图3-2-28 棣棠

【变种、变型与品种】①重瓣棣棠'Pleniflora'：花重瓣，观赏价值更高，各地栽培普遍。②白花棣棠'Albescens'：花变为白色。此外还有斑叶、彩枝等近10个品种。

【分布与习性】产于中国、日本，我国黄河流域至华南、西南均有分布。喜光，稍耐荫，喜略湿之地。耐寒性不强，华北地区宜选背风向阳处或建筑物前露地栽植。

【观赏与应用】本种枝叶青翠，花色金黄，茎秆四季常绿，是美丽的观花和赏茎灌木。宜丛植于篱边、墙侧、林缘和草地，也可作花径、花篱。

18. 蔷薇科鸡麻属

鸡麻 *Rhodotypos scandens*（Thunb.）Mak.（图3-2-29）

【识别特征】①落叶灌木，高达2~3m。②枝条开展，小枝紫褐色，无毛。③单叶对生，叶卵形至卵状椭圆形，表面皱，长4~11cm，先端渐尖，基部圆形至微心形，边缘具尖锐重锯齿，叶柄长3~5mm。④花单生新梢顶端，直径3~5cm，花瓣4枚，纯白色。4~5月开花。⑤核果1~4，亮黑色，长8mm左右。果期6~9月。

【分布与习性】分布于辽宁、山东、河南、陕西、甘肃、湖北、江苏、安徽、浙江等省区。本种喜光，耐半荫，耐寒、耐旱，对土壤适应性强。

【观赏与应用】花春季白色美丽，绿叶相称，花瓣、萼片各4片，适于庭园栽培观赏。

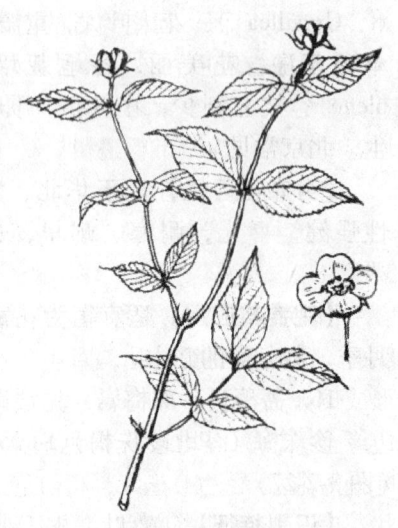

图3-2-29 鸡麻

19. 蔷薇科白鹃梅属

白鹃梅 *Exochorda racemosa*（Lindl.）Rehd.（图3-2-30）

【识别特征】①落叶灌木，高达3~5m。全株无毛。②单叶互生，叶椭圆形至倒卵状椭圆形，长3.5~6.5cm，全缘或上部有疏齿，先端钝或具短尖，背面粉蓝色。③花白色，直径约3~4cm，花瓣较宽，基部突然收缩成爪，6~10朵呈顶生总状花序。雄蕊15（~25）枚，3~4枚一束，着生于花盘边缘，与花瓣对生。花期4~5月与叶同放。④蒴果倒卵形，具5棱脊，9月成熟。

【同属其他种】齿叶白鹃梅 *Exochorda serratifolia* S. Moore：产于东北南部至河北，叶较大，长5~8cm，叶中部以上有尖锐锯齿，下部全缘，花雄蕊25枚或更多。

【分布与习性】产于河南、江苏南部、安徽、浙江、江西等地。性强健，喜光也耐半荫，适应性强，有一定耐寒性，在北京可露地栽培，耐干旱瘠薄，喜肥沃湿润土壤。

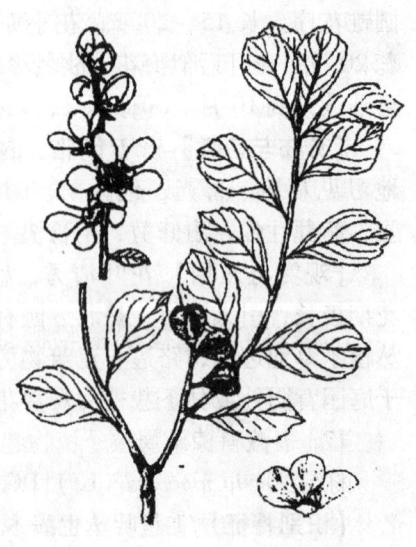

图3-2-30 白鹃梅

【观赏与应用】枝叶秀丽，春日白花满树，是美丽的春季观花树种。可于草地边缘、林缘等地丛植，也可作基础种植。

20. 蔷薇科绣线菊属

（1）柔毛绣线菊（土庄绣线菊）*Spiraea pubescens* Turcz.（图3-2-31）

【识别特征】①落叶灌木，高达2m。②小枝开展，稍成拱形。③叶菱状卵形至椭圆形，长2~4cm，先端急尖，基部楔形，中部以上具粗齿或3浅裂，叶背面密被灰色短柔毛。④伞房花序，花小，白色。4月底至5月开花。

【分布与习性】主产黄河流域，北至东北、内蒙古，南至安徽、湖北等地，在华北分布较广。喜光，耐寒，耐旱，对土壤要求不严。

【观赏与应用】花洁白雅致，花序丰满美丽，宜植于庭园点缀观赏。

（2）珍珠绣线菊（喷雪花、雪柳、珍珠花）*Spiraea thunbergii* Sieb.

【识别特征】①落叶灌木，高达1.5m。②小枝纤细开展。③叶线状披针形，长2~4cm，中部以上有尖锐细锯齿，两面光滑无毛。④伞形花序3~5朵，无总梗，花小，白色，直径6~8mm。早春3、4月与叶同放。

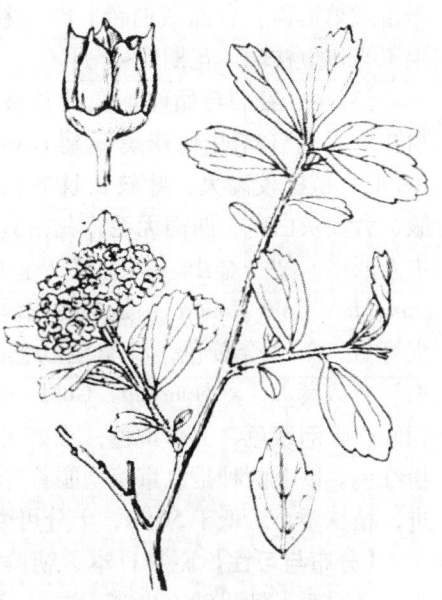

图3-2-31 柔毛绣线菊

【分布与习性】原产中国、日本，我国东北南部与华北等一些城市栽培。喜光，较耐寒，喜湿润与排水良好的土壤。

【观赏与应用】早春开花前花蕾形若珍珠，开花后繁花满枝如喷雪，叶形如柳，秋叶橘红色，是美丽的观花灌木。通常丛植于草坪角隅或作基础种植，也可做切花用。

（3）华北绣线菊 *Spiraea fritschiana* Schneid.（图3-2-32）

【识别特征】①落叶灌木，高达1~2m。②枝条粗壮，小枝具明显棱角，有光泽，紫褐色。③单叶互生，叶卵形、椭圆状卵形或椭圆状矩圆形，长3~8cm，先端急尖或渐尖，边缘具不整齐重锯齿或单锯齿。④复伞房花序顶生于当年生枝上，花白色，直径约5~6mm。花期6月。⑤蓇葖果近直立，开张。

【分布与习性】河北、山西、山东、河南及华东、西北地区有分布。喜光，耐寒，耐旱，对土壤要求不严。

【观赏与应用】本种夏季开花，花色洁白，花朵虽不大但很繁盛，宜丛植于草地、园路旁点缀栽培。

（4）粉花绣线菊（日本绣线菊）*Spiraea japonica* L. f.（图3-2-33）

【识别特征】①落叶灌木，高达1.5m。②叶卵状椭

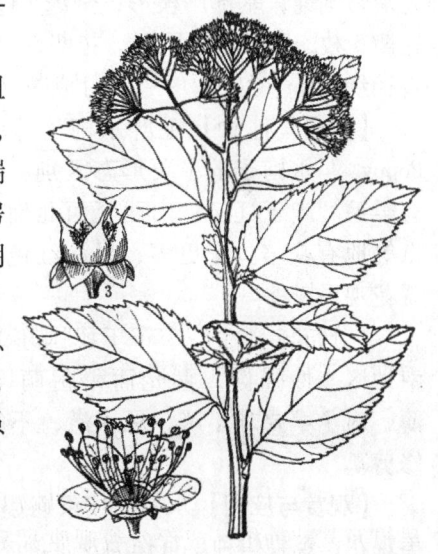

图3-2-32 华北绣线菊

圆形，长3～8cm，先端急尖或渐尖，基部楔形，缘具重锯齿或单锯齿，背面灰白色。③花粉红色，复伞房花序，生于当年生枝端。花期6～7月。

【变种、变型与品种】变种及杂交种甚多。如：①大粉花绣线菊（光叶粉花绣线菊）var. *fortunei*（Planch.）Rehd.：植株较高大，叶较长且大，长5～10cm，表面较皱，背面灰白色，两面无毛，花密集艳丽，产于华东、华中及西南。②'金山'绣线菊（金叶粉花绣线菊）*S.* × *bumalda* 'Gold Mound'：是由粉花绣线菊与白花绣线菊杂交育成，新叶金黄色，秋季橙红色，花粉红色。③'金焰'绣线菊 *S.* × *bumalda* 'Gold Flame'：春天的叶红黄相间，下部红色，上部黄色，犹如火焰，秋叶铜红色，花粉红色。以上两种是北京植物园首先从美国明尼苏达州引进，植株矮小，低于50cm，十分可爱。

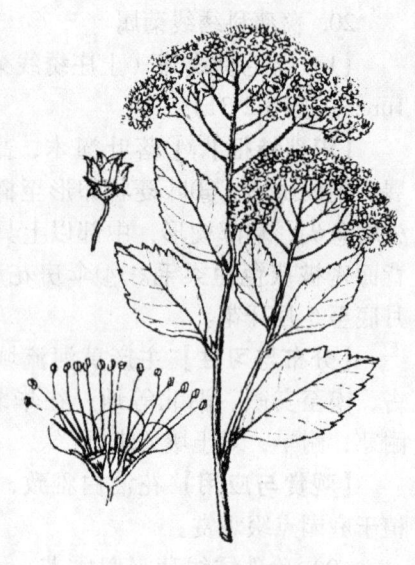

图 3-2-33　粉花绣线菊

【分布与习性】原产日本、朝鲜，我国各地栽培。喜光，稍耐荫，性强健，抗寒、抗旱，要求土壤肥沃、湿润，忌积水。

【观赏与应用】本种花色娇艳，花朵繁茂，可在花坛、花境、草坪及园路角隅等处构成夏日美景，也可作基础种植用。

21. 蔷薇科栒子属

水栒子（多花栒子）*Cotoneaster multiflorus* Bunge（图3-2-34）

【识别特征】①落叶灌木，高达4～5m。②小枝细长拱形，幼时紫色且有毛。③单叶互生，卵形，长2～5cm，先端常圆钝，基部广楔形，全缘。④聚伞花序，花白色，花瓣5枚，开展，近圆形。花期5～6月。⑤梨果近球形，直径约8mm，红色。9～10月成熟。

【同属其他种】毛叶水栒子 *Cotoneaster submultiflorus* Popov. 与水栒子的主要形态区别：叶背、花梗及萼片均有柔毛。产于辽宁、山西至西北地区，大连、沈阳和北京等地有栽培。花更多，果深红色，果期长，是优良的观花观果树种。

【分布与习性】广布于我国东北、华北、西北和西南地区。性强健，喜光而稍耐荫，耐寒，极耐干旱瘠薄，对土壤要求不严，忌水涝，不宜种植于低洼处，耐修剪。

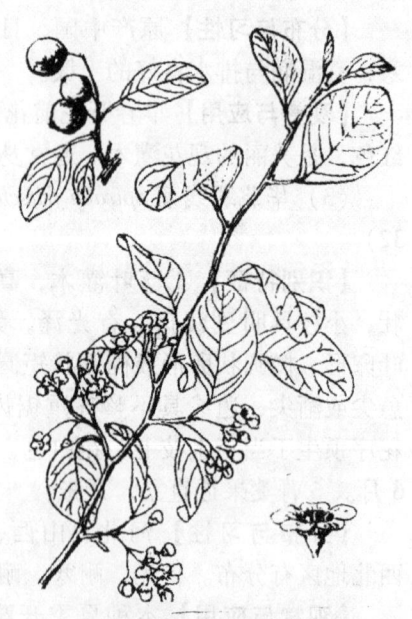

图 3-2-34　水栒子

【观赏与应用】水栒子枝条婀娜，夏季白花满树，秋季红果累累，是北方地区常见的优美观花、观果树种。可作为观赏灌木或剪成绿篱，有些匍匐散生的种类还是点缀岩石园和保护堤岸的良好植物材料。在园林中，水栒子可于草坪中孤植欣赏，也可几株丛植于草坪边缘或园林转角，或者与其他树种搭配混植构造小景观。近年来，河北省已陆续将水栒子这一抗性强、观赏性强的树种应用于城市绿化，取得了良好效果。

22. 蔷薇科木瓜属

贴梗海棠（皱皮木瓜、铁脚海棠、贴梗木瓜）*Chaenomeles speciosa*（Sweet）Nakai（图3-2-35）

【识别特征】①落叶灌木，高达2m。②枝开展，光滑，具枝刺。③单叶互生，叶卵形至椭圆形，长3~8cm，叶先端尖，基部楔形，叶缘有尖锐锯齿，表面有光泽。托叶大，肾形或半圆形，缘有尖锐重锯齿。④花3~5朵簇生于2年生枝上，朱红色、粉红色或白色，直径达3~5cm，花梗甚短，故名贴梗海棠。3~4月开花，先叶开放。⑤果卵形至球形，直径约4~6cm，黄色，有香气。9~10月果熟。

【变种、变型与品种】有白花贴梗海棠'Alba'、粉花贴梗海棠'Rosea'、粉花重瓣贴梗海棠'Rosea Plena'等。

【分布与习性】原产我国东部、中部及西南部，如陕西、甘肃、四川、贵州、云南、广东等地，缅甸也有。喜光，耐瘠薄，有一定耐寒能力，北京小气候良好处可露地越冬。对土壤要求不严，喜排水良好、深厚、肥沃的土壤，不适宜栽植在低洼积水的地方。

图3-2-35 贴梗海棠

【观赏与应用】本种早春叶前开花，簇生枝间，鲜艳美丽，秋季金黄、芳香的硕果引人注目，是国内外普遍栽培的观花、观果灌木。适于草坪、庭院及花坛内丛植或孤植，也可作为花篱及基础种植材料。

23. 豆科紫荆属

紫荆 *Cercis chinensis* Bunge（图3-2-36）

【识别特征】①落叶灌木或小乔木，高达15m。②叶近圆形，长6~10cm，叶端急尖，叶基心形，全缘，两面无毛。③花紫红色，4~10朵簇生于老枝上。④荚果沿腹线有窄翅。花期4月，叶前开放，果10月成熟。

【分布与习性】产于黄河流域以南，西北至陕西、新疆，西至四川、西藏、贵州、云南等省区有分布。喜光，有一定的耐寒性。喜肥沃、排水良好的土壤，不耐淹。萌芽能力强。易移植，但大树移栽较难成活。

【观赏与应用】春季开花，先花后叶，为著名观赏树。

24. 豆科锦鸡儿属

锦鸡儿 *Caragana sinica* Rehd.（*C. chamlagu* Lam.）（图3-2-37）

【识别特征】①落叶丛生灌木，高达1~1.5m。②枝灰色，小枝有棱角。③叶托出有尖锐硬刺，偶数羽状复叶互生，叶卵状长椭圆形。④花单生，金黄色。花期4~5月。

图3-2-36 紫荆

【分布与习性】我国华北、华中、华东及西南为主要栽植区域。喜光，喜温暖，耐旱，耐修剪，根系发达。

【观赏与应用】锦鸡儿形态优美，枝条修长，花开时节满树金光、耀眼夺目，宜植于山地、草坪上、路边、林缘，用作观赏花木，也可用作防护性刺篱。锦鸡儿适应能力较强，还常用作保持水土、防风固沙树种或作北方地区荒地绿化树种。在与其他景观花木搭配时，宜作前景观赏花木，以色叶小乔木或常绿乔木作背景树种。也可与其他景观花灌木搭配组合造景，如与迎春、连翘、红瑞木等花灌木搭配效果良好。

25. 豆科白刺花属

白刺花（马蹄针、狼牙刺）*Sophora davidii* Skeels

【识别特征】①落叶灌木，高达2～3m。②分枝多，小枝具长刺。③羽状复叶互生，叶长椭圆形或卵状椭圆形，绿色。④花白色，总状花序，一般6～12朵聚集。花期5～6月。

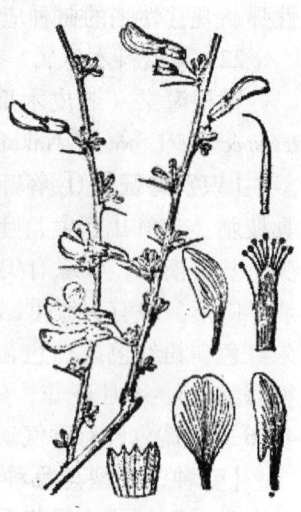

图3-2-37　锦鸡儿

【分布与习性】以我国西北、华北、华中及西南为主要分布区域。喜光，耐寒，耐干旱，环境适应能力较强。

【观赏与应用】白刺花是一种富有乡野色彩的灌木，适合丛植于郊野公园、自然风景区、郊野公路和自然水域的驳岸等处作观赏花木。白刺花适应性较强，耐修剪，适合丛状密植作刺篱，花开季节，满树白花，美不胜收，或以常绿乔木为背景，丛植作前景观赏灌木。也可栽植用作保持水土、防风固沙树种或作北方地区荒地绿化树种。

26. 豆科紫穗槐属

紫穗槐（紫花槐、棉条、椒条）*Amorpha fruticosa* L.（图3-2-38）

【识别特征】①落叶灌木，高达2～4m，丛状生长。②皮灰褐色，枝条直立生长，小枝密生绒毛。③奇数羽状复叶，互生，小叶常11～25枚，叶呈长椭圆形，叶长2～4cm。④花暗紫色，穗状花序。花期5月。

【分布与习性】我国各地均有栽培，以北方地区为集中栽培区。喜光，耐寒，耐旱，生长快，耐修剪，环境适应性强。

【观赏与应用】紫穗槐是一种富有野趣的灌木，宜丛植于郊野公园、自然风景区、郊区公路和高速公路沿线、自然水域的驳岸等处作观赏花木。因紫穗槐枝叶稠密且耐修剪，宜丛状密植作绿篱，花开季节，满树紫花，芳香四溢。紫穗槐适应能力较强，根系发达，可栽植用作保持水土、防风固沙树种或作北方地区荒地绿化树种。

图3-2-38　紫穗槐

27. 胡颓子科沙棘属

沙棘 *Hippophae rhamnoides* L.（图3-2-39）

【识别特征】①灌木或小乔木，高可达10m。②枝有刺。③叶互生或近对生，线形或线状披针形，长2～6cm，叶端尖或钝，叶基狭楔形，叶背密被银白色鳞片，叶柄极短。④花小，淡黄色，先叶开放。⑤果球形或卵形，长6～8mm，熟时橘黄色或橘红色。种子1，骨质。花期3～4月，果9～10月成熟。

【分布与习性】产于欧洲及亚洲西部和中部，中国的华北、西北及西南均有分布。喜光，耐严寒，耐干旱瘠薄土壤，耐酷热，耐盐碱。能在pH值为9.5和含盐量达1.1%的地方生长。喜透气性良好的土壤，在黏重土壤上生长不良，能在沙丘、流沙上生长。

【观赏与应用】沙棘枝叶繁茂而有刺，宜作刺篱、果篱用。又是极好的防风固沙、保持水土和改良土壤树种，可作防护林带材料。也是干旱风沙地区进行绿化的先锋树种。

图3-2-39 沙棘

28. 千屈菜科紫薇属

紫薇（百日红、满堂红、痒痒树）*Lagerstroemia indica*. L.（图3-2-40）

【识别特征】①落叶或常绿灌木或乔木，高可达7m。②叶对生、近对生或聚生于小枝的上部，全缘，托叶极小，圆锥状，脱落。③花，两性，辐射对称，顶生或腋生的圆锥花序，花梗在小苞片着生处具关节，花萼半球形或陀螺形，5～9裂，花瓣通常6片或与花萼裂片同数，基部有细长的爪，边缘波状或有皱纹。④蒴果木质，基部有宿存的花萼包围，多少与萼黏合，成熟时室背开裂为3～6果瓣。种子多数顶端有翅。花期6～9月，果10～11月成熟。

【变种、变型与品种】①银薇 var. *alba* Nichols.：花白色或薇淡蓝色。叶色淡绿。②矮翠微 var. *rubra* Lav.：株型矮小，紧凑，多花，花期长。

【分布与习性】本属约55种，分布于亚洲东部、东南部、南部的热带、亚热带地区，大洋洲也产，我国有15种主要分布地区为江苏、山东、浙江、安徽、河北、河南、湖北、江西、北京、天津等省市。耐旱、怕涝，喜温暖潮湿，喜光，喜肥，对二氧化硫、氟化氢及氮气的抗性强，能吸入有害气体，中性土或偏酸性土较好，可采用播种、分株、扦插繁殖培育。年轻的紫薇树干，年年生表皮，年年自行脱落，表皮脱落以后，树干显得新鲜而光滑；老年的紫薇树，树身不复生表皮，筋脉挺露，莹滑光洁。如果人们轻轻抚摸一下树干，立即会枝摇叶动，浑身颤抖，甚至会发出微弱的"咯咯"响动声，因此得名"痒痒树"。

图3-2-40 紫薇

【观赏与应用】紫薇花色鲜艳美丽，花期长，寿命长，热带地区已广泛栽培为庭园观赏树，有时也作盆景。紫薇的木材坚硬、耐腐，可作农具、家具、建筑等用材；树皮、叶及花为强泻剂；根和树皮煎剂可治咯血、吐血、便血。紫薇作为优秀的观花乔木，在园林绿化中，被广泛用于公园绿化、庭院绿化、道路绿化、街区城市等，还可栽植于建筑物前、院落内、池畔、河边、草坪旁及公园中小径两旁。

29. 石榴科石榴属

石榴（安石榴、若榴）*Punica granatum* L.（图3-2-41）

【识别特征】①落叶灌木或小乔木，高约2~7m。②枝常有刺。③单叶对生或簇生，长椭圆状倒披针形，长3~6cm，全缘，亮绿色。④花单生枝顶，通常深红色，花萼钟形，紫红色。花期5~6月。⑤浆果球形，直径约6~8cm，古铜红色或古铜黄色，具有宿存花萼。种子多数，具肉质外种皮，可食。9~10月果成熟。

【变种、变型与品种】①白石榴 var. *albescens* DC.：花大，白色。②红石榴 var. *granatum* Linn.：又称四瓣石榴，花大、果也大。③重瓣石榴 var. *pleniflora* Hayne.：花白色或粉红色。④月季石榴 var. *nana* Pers：植株矮小，花小，果小。每年开花次数多，花期长，均以观赏为主。

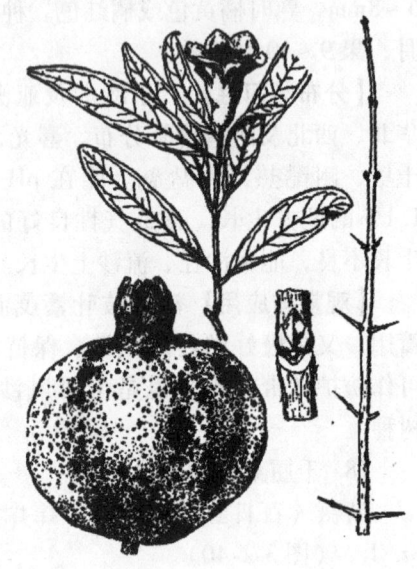

图3-2-41 石榴

【分布与习性】中国石榴以产果为主的重点产区，有陕西省的临潼、乾县、三原等，安徽省的怀远、萧县、濉溪、巢县等，山东省的枣庄等，江苏省的苏州、南京、徐州、邳州市等，云南省的蒙自、巧家、建水、呈贡等，新疆叶城以及四川会理。石榴性喜光，有一定的耐寒能力，但在春寒料峭的早春应做好防寒工作。喜湿润肥沃的石灰质土壤。

【观赏与应用】重瓣的花多难结实，以观花为主，单瓣的花易结实，以观果为主。种子肉质层供鲜食或加工成清凉饮料，果皮入药，性温，味酸涩，有涩肠、止血、驱虫功效，可防止细胞癌变，能预防动脉粥样硬化；石榴叶子可制作石榴茶，能润燥解渴，如用以洗眼，还可明目、消除眼疾。

30. 山茱萸科梾木属。

红瑞木（红梗木、凉子木）*Cornus alba* L.（图3-2-42）

【识别特征】①落叶灌木，高约3m。②老干暗红色，枝丫血红色。③叶对生，椭圆形，纸质。④聚伞花序顶生，花乳白色。花期5~6月。⑤果实乳白色或蓝白色，成熟期8~10月。

【变种、变型与品种】①银边红瑞木 cv. 'Argenteo-

图3-2-42 红瑞木

marginatus'：叶片边缘为白色。②花叶红瑞木'Gonchanltii'：叶片表面为绿色，中间掺杂有黄白色或同时有粉红色斑块及斑纹。③金边红瑞木 cv. 'Sapethii'：叶片边缘具有一圈黄色边。

【分布与习性】产于黑龙江、吉林、辽宁、内蒙古、河北、陕西、甘肃、青海、山东、江苏、江西等省区。朝鲜、苏联及欧洲其他地区也有分布。喜欢潮湿温暖的生长环境，适宜的生长温度是 22～30℃，光照充足。红瑞木喜肥，在排水通畅、养分充足的环境，生长速度非常快。夏季注意排水，冬季在北方有些地区容易受冻害。

【观赏与应用】红瑞木秋叶鲜红，小果洁白，落叶后枝干红艳如珊瑚，是少有的观茎植物，也是良好的切枝材料。园林中多丛植于草坪上或与常绿乔木相间种植，得红绿相映之效果。种子含油量约为 30%，可供工业用。

31. 卫矛科卫矛属

卫矛（鬼箭羽，鬼箭，六月凌）*Euonymus alatus* Sieb.（图 3-2-43）

【识别特征】①落叶灌木，高 1～3m。②小枝常具 2～4 列宽阔木栓翅。冬芽圆形，长 2mm 左右。③叶卵状椭圆形或窄长椭圆形，偶为倒卵形，长 2～8cm，宽 1～3cm，边缘具细锯齿，两面光滑无毛，叶柄长 1～3mm。④聚伞花序 1～3 花，花序梗长约 1cm，小花梗长 5mm，花白绿色，直径约 8mm，4 枚，萼片半圆形，花瓣近圆形，雄蕊着生花盘边缘处，花丝极短，开花后稍增长，花药宽阔长方形，2 室顶裂。⑤蒴果 1～4 深裂，裂瓣椭圆状，长 7～8mm。种子椭圆状或阔椭圆状，长 5～6mm，种皮褐色或浅棕色，假种皮橙红色，全包种子。花期 5～6 月，果期 7～10 月。

【变种、变型与品种】斑叶冬青卫矛 f. *viridi-variegatus*：常绿灌木或小乔木，小枝略为四棱形，枝叶密生，树冠球形。

图 3-2-43 卫矛

【分布与习性】除东北、新疆、青海、西藏、广东及海南以外，全国各省区均产。生长于山坡、沟地边沿。分布达日本、朝鲜。习性喜光，也稍耐荫，对气候和土壤适应性强，耐干旱瘠薄和寒冷，在中性、酸性及石灰性土上均能生长。萌芽力强，耐修剪，对二氧化硫有较强抗性。

【观赏与应用】卫矛枝翅奇特，秋叶红艳耀目，果裂也红，甚为美观，堪称观赏佳木。卫矛新叶也红，夏季适当摘去老叶，施以肥水，可促使再发新叶，增加观赏期。为使秋叶及早变红，夏季应择半荫处放置，使叶质不致增厚，易于形成优美红叶。落叶后，枝翅如箭羽，宿存蒴果裂后也红，冬态也颇具欣赏价值。

32. 大戟科山麻杆属

山麻杆（桂圆树，红荷叶、狗尾巴树）*Alchornea davidii* Franch.（图 3-2-44）

图 3-2-44 山麻杆

【识别特征】①落叶丛生小灌木，高 1~2m。茎干直立而分枝少。②茎皮常呈紫红色。幼枝密被绒毛，后脱落，老枝光滑。③单叶互生，叶广卵形或圆形，先端短尖，基部圆形，长 7~17cm，宽 6~19cm，表面绿色，有短毛疏生，背面紫色，叶表疏生短绒毛，叶缘有齿牙状锯齿，主脉由基部三出，叶柄被短毛并有 2 个以上之腺体。托叶 2 枚、线形。④花小、单性同株，雄花密生成短穗状花序，萼 4 裂，雄蕊 8，花丝分离，雌花疏生，排成总状花序，位于雄花序的下面，无花瓣，萼 4 裂、紫色，子房 3 室，花柱 3，细长。⑤蒴果扁球形，密生短柔毛。种子球形。

【同属其他种】①湖南山麻杆 Alchornea hunanensis：高约 2m，种子扁卵状，长 8mm，种皮淡褐色，具小瘤。花期 4~5 月，果期 6~7 月。②红背山麻杆 Alchornea trewioides (Benth.) Muell. Arg.：生于海拔 1400m 沿海平原或内陆山地矮灌丛中或疏林下或石灰岩山灌丛中。

【分布与习性】主要分布于我国的秦岭以南地区，华北地区小气候良好处也有少量引种栽培。江苏南北各地均有，野生山坡或庭院内常见有栽培。早春嫩叶初放时红色，醒目美观。广布于长江流域及陕西，喜光照，稍耐荫，喜温暖湿润的气候环境，对土壤的要求不严，以深厚肥沃的砂质壤土生长最佳。萌蘖性强，抗旱能力低。

【观赏与应用】山麻杆树形秀丽，茎杆丛生，茎皮紫红色，早春嫩叶紫红色，后转红褐色，是一个良好的观茎、观叶树种，丛植于庭院、路边、山石之旁具有丰富色彩的效果，若与其他花木成丛或成片配植，则更加层次分明，色彩丰富。因畏寒怕冷，北方地区宜选向阳温暖之地定植。茎皮纤维可供造纸或纺织用，种子榨油供工业用，叶片可入药。

33. 大戟科大戟属

一品红（圣诞花、猩猩木、老来娇）Euphorbia pulcherrima Willd. et Kl. （图 3-2-45）

【识别特征】①灌木，根圆柱状，极多分枝。茎直立，高 1~3（4）m，直径 1~4（5）cm，无毛。②叶互生，卵状椭圆形、长椭圆形或披针形，长 6~25cm，宽 4~10cm，叶面被短柔毛或无毛，叶背被柔毛。③花序数个聚伞排列于枝顶，花序柄长 3~4mm，总苞坛状，淡绿色，高 7~9mm，直径 6~8mm，边缘齿状 5 裂，裂片三角形，无毛，腺体常 1 枚，极少 2 枚，黄色，常压扁，呈两唇状，长 4~5mm，宽约 3mm。

【变种、变型与品种】①一品白 'Ecke'sWhite'：苞片乳白色。②一品粉 'Rosea'：苞片粉红色。③一品黄 'Lutea'：苞片淡黄色。④深红一品红 'AnnetteHegg'：苞片深红色。⑤三倍体一品红 'Eckespointc'：苞片栋叶状，鲜红色。⑥重瓣一品红 'Plenissima'：叶灰绿色，苞片红色、重瓣。

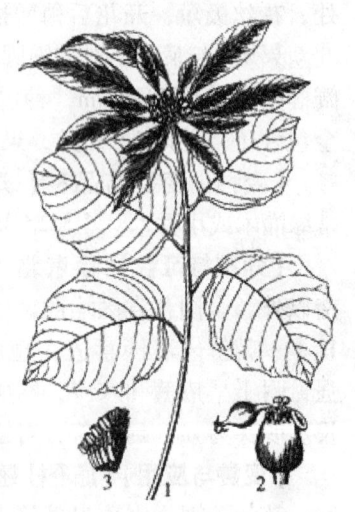

图 3-2-45 一品红

【分布与习性】一品红原产于中美洲墨西哥塔斯科地区。一品红广泛栽培于热带和亚热带。中国绝大部分省区市均有栽培，两广和云南地区有露地栽培。一品红是短日照植物，喜温暖，生长适温为 18~25℃，4~9 月为 18~24℃，9 月至翌年 4 月为 13~16℃，冬季温度不低于 10℃。喜湿润，一品红对水分的反应比较敏感，生长期要水分供应充足。喜阳光，在茎叶生长期需充足阳光，促使茎叶生长迅速。

【观赏与应用】一品红花色鲜艳，花期长，正值圣诞、元旦、春节开花，盆栽布置室内环境可增加喜庆气氛，也适宜布置会议等公共场所。南方暖地可露地栽培，美化庭园，也可做切花。

34. 木犀科连翘属

连翘 *Forsythia suspense*（*thumb.*）Vahl（图 3-2-46）

【识别特征】①落叶灌木，高达 3m。全株呈球形或扁球形。②枝条直立，幼枝黄绿色。③单叶对生，叶片广卵形或椭圆形，长 6~9cm、宽 5~7cm，先端钝或短尾状渐尖，基部圆形或不等的广楔形，边缘有微宽的短锯齿，表面深绿色、光滑、叶背色淡，疏生柔毛。④花 1~6 朵腋生，黄色，花冠 4 深裂。⑤蒴果卵圆形。沈阳地区花期 4 月上旬至 5 月，4 月下旬展叶，果熟 10 月。

【分布与习性】原产中国丹东。东北地区有栽培。喜光，耐半荫。喜湿润肥沃土壤，耐寒性强。根系发达，浅根性，耐移植，易成活。

【观赏与应用】早春开花，色彩亮丽，可用于风景林缘、公园绿地、庭园和街道。可丛植、孤植。病虫较少，易于管理。

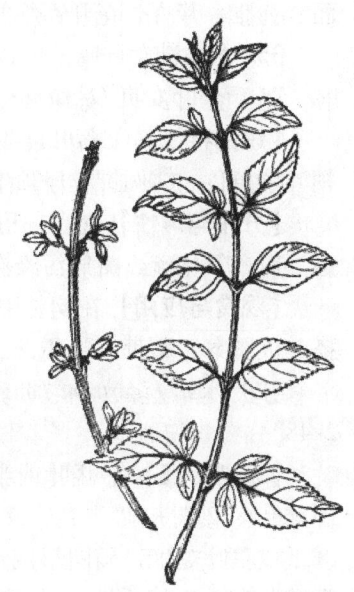

图 3-2-46 连翘

35. 木犀科丁香属

（1）**小叶丁香**（四季丁香、绣球丁香、二度梅）*Syringa pubescens* subsp. *microphylla*

【识别特征】①落叶灌木，高 1~4m。②幼枝具绒毛。③叶卵形或椭圆状卵形，长 1~4cm。④花序紧密，花冠粉红色、细小。花期第一次 4~5 月，第二次 7~8 月。

【分布与习性】产于中国辽宁、河北、河南、山西、陕西、甘肃及湖北。

【观赏与应用】一年中常有春秋两次开花，是美丽的观花灌木，各地栽培观赏。

（2）**紫丁香**（丁香）*Syringa oblata* Lindl.（图 3-2-47）

【识别特征】①落叶灌木或小乔木，高达 4~5m。②枝条粗壮，无毛。③叶广卵形，全缘，通常宽大于长，宽 5~10cm。④圆锥花序发自侧芽，长 6~15cm，花萼钟状，有 4 齿，花冠紫色、蓝紫色或淡粉红色，端 4 裂开展，花筒长 1~1.5cm。⑤蒴果长圆形，顶端尖，平滑。在北京地区 4 月上旬展叶，花期 4 月中旬至 5 月上旬，8 月中旬果熟，10 月下旬落叶，11 月中旬落尽。

【变种、变型与品种】白丁香 var. *alba*：叶较小，背面有疏生绒毛，花白色，香气浓。产于中国河南，华北地区广泛栽培。

【分布与习性】中国华北地区，吉林、辽宁、陕西、甘肃、四川及山东等省的大多数城市有栽培。朝鲜半岛也有。喜光，稍耐荫，耐寒，耐旱，适应性强，喜湿润肥

图 3-2-47 紫丁香

沃、排水良好的土壤，忌涝。

【观赏与应用】丁香枝叶茂盛，花序硕大，芳香浓郁，是我国北方城市早春重要的观花芳香植物。宜广植于庭园、厂矿、居民区等绿地中，也可多种丁香配植成专类园，形成美丽、清雅、芳香、花开不绝的景观。

36. 木犀科女贞属

（1）金叶女贞 *Ligustrum vicaryi* Rehd.

【识别特征】①落叶灌木，高可达 3m。②单叶对生，椭圆形或卵状椭圆形，全缘，新梢叶鲜黄色。③圆锥花序顶生，白色，花冠四裂。④核果阔椭圆形，紫黑色。

【分布与习性】喜光，稍耐荫，较耐寒，对城市土壤适应性较强，耐干旱瘠薄和轻度盐碱。对二氧化硫、氯气污染抗性强，具有一定吸污染净化能力。长势旺盛，耐修剪。

【观赏与应用】在园林中主要以色块、色带等群体栽植为主，与叶色浓绿、紫红的树种搭配成图案、彩带、彩环，如立交桥绿化。

（2）水蜡 *Ligustrum Longipedicellatum* H. T. Chang（图 3-2-48）

【识别特征】①落叶或半常绿灌木，高可达 3m，树冠圆球形。②树皮暗黑色。多分枝，成拱形，幼枝有柔毛。③纸质单叶对生，椭圆形或矩圆状倒卵形，长 2～7cm，先端钝，有时尖或微凹，基部楔形或宽楔形，上面有端柔毛或无毛，下面沿中脉有明显柔毛，叶柄长 1～4mm，密被短柔毛。④圆锥花序顶生，略下垂，长 2～3.5cm，花梗及萼片具短柔毛，花白色，芳香，花冠长 4～10mm，筒部比裂片长 2 倍。⑤核果椭圆形，黑色，稍被蜡状白粉。沈阳地区 4 月中旬展叶，5 月上旬开花，9 月果熟，10 月中下旬落叶。

【分布与习性】原产中国。山东、河南、河北、江苏、安徽、江西、湖南、陕西、辽宁等省均有栽培。喜光、稍耐荫，较耐寒。对土壤要求不严，但喜肥沃湿润土壤。生长快，萌芽力强，耐修剪。易移栽。病虫害很少，易于管理。

图 3-2-48 水蜡

【观赏与应用】可用于风景林、公园、庭院、草地和街道。园林中丛植、片植或作绿篱（花篱），也可修剪造型。

（3）小叶女贞（小叶水蜡树、冬青）*Ligustrum quihoui* Carr.（图 3-2-49）

【识别特征】①落叶或半常绿灌木，高 2～3m，枝铺散。②叶薄革质，椭圆形至倒卵状长圆形，长 1.5～5cm。③圆锥花序，长 7～21cm，花白色，芳香，无梗。④核果宽椭圆形，紫黑色。北京地区 4 月中旬展叶，花期 7～8 月，部分开至 9 月，10～11 月果熟。

【分布与习性】原产中国。山东、河南、河北、江苏、安徽、江西、湖南、陕西、辽宁等省均有栽培。喜光、稍

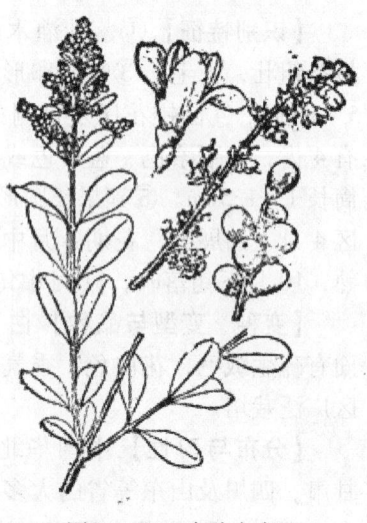

图 3-2-49 小叶女贞

耐荫，喜温暖湿润气候，较耐寒，对二氧化硫、氯气、氟化氢、氯化氢、二氧化碳等有害气体抗性均强。对土壤要求不严，性强健，萌枝力强，叶再生能力强，耐修剪。

【观赏与应用】园林中主要作绿篱栽植，其枝叶紧密、圆整，庭园中常栽植；抗多种有害气体，是优良的抗污染树种。

37. 木犀科茉莉花属

迎春花 *Jasminum nudiflorum* Lindl. （图 3-2-50）

【识别特征】①落叶灌木，高 0.4～5m。②小枝细长拱形，丛生，绿色，四棱。③3 出复叶对生，小叶卵状椭圆形，长 1～3cm，表面有基部突起的短刺毛。④花黄色，单生，花冠通常 6 裂，着生于前一年枝上。早春开花，故名迎春花。

【分布与习性】产于中国山东、河南、山西、陕西、甘肃、四川、贵州、云南等地。喜光，稍耐荫，耐寒，还有一定的耐旱、耐碱能力，对二氧化硫抗性强，对硫化氢、氟化氢、二氧化氮的抗性中等。

【观赏与应用】是早春开花的灌木，花期长，宜植于路缘、山坡、岸边及岩石园，也可以栽作花篱或用作地被植物。

38. 马鞭草科紫珠属

小紫珠 *Callicarpa dichotoma*（Lour.）K. Koch

【识别特征】①多分枝直立灌木，高 1～2m。②小枝纤细，带紫红色，略具星状毛。③叶倒卵形或披针形，长 3～7cm，顶端急尖，基楔形，边缘仅上半部疏生锯齿，表面稍粗糙，背面无毛，密生细小黄色腺点，叶柄长 2～5mm。④聚伞花序在叶腋的上方着生，花萼杯状，花冠紫红色。⑤果实球形，蓝紫色。花期 5～6 月，果期 7～11 月。

【分布与习性】产于中国东部及中南部，华北可露地栽培。性喜光，喜肥沃湿润土壤。扦插或播种繁殖。

【观赏与应用】小紫珠植株矮小，入秋紫果累累，色美而有光泽，状如玛瑙，为庭院中优良的观果灌木，植于草坪边缘、假山旁、常绿树前效果均佳，用于基础栽植也极适宜。果枝常做切花，根、叶入药。

39. 马鞭草科赪桐属

（1）赪桐 *Clerodendrum japonicum*（Thunb.）Sweet（图 3-2-51）

【识别特征】①半常绿灌木，高达 4m。②小枝有绒毛。③叶卵圆形，长 10～35cm，端尖，基心形，缘有细齿，表面疏生伏毛，背面密具锈黄色腺体。④聚伞花序组成大型的顶生圆锥花序，长 15～34cm，

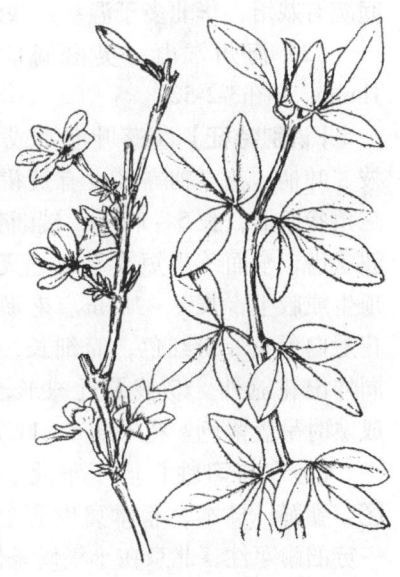

图 3-2-50 迎春花

图 3-2-51 赪桐

花萼大红色，5深裂，花冠鲜红色，筒部细长，顶端5裂并开展，雄蕊长达花冠筒的3倍，与雌蕊花柱均突出于花冠外。⑤果近球形，蓝黑色，宿萼增大，初包被果实，后向外反折呈星状。花果期5~11月。

【分布与习性】原产于长江以南各省区。印度、马来西亚、日本等地也有分布。

【观赏与应用】赪桐全花鲜红，花果期长，是极好的观赏花木，华南、上海、南京等地庭院有栽培，华北多于温室盆栽观赏。根、叶、花均供药用。

（2）海州常山（臭梧桐）*Clerodendrum trichotomum* Thunb.（图3-2-52）

【识别特征】①落叶灌木或小乔木，高达8m。②幼枝、叶柄、花序轴等多少有黄褐色柔毛。③叶阔卵形至三角状卵形，长5~16cm，端渐尖，基多截形，全缘或有波状齿，全面疏生短柔毛或近无毛。④伞房状聚伞花序顶生或腋生，长8~18cm，花萼紫红色，5裂几达基部，花冠白色或带粉红色，筒细长，顶端5裂，花丝与花柱同伸出花冠外。⑤核果近球形，包藏于增大的宿萼内，成熟时呈蓝紫色。花果期6~11月。

【分布与习性】产于华北、华东、中南、西南各省区。朝鲜、日本、菲律宾也有分布。喜光，稍耐荫，有一定的耐寒性，北京在小气候条件好的地方能露地越冬。

【观赏与应用】海州常山花果美丽，是良好的观赏花木，花时白色花冠后衬紫红花萼，果时增大的紫红宿存萼托着蓝紫色亮果，实是美丽，且其花果期长，是布置园林景色的极好材料，水边栽植也很适宜。

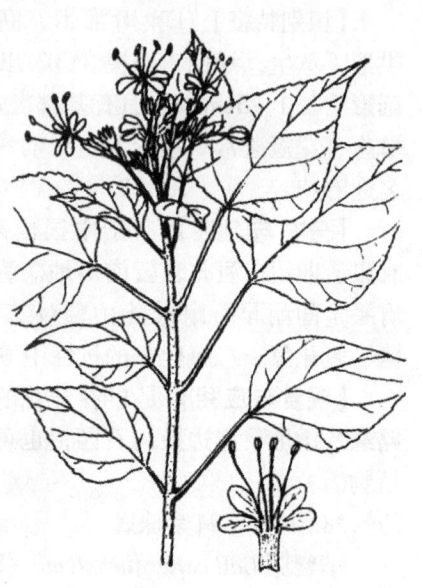

图3-2-52 海州常山

40. 忍冬科忍冬属

金银木 *Lonicera maackii* Maxim.（图3-2-53）

【识别特征】①落叶灌木，高可达6m。②树皮条片状纵裂，小枝中空。③单叶对生，卵状椭圆形或卵状披针形，长5~8cm，全缘，先端渐尖，叶缘及两边均有毛。④花成对生于叶腋，花冠唇形，上唇4浅裂，下唇多少反卷，花色先白后黄，有香味。花期4~5月。⑤浆果球形，直径约7mm。8~10月成熟后为鲜红色，经冬不落，可宿存到第二年的春季。

【变种、变型与品种】①红花金银木 var. *erubescens* Rehd.：花较大，淡红色，嫩叶也带红色。②繁果金银木 'Multifera'：结果多而色红艳，直至新萌芽时陆续脱落。

【分布与习性】产于东北、华北、华东、陕西、甘肃及西南地区，我国长江流域及以北地区除荒漠外几乎

图3-2-53 金银木

均有分布，朝鲜、日本、俄罗斯也有分布。性强健，喜光也耐半荫，耐寒也耐高温，耐干旱也喜湿润，耐轻度盐碱，喜湿润肥沃土壤，萌发力强，耐修剪，病虫害少，寿命长。

【观赏与应用】枝繁叶茂，冠形饱满，初夏开花，有白有黄且芳香，特别是秋季红果缀满枝头，且冬季宿存可至初春，引人注目，本种是北方优良的观花、观果树种。常孤植或丛植于草坪、广场、林缘、路旁和建筑物前，植于常绿树间，冬季相映衬，更显艳丽。

41. 忍冬科猬实属

猬实（千层皮）*Kolkwitzia amabilis* Graebn.（图 3-2-54）

【识别特征】①落叶灌木，高达 3m。②茎皮薄片状剥裂，枝梢拱曲下垂。③单叶对生，叶卵形至卵状椭圆形，长 3~7cm，基部圆形，先端渐尖，缘疏生浅齿或近全缘，两面有毛，叶柄短。④顶生伞房状聚伞花序，花成对，花冠钟形，粉红至玫瑰红色，喉部黄色，长 1.5~2.5cm，先端 5 裂片，但 5 裂片不等大。花期 5 月。⑤核果瘦果状卵形，2 个合生，密生针刺，形如刺猬，故名"猬实"。果期 8~9 月。

【分布与习性】我国特产，产于我国中部及西北部。20 世纪初被引入美国栽培，被誉为"美丽的灌木"，现世界各国广泛栽培。喜光，耐半荫，有一定耐寒力，北京可露地越冬，内蒙古呼和浩特引种生长良好，较耐干旱瘠薄，喜湿润肥沃而排水良好的土壤。

【观赏与应用】本种着花繁茂，花色娇艳，是国内外著名的观花灌木，果形也奇特。适宜在草坪、角隅、路边、屋侧、假山旁等地栽植观赏。

图 3-2-54 猬实

42. 忍冬科六道木属

糯米条 *Abelia chinensis* R. Br.（图 3-2-55）

【识别特征】①落叶灌木，高达 1.5~2m。②小枝开展，有毛，幼枝及叶柄带红色。③单叶对生，叶卵形或三角状卵形，长 2~5cm，叶缘疏生浅齿。④聚伞花序，花冠漏斗形，5 裂，白色或带粉红色，芳香，花萼 5 片，粉红色，雄蕊与花柱伸出花冠。7~8（9）月开花。

【变种、变型与品种】有红萼、绿萼、繁花、小花、微型等品种。

【分布与习性】分布于长江以南各地。喜光稍耐荫，耐干旱瘠薄，有一定耐寒性，北京可露地越冬。萌芽性强，根系发达。

【观赏与应用】本种花繁盛而芳香，花期长，花后宿存的花萼变红，深秋如盛开红花，别具一格。是美丽的观花和芳香灌木，常于庭院中栽植观赏。

图 3-2-55 糯米条

43. 忍冬科锦带花属

（1）锦带花 *Weigela florida* (Bunge) A. DC. （图3-2-56）

【识别特征】①落叶灌木，高达3m。②小枝顺叶柄下沿有2列柔毛。③单叶对生，叶椭圆形或卵状椭圆形，长5~10cm，缘有锯齿，侧脉弧形。④花常3~4朵呈聚伞花序，花冠玫瑰红色，漏斗形，先端5裂，下部合生。花期4~6月。⑤蒴果喙状。

【变种、变型与品种】欧美各地选育出很多品种。①白花锦带花'Alba'：花近白色。②'红王子'锦带花（红花锦带花）'Red Prince'：花鲜红色，繁密而下垂，花期长，从5月可达10月底，是杂种起源，1982年中科院植物所从美国引进。③金叶锦带花'Aurea'：新叶金色，后变黄绿色，花红色。④斑叶锦带花'Goldrush'：叶金黄色，有绿斑，花粉紫色。

【分布与习性】产于我国东北、华北及华东北部。喜光，耐半荫，喜湿润，耐寒，耐干旱瘠薄，怕水涝，抗有毒气体。萌芽力、萌蘖性强。

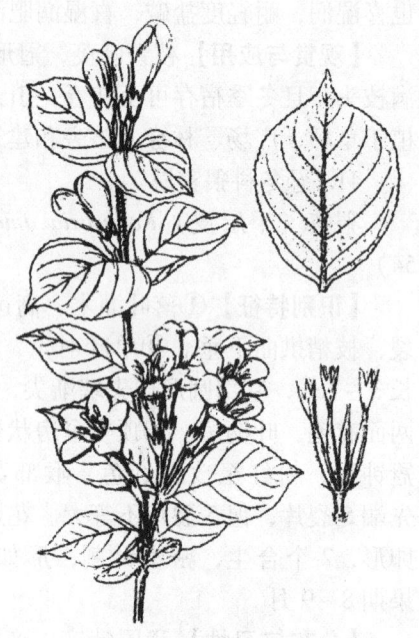

图3-2-56 锦带花

【观赏与应用】本种花朵繁密而艳丽，花期长达两个多月，是我国华北地区园林中常见应用的观花灌木。适宜庭园、路旁、角隅、草坪、林缘等地丛植。

（2）海仙花（五色海棠、五宝花）*Weigela coraeensis* Thunb. （图3-2-57）

【识别特征】①落叶灌木，高达5m。②小枝较粗，无毛或近无毛。③叶广椭圆形至倒卵形，长8~12cm，表面中脉及背面脉上稍有平伏毛，端急尾尖，缘齿钝圆。④花数朵组成腋生聚伞花序，花冠漏斗状钟形，基部1/3骤狭，花冠初白色后渐变玫瑰红色直至紫红色，故又名五色海棠、五宝花。花期5~6月。⑤蒴果2瓣裂。种子有翅。

【变种、变型与品种】①白海仙花'Alba'：花浅黄白色，后变粉红色。②红海仙花'Rubriflora'：花浓红色。

图3-2-57 海仙花

【分布与习性】东北南部、华北、华东至华中长江流域普遍栽培，朝鲜、日本也有分布。喜光，稍耐荫，喜湿润、肥沃的土壤，具有一定的耐寒性，北京地区可以露地越冬。

【观赏与应用】花色丰富，是江南地区初夏常见的观花树种。适于庭院、湖畔丛植，也可在林缘作花篱、花丛配植，点缀于假山、坡地，景观效果也颇佳。

44. 忍冬科荚蒾属

（1）天目琼花（鸡树条荚蒾）*Viburnum sargentii* Koehne （图3-2-58）

【识别特征】①落叶灌木,高达 3~4m。②树皮暗灰色,浅纵裂。小枝具明显皮孔。③单叶对生,叶广卵形至卵圆形,常先端 3 裂,长 6~12cm,叶缘有不规则大锯齿,叶柄两侧有 2~4 枚盘状腺体。④复伞形聚伞花序扁平,直径约 8~12cm,具大型白色不孕边花,花冠乳白色,花药黄色。花期 5~6 月。⑤核果近球形,鲜红色,直径约 8mm。9~10 月成熟。

【变种、变型与品种】大花鸡树条荚蒾(天目绣球)'Sterile':花序全部由大型白色不育花组成。

【分布与习性】产于亚洲东北部,我国东北、内蒙古、华北至长江流域均有分布。喜光又耐半荫,耐寒,耐干旱,少病虫害。对土壤要求不严,但对空气相对湿度、半荫条件要求明显,幼苗必须遮阴,成年苗植于林缘,生长发育正常。

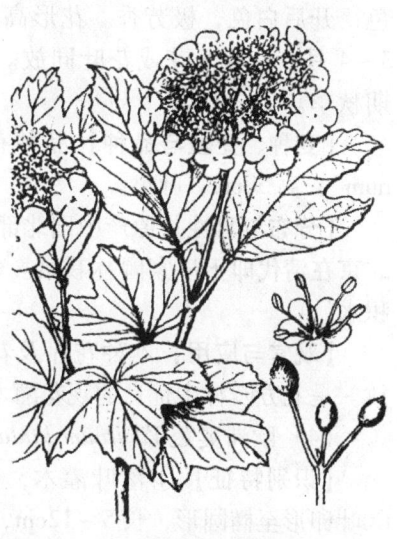

图 3-2-58 天目琼花

【观赏与应用】本种叶绿、花白、果红,花序奇特,叶片秋季红褐色,可观花、观叶、观果,是优良的观赏树木。在园林中适宜在草坪、林缘栽植,也可在建筑物北面栽植。

(2) 木本绣球(大绣球、斗球、荚蒾绣球) *Viburnum macrocephalum* Fort.

【识别特征】①落叶灌木,高达 4m。树冠球形。②裸芽。幼枝及叶背密被星状毛。③单叶对生,叶卵形或卵状椭圆形,长 5~10cm,叶先端钝圆,缘有齿牙状锯齿。④大型聚伞花序,花序几乎全为大形白色不育花,形如绣球,直径约 15~20cm。花期 4~6 月,自春至夏开花不断。

【变种、变型与品种】琼花 f. *keteleeri* (Carr.) Rehd.:聚伞花序集生成伞房状,花序中央为两性的可育花,边缘有大形白色不育花,一般八朵,故又名"聚八仙",核果先红后黑。本种实为原种,产于长江中下游地区,产区内园林中常见栽培观赏,已被定为扬州市的市花。

【分布与习性】主产长江流域,江南园林常见栽培。喜光,耐半荫,较耐寒,华北南部可露地栽培,萌蘖力强。

【观赏与应用】本种树姿开展圆整,花期繁花成簇,团团如球,枝垂近地,饶有情趣。其变型琼花更具神韵,宛如群蝶起舞。适宜孤植草坪、空地,群植更显壮观,也可栽植于路旁、庭园。

(3) 香荚蒾(香探春) *Viburnum farreri* W. T. Stearn (图 3-2-59)

【识别特征】①落叶灌木,高达 3m。②枝褐色,幼时有绒毛。③单叶对生,叶菱状卵形至菱状椭圆形,长 4~8cm,质地稍厚,叶缘有三角状锯齿,羽状脉明显,叶脉和叶柄略带红色。④顶生圆锥花序,花冠蕾时粉红

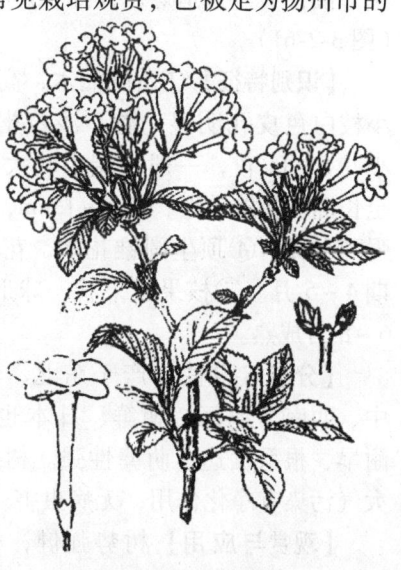

图 3-2-59 香荚蒾

色,开后白色,极芳香。花形高脚碟状,先端5裂,雄蕊着生于花冠筒中部以上。花期3~4月,先叶开花或花叶同放。⑤核果椭圆形,直径近1cm,先紫红色最后变黑色。果期秋季。

【变种、变型与品种】品种有①白花'Album':花纯白色,叶亮绿色。②矮生'Nanum':高50cm,叶小。

【分布与习性】原产中国北部,河北、河南、甘肃等地有分布,华北园林中常见栽培。北京在清代即于皇家园林栽培。较耐寒,耐半荫,喜肥沃、湿润、疏松土壤,不耐瘠薄及积水。

【观赏与应用】本种花序及花形颇似白丁香,花期早而香气袭人,北京3月底就可开放。是北方园林中优良的观花灌木,可丛植于草坪、林缘及建筑物旁。

(4) 欧洲荚蒾 *Viburnum lantana* L.(图3-2-60)

【识别特征】①落叶灌木,高约4m。②冬芽裸露。③叶卵形至椭圆形,长5~12cm,基部圆形或心形,先端尖或钝,叶缘有小齿,侧脉直达齿尖,叶两面有星状毛。④复伞形花序,直径6~10cm,花白色。花期5~6月。⑤核果卵状椭圆形,长约8mm,果色先红后黑。8~9月成熟。

【分布与习性】产于欧洲及亚洲西部,久经栽培,北京有引种。性强健,适应性强,耐寒性较强。

【观赏与应用】初夏可以观花,花序大而白,入秋果实累累,红黑相映,缀满枝头,是秋季观果的好树种,秋叶有时也变红,还可以观叶。本种可以孤植、丛植于草地、路缘和庭园。

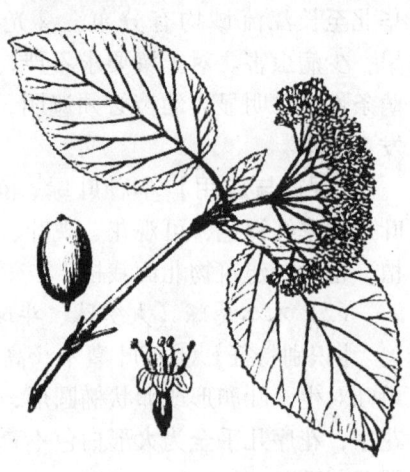

图3-2-60 欧洲荚蒾

45. 忍冬科接骨木属

接骨木(公道老,扦扦活)*Sambucus williamsii* Hance (图3-2-61)

【识别特征】①落叶灌木,高达6m。②树皮灰褐色。小枝白色皮孔明显,髓心淡黄褐色。③羽状复叶对生,小叶5~11枚,一般先端小叶大于侧生小叶,小叶卵形至长椭圆状披针形,长5~15cm,叶缘有锯齿,揉碎后有强烈臭味。④顶生圆锥花序,花小而白色,有香气。花期4~5月。⑤核果浆果状,球形,红色,直径约5mm。6~8月成熟。

【分布与习性】产于东北、华北、西北、华东、华中、西南等地区,朝鲜、日本也有分布。喜光,耐寒,耐旱,根系发达,萌蘖性强。树势强健,适应性强。对大气污染有净化作用,无病虫害。

【观赏与应用】树势强健,枝繁叶茂,春季白花满

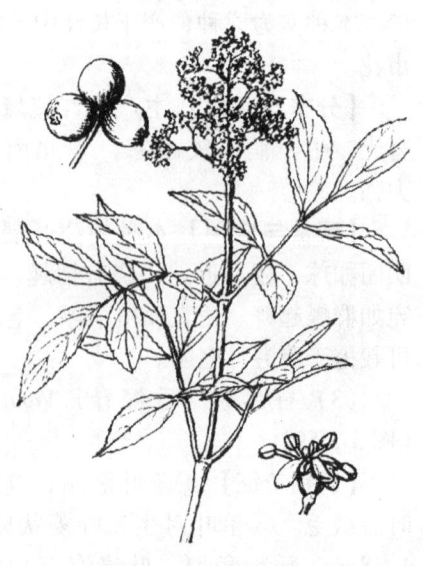

图3-2-61 接骨木

树，夏末秋初红果累累，颇具特色，植于庭院、草坪、林缘、林间空地或池畔、溪岸均是很好的观赏树。

（二）常绿灌木

1. 木兰科白兰花属

含笑（含笑梅、笑梅）*Michelia figo*（Lour.）Spreng.（图3-2-62）

【识别特征】①常绿灌木或小乔木，高2～5m。树冠扁球形或球形。②树皮灰褐色，分枝繁密。芽、嫩枝、叶柄和花梗均密生锈褐色绒毛。③叶较小，革质，狭椭圆形或倒卵状椭圆形，长4～10cm，宽2～4cm，叶柄极短。④花直立，淡乳黄色，边缘带紫晕，具香蕉香气，花期在3～4月。⑤蓇葖果顶端呈鸟嘴状。

【分布与习性】长江流域以南各地均有栽培。性喜温湿，不甚耐寒，喜弱荫，不耐烈日暴晒。不耐干旱瘠薄，但也怕积水，不耐石灰性土壤。

【观赏与应用】本种是著名观花芳香树种。春季香花满树，清香怡人，为我国庭园的骨干树种。因其香味浓烈，不宜陈设于小空间内。适于在小游园、花园、公园或街道上成丛种植，也可配植于草坪边缘或稀疏林丛之下，使游人在休息时得到芳香气味的享受。

图3-2-62　含笑

2. 小檗科十大功劳属

（1）十大功劳（狭叶十大功劳）*Mahonia fortunei*（Lindl.）Fedde

【识别特征】①常绿灌木，高达2m。②根和茎断面黄色，叶苦。③一回羽状复叶互生，长15～30cm，小叶3～9枚，革质，披针形，长5～12cm，宽1～2.5cm，均无柄，先端急尖或渐尖，基部狭楔形，边缘有6～13刺状锐齿。④总状花序直立，4～8个簇生。花瓣黄色，6枚，2轮，花梗长1～4mm。花期7～10月。⑤浆果圆形或长圆形，长4～6mm，蓝黑色，有白粉。

【分布与习性】原产中国，分布于四川、湖北和浙江等省。美洲中部和北部也有。十大功劳属于暖温带植物，具有较强的抗寒能力，当冬季气温降到0℃以下时虽然落叶，但茎秆不会受冻死亡，春暖后可萌发新叶。不耐暑热，在高温下不但生长停止，叶片也会干尖。它们在原产地多生长在阴湿峡谷和森林下面，属阴性植物。喜排水良好的酸性腐殖土，极不耐碱，较耐旱，怕水涝，在干燥的空气中生长不良。十大功劳性强健，在南方可栽在园林中观赏树木的下面或建筑物的北侧，也可栽在风景区山坡的阴面，生长2～3年后可进行一次平茬更新。

【观赏与应用】十大功劳的叶形奇特，黄花似锦，典雅美观，在江南园林常丛植于假山一侧或定植在假山中，也可栽在高燥的室地上。十大功劳枝干酷似南天竹，栽在房屋后、白粉墙前、庭院、园林围墙外作为基础种植，颇为美观。在园林中可植为绿篱，还可盆栽放在门厅入口处、会议室、招待所，清幽可爱，作为切花更为独特。

（2）阔叶十大功劳（八角刺、刺黄柏、黄天竹）*Mahonia bealei*（Fort.）Carr.（图3-2-63）

【识别特征】①常绿灌木，高达4m。②根、茎断面黄色、味苦。③羽状复叶互生，长30～40cm，叶柄基部扁宽抱茎，小叶7～15枚，厚革质，广卵形至卵状椭圆形，长3～14cm，宽2～8cm，先端渐尖成刺齿，边缘反卷，每侧有2～7枚大刺齿。④总状花序粗壮，丛生于枝顶，苞片小，密生，萼片9，排为3轮，花瓣6枚，淡黄色，先端2浅裂，近基部内面有2密腺，雄蕊6，子房上位，1室。花期3～4月。⑤浆果卵圆形，熟时蓝黑色，有白粉。果期10～11月。

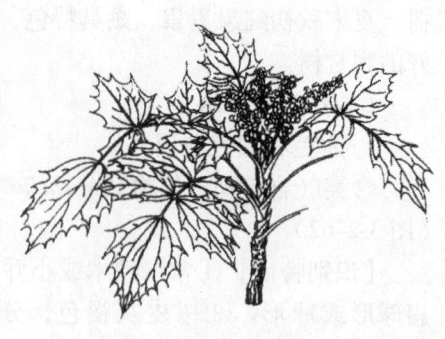

图3-2-63　阔叶十大功劳

【分布与习性】喜暖湿气候，不耐严寒。对土壤要求不严，以砂质壤土生长较好，但不宜碱土地栽培。

【观赏与应用】枝叶苍劲，黄花成簇，是庭院花境、花篱的好材料。也可丛植、孤植或盆栽。

3. 小檗科南天竹属

南天竹（南天竺）*Nandina domestica* Thunb.（图3-2-64）

【识别特征】①常绿丛生灌木，株高约2m。②全株无毛，老茎浅褐色，幼枝红色。③叶互生，2～3回奇数羽状复叶，小叶3～5片，椭圆披针形，长3～10cm，全缘，两面无毛。④花小，白色，圆锥花序顶生。花期5～7月。⑤浆果球形，鲜红色，宿存至翌年2月。果9～10月成熟。

【分布与习性】原产于我国和日本。现国内外庭园广泛栽培。喜半荫，喜温暖气候及湿润而排水良好的土壤，耐寒性不强，对水分要求不高，生长缓慢。

【观赏与应用】茎秆丛生，植株优美，秋冬叶色变红，果实鲜艳经久不落，为赏叶观果佳品。宜植于庭院房前、草地边缘或园路的转角处。也可作室内盆栽，或者观果切花。

图3-2-64　南天竹

4. 金缕梅科檵木属

檵木（白花檵木）*Loropetalum chinensis*（R. Br.）Oliv.（图3-2-65）

【识别特征】①常绿灌木或小乔木，高4～9（12）m。北方盆栽多呈小灌木状。②小枝细密有锈色毛。③叶革质，卵形，长2～5cm，宽1.5～2.5cm，顶端锐尖，基部偏斜而圆，全缘，背面密生星状柔毛。④花瓣带状线形，浅黄白色，苞片线形，花3～8朵簇生于小枝顶端。花期5月。⑤蒴果褐色，近卵形，有星状毛。果8月成熟。

【变种、变型与品种】常见变种红花檵木 var. *rubrum* Yieh. 与原变种的区别为：叶多成紫红色，花紫红色，长2cm，花瓣4枚，淡紫红色，带状线形，春末夏初和秋季两次开花。

种子秋季或冬季成熟。

【分布与习性】产于我国长江中下游及其以南、北回归线以北地区，印度、日本也有分布。我国南方多有栽培。喜温暖湿润、光线充足的环境，耐半荫，稍耐寒、耐旱，在疏松肥沃、排水良好的微酸性土壤上生长较好。萌芽力强，耐修剪。

【观赏与应用】初夏时开花如覆雪，常植于林缘、草地边缘或风景林之下。红花檵木树姿优美，叶及花紫红色，花期长，一年多次开花，具有较高的庭院观赏价值。不仅用于一般的园林、庭院绿化栽植，还用于篱垣、隔离带、花境、植物造型、地被桩景等多种绿地景观的营造。加之耐修剪、耐蟠扎、萌芽力强等特点，在盆景当中的应用也越来越广泛。原产于湖南，我国南方多有栽培。

5. 紫茉莉科叶子花属

叶子花（九重葛、三角花）*Bougainvillea spectabilis* Willd.（图3-2-66）

图 3-2-65　檵木

【识别特征】①常绿攀缘状灌木。②枝具刺、拱形下垂。③单叶互生，卵形全缘或卵状披针形，被厚绒毛，顶端圆钝。④花顶生，花很细小，黄绿色，常三朵簇生于三枚较大的苞片内，花梗与叶片中脉合生，并没有很明显的花瓣，小花为小漏斗的形状，是其花被，是保护花蕊的组织，花瓣内有7~8枚雄蕊与1枚雌蕊。④花苞大而明显，苞片卵圆形，为主要观赏部位，颜色有鲜红色、橙黄色、紫红色、乳白色等，可分为单瓣、重瓣以及斑叶等品种。花期3~12月，花有少部分会结种子。

【同属其他种】光叶子花 *Bougainvillea glabra* Choisy：茎粗壮，无毛或疏生柔毛，叶顶端急尖或渐尖，叶背面初时被短柔毛，后渐脱落变无毛，花被红色或紫色的叶状苞片所包围，花期3~12月。

【分布与习性】原产于南美洲的巴西、秘鲁、阿根廷。在20世纪50年代，我国南方各省的植物园和

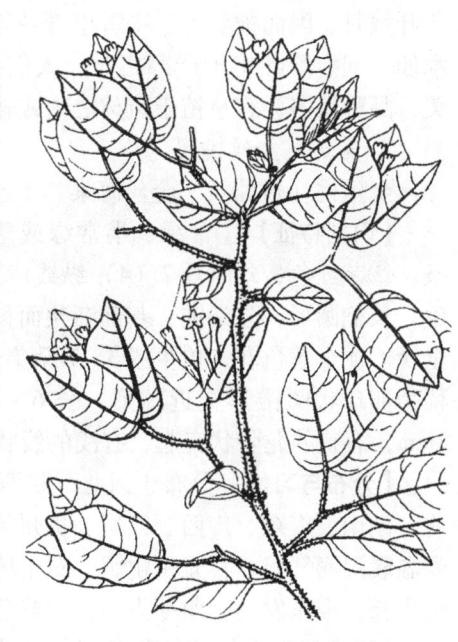

图 3-2-66　叶子花

北方大城市的展览温室逐步大量引种栽培叶子花，全国各地普遍栽培，同时是海南省省花以及国内外十多个城市的市花。喜温暖湿润气候，不耐寒，喜充足光照，对土壤要求不严，在排水良好、含矿物质丰富的黏重壤土及排水良好的砂质壤土上生长良好，耐贫瘠、耐碱、耐干旱，忌积水，萌芽力强，耐修剪。

【观赏与应用】叶子花花期长，苞片鲜艳，花团锦簇，蔚然可观，是优良的垂直绿化植物，适宜于棚架、围墙、山石和廊柱等处的绿化，并广泛用于室内阳台、窗台和公共场所。

6. 山茶科茶属

山茶（山茶花、耐冬、曼陀罗）*Camellia japonica* L.

【识别特征】①常绿灌木或小乔木，高达 15m。②树皮平滑，灰白色。③单叶互生，革质，卵形或椭圆形，顶端渐尖，基部阔楔形至圆形，叶面深绿色，有光泽，叶背黄绿色，平滑无毛。④花一至数枚，生于枝端或叶腋，有大红、桃红、银红、艳红、深紫、粉白等色或红白相间的复色。山茶花品种繁多，根据花瓣排列形式可分为单瓣、文瓣和武瓣 3 个群。花期 11 月至翌年 4 月。⑤蒴果淡绿色，表面光滑，秋季成熟。种子球形，深褐色。

【同属其他种】常见栽培的同属植物有杨妃茶 *Camellia × uraku*，又名美人茶。小乔木，高可达 5m 左右。树皮黄灰褐色，枝直立或斜展。叶椭圆形，有光泽，背面黄绿色，缘具锐疏锯齿。花单瓣，粉红色，12 月至翌年 3 月开花，极少结实。山茶品种大约有 2000 种，按花型分为单瓣、重瓣和半重瓣三类。

【分布与习性】产于中国和日本。中国中部及南方各省露地多有栽培，已有 1400 年的栽培历史，北部则于温室盆栽。喜温暖、湿润环境，耐寒力较差。喜半荫，也耐荫，忌阳光直射。喜肥沃、疏松、排水良好的微酸土壤，偏碱性土壤不宜生长。忌积水，排水不良时会引起根系腐烂致死。对硫化物和氯气有一定的抗性。

【观赏与应用】山茶是世界闻名的观赏树种，也是中国十大名花之一。各品种自秋至春花开数月，因而被赞为："雪里开花至春晚，世间耐久孰如群"，由于山茶与迎春、梅花、水仙一起绽蕾吐艳于严寒之时，人们把它们并称为"雪中四友"。山茶叶色翠绿，花大色美，品种繁多，宜丛植于疏林之内或林缘，也可布置于建筑物南面暖处。

7. 藤黄科金丝桃属

金丝桃（过路黄、金丝海棠、土连翘）*Hypericum monogynum* L.

【识别特征】①常绿、半常绿或落叶灌木，高 0.6~1m。丛状或通常有疏生的开张枝条。②茎红色，幼时具 2（4）纵线棱及两侧压扁，很快为圆柱形。皮层橙褐色。③单叶对生，长椭圆形，先端钝，基部渐狭而稍抱茎，表面绿色，背面粉绿色，具透明腺点，无柄，全缘。④金黄色花，单生或 3~7 朵集合呈聚伞花序，顶生。花期 6 月。⑤蒴果宽卵珠形或稀为卵珠状圆锥形至近球形，长 6~10mm，宽 4~7mm。种子深红褐色，圆柱形，长约 2mm，有狭的龙骨状突起，有浅的线状网纹至线状蜂窝纹。果期 8~9 月。

【分布与习性】分布于河北、陕西、山东、江苏、安徽、江西、福建、台湾、河南、湖北、湖南、广东、广西、四川、贵州等地。日本也有引种。为温带、亚热带树种，稍耐寒，爱温暖湿润气候，喜光稍耐荫，对土壤要求不严，除黏重土壤外，在一般的土壤中均能较好地生长，根系发达，萌芽力强，耐修剪。

【观赏与应用】该植物的果实为常用的鲜切花材，常用于制作胸花、腕花。花冠如桃花，雄蕊金黄细长如金丝，绚丽可爱，叶子也很美丽。长江以南冬夏常青，是南方庭院中常见的观赏花木，植于庭院假山旁、路旁、角隅，或点缀草坪，华北多盆栽观赏。

金丝桃如配植于玉兰、桃花、海棠、丁香等春花树下，可延长景观；若种植于假山旁边，则柔条袅娜，丫枝旁出，花开烂漫，别有奇趣。金丝桃也常作花径两侧的丛植，开花时一片金黄，鲜明夺目。

8. 锦葵科朱槿属

扶桑（朱槿，大红花）*Hibiscus rosa-sinensis* L.（图 3-2-67）

【识别特征】①常绿大灌木，高达6m。②叶广卵形至长卵形，长4~9cm，先端尖，缘有锯齿，基部近圆形且全缘，两面无毛或背面有疏毛，表面有光泽。③花冠通常鲜红色，直径6~10cm，雄蕊柱和花柱长，伸出花冠外，花梗长3~5cm，近顶端有关节。夏秋开花。④蒴果卵球形，直径2.5cm。

【变种、变型与品种】①红色重瓣朱槿'Rubroplenus'：花红色，重瓣。②桃红色重瓣朱槿'Kermosiniplenus'：花桃红色，重瓣。③黄色重瓣朱槿'Toreador'：花黄色重瓣。④锦叶朱槿'Cooperi'：叶片有黄、白、红和粉红等色彩，花红色，单瓣。

【分布与习性】产于我国南部。现温带至热带均有栽培。喜光，喜温暖湿润气候，不耐寒。喜肥沃湿润、排水良好的土壤。

图3-2-67 扶桑

【观赏与应用】花似木槿，花色红艳，朝开暮萎，花开不绝，故名朱瑾，又因其枝叶似桑，也称为扶桑。花大色美，品种繁多，是著名的观赏花木。可盆栽，也常栽于道路两旁、庭园和水滨绿化。

9. 锦葵科悬铃花属

垂花悬铃花（南美朱槿、灯笼扶桑、大红袍、卷瓣朱槿）*Malvaviscus arboreus* var. *penduliflorus* Schery（图3-2-68）

【识别特征】①常绿灌木，高1~3m。②叶卵状披针形，长4~10cm，顶端渐尖，边缘不裂。③花单生，花冠红色，长5~7cm，不裂开，下垂，花梗长1~4cm。几乎全年均可开花。

图3-2-68 垂花悬铃花

【分布与习性】原产于美洲热带。世界各地区广有栽植。喜光，喜温暖湿润气候，不甚耐寒，适应性强，耐干旱，耐半荫，抗大气污染，对土质要求不严。

【观赏与应用】花期甚长，着花多，花瓣不张开，形似倒挂的红玲，在盛花期尤为艳丽夺目，是华南地区普遍栽培的木本花卉，不仅可在庭园和绿地栽培，还可用于道路绿化。

10. 杜鹃花科杜鹃花属

杜鹃花（映山红、照山红）*Rhododendron simsii* Planch.（图3-2-69）

【识别特征】①常绿灌木，高1~3m。②幼枝被黄褐色扁平糙伏毛。③叶卵状椭圆形或椭圆状披针形，长3~5cm，两面被有糙伏毛，叶缘有细腺毛。④花2~6

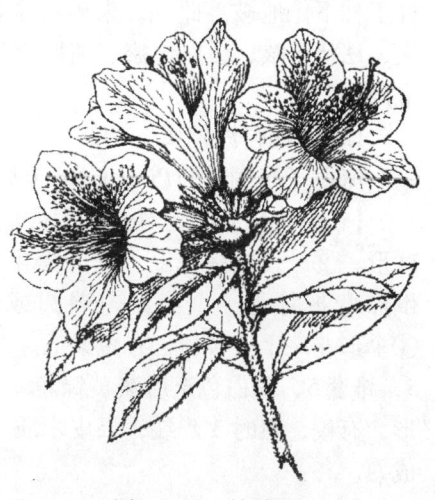

图3-2-69 杜鹃花

朵簇生枝端，鲜红色，基部有深红斑点。花期4~6月。⑤果期7~10月。

【变种、变型与品种】①白杜鹃 var. *eriocarpum* Hort.：花白色或粉红色。②紫斑杜鹃 var. *nesmbrimum* Rehd.：花较小，白色，有紫色斑点。③彩纹杜鹃 var. *vittatum* Wils.：花有白色和紫色条纹。

【分布与习性】分布于长江流域，东至台湾，西达四川、云南。北方可露地防寒保护越冬。喜疏荫，忌暴晒，要求凉爽湿润气候以及通风良好的环境。土壤以疏松、排水良好、pH值4.5~6.0为佳，耐干旱瘠薄。

【观赏与应用】杜鹃花早在唐代就已经在庭园中应用，最宜丛植于林下、溪旁、池畔、岩边、缓坡、陡壁、林缘、草坪，也宜于庭园之中植于台阶前、庭荫树下、墙角、天井或植为花篱、花境，同时也是盆栽和制作桩景的优良材料。江西、安徽、贵州皆以杜鹃花为省花。

11. 紫金牛科紫金牛属

朱砂根（大罗伞）*Ardisia crenata* Sims.

【识别特征】①常绿小灌木，高30~150cm。②具肥、粗的匍匐根状茎，根断面有红点，故名朱砂根。茎直立无毛。③单叶，纸质；互生，有柄，椭圆状披针形至倒披针形，长6~13cm，叶端钝尖，叶基楔形，叶缘有皱波状圆齿，齿尖有黑色腺点，叶两面有突起、稀疏的大腺点，侧脉10~20余对。④花序伞形或聚伞状，总花梗细长，花小，淡紫白色，有黑色腺点，花萼5裂，花冠5裂，雄蕊5枚，花丝短。花期5~6月。⑤核果球形，直径6~7mm，熟时红色，具斑点，十分美丽。果7~10月成熟。

【分布与习性】产于陕西、长江流域各省及福建、广西、广东、云南、台湾等省区。生于山地常绿阔叶林中或溪边阴湿的灌木丛中。性喜温暖潮湿的气候，忌干燥，耐荫性强，怕强光直射，喜肥沃、疏松、富含腐殖质的砂壤土。

【观赏与应用】美丽的观果植物，其株型矮小，果熟时红艳可爱、挂满枝头，在绿叶的映衬下更显妩媚动人，为寒冷的冬季增添了温暖的色彩。其挂果期极长，可从10月至次年2月。朱砂根很适合盆栽观赏，有望开发成具中国特色的年宵盆花。也适用于庭院绿化中，可丛植于庭前、角隅、假山旁、溪边及绿荫处，也可成片种于林下作地被。此外，朱砂根全株均可入药，有清热降火、祛痰止咳、活血化瘀、消肿解毒之功效，在民间广为应用。

12. 海桐科海桐属

海桐（海桐花）*Pittosporum tobira* Ait.（图3-2-70）

【识别特征】①常绿小乔木或灌木，高2~6m。树冠圆球形。②嫩枝被褐色毛。③叶聚生枝端，革质，倒卵形或倒卵状披针形，全缘，先端圆或钝，边缘反卷，无毛。④伞形花序生于枝顶，有短柔毛。花有香气，花瓣5，萼片5，雄蕊5，花白色至后淡黄绿色。花期5月。⑤蒴果近球形，有棱，熟时3瓣裂，果皮木质。种子鲜红色。果10月成熟。

【分布与习性】产于中国江苏南部、浙江、福建、台

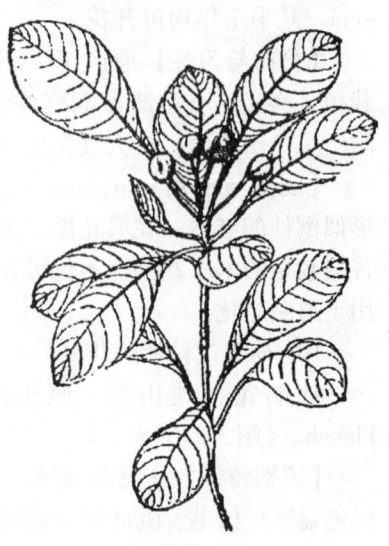

图3-2-70 海桐

湾、广东等地，朝鲜、日本也有分布。长江流域及其以南各地庭园习见栽培观赏。喜光，略耐荫，喜温暖湿润气候及肥沃、排水良好的壤土，耐寒性不强。耐修剪，抗海潮风及二氧化硫等有毒气体的能力较强。

【观赏与应用】枝叶繁茂，叶色浓绿，初夏白花芳香，秋季果熟，是南方城市以及庭园常见的绿化观赏树种，可做房屋基础种植及绿篱材料，或孤植、丛植于草坪边缘、林缘，或对植于门旁、列植于路旁。萌芽力强，颇耐修剪，一般 4~5 年生以后，可根据观赏要求，修剪成平台状、圆球状、圆柱状等多种形态，经过修枝整形的植株，价值颇高。

13. 蔷薇科火棘属

火棘（火把果）*Pyracantha fortuneana*（Maxim.）Li（图 3-2-71）

【识别特征】①常绿灌木，高约 3m。②枝拱形下垂，短侧枝常成刺状。③叶倒卵形至倒卵状长椭圆形，长 1.5~6cm，先端圆钝微凹，缘有圆钝锯齿，基部渐狭而全缘，两面无毛。④花白色，直径约 1cm，成复伞房花序。花期 4~5 月。⑤果球形，红色，直径约 5mm。果期 9~11 月。

【同属其他种】同属的台湾火棘 *P. kodzumii*（Hayata）Rehd. 繁殖与用途同火棘。

【分布与习性】产于陕西、江苏、浙江、湖北、福建、湖南、广西、四川、云南、贵州等省。喜光，不耐寒。要求土壤排水良好。

【观赏与应用】枝叶茂盛，初夏白花繁密，入秋果实如火，经久不落，美丽可爱。在庭园中常作绿篱及基础种植材料，也可丛植或孤植于草坪边缘或园路的转角处。

图 3-2-71 火棘

14. 蔷薇科石楠属

（1）中华石楠（波氏石楠、假思桃、牛筋木）*Photinia beauverdiana* Schneid.

【识别特征】①落叶灌木或小乔木，高 3~10m。②小枝无毛，紫褐色，有散生灰色皮孔。③叶片薄纸质，长圆形、倒卵状长圆形或卵状披针形，长 5~10cm，宽 2~4.5cm，先端突渐尖，基部圆形或楔形，边缘有疏生具腺锯齿，上面光亮，无毛，下面中脉疏生柔毛，侧脉 9~14 对，叶柄长 5~10mm，微有柔毛。④花多数，成复伞房花序，直径 5~7cm，总花梗和花梗无毛，密生疣点，花直径 5~7mm，花瓣白色，卵形或倒卵形，长 2mm，先端圆钝，无毛。花期 5 月。⑤果实卵形，长 7~8mm，紫红色，无毛，微有疣点，先端有宿存萼片。果期 7~8 月。

【分布与习性】产于陕西、河南、江苏、安徽、浙江、江西、湖南、湖北、四川、云南、贵州、广东、广西、福建。生于山坡或山谷林下，海拔 1000~1700m。喜光，也能耐荫，喜温暖、湿润气候，较耐寒耐旱。

【观赏与应用】树冠圆整，叶片光绿，初春嫩叶紫红，春末白花点点，秋日红果累累，极富观赏价值，是著名的庭院绿化树种，抗烟尘和有毒气体，且有隔声功能。

（2）红叶石楠（火焰红，千年红）*Photinia × fraseri*（图 3-2-72）

【识别特征】①常绿小乔木，株高 4~6m。株形紧凑。②叶革质，春季新叶红艳，夏季转绿色，秋、冬、春三季呈现红色，霜重色逾浓，低温色更佳。③复伞房花序顶生，总花梗和花梗无毛；花梗长3~5mm，花白色，直径6~8mm。④红色坚果，直径0.6~0.85cm。夏末成熟，可持续挂果到翌年春。

【变种、变型与品种】常见的有红罗宾和红唇两个品种，其中红罗宾的叶色鲜艳夺目，观赏性更佳。

【分布与习性】在长江流域生长良好，华北大部、华东、华南及西南各省区均有栽培。喜强光照射，同时耐荫能力也较强，但是在直射光照下，叶色更为鲜艳。在温暖潮湿的环境生长良好，抗旱，但是不抗水湿。抗盐碱性较好，对土壤要求不严，适宜生长于各种土壤中，耐修剪，很容易移植成株。

图3-2-72　红叶石楠

【观赏与应用】红叶石楠有小苗、球类、树三个不同的形态。红叶石楠小苗作为色块苗木、优秀的绿篱和庭院绿化树种，应用得十分广泛。而红叶石楠球，无论是花坛还是公园、社区，都可应用。红叶石楠树，既可以作行道树，又可作景观树。总之，红叶石楠色彩的多变性，增强了其在园林中的观赏性。

15. 蔷薇科枸子属

平枝枸子（枸刺木）*Cotoneaster horizontalis* Decne.（图3-2-73）

【识别特征】①常绿或半常绿灌木，高约0.5m。②枝水平开展成整齐2列，其小枝向四外散开平行生长，好像是一层一层的，故名"平枝"。③叶小，厚革质，近卵形或倒卵形，长约0.6~1.2cm，叶子在枝条上，一左一右错开排列，先端急尖，表面暗绿色，无毛，背面疏生平贴细毛。④花小，无柄，粉红色，花瓣直立倒卵形，长0.5~0.8cm，花为一朵或两朵为一束，花粉红色花期5~6月。⑤果近球形，直径4~6mm，鲜红色，果实在10月份成熟。经冬不落。

【分布与习性】平枝枸子原产于中国的四川、云贵、湖南、湖北、秦岭一带。适应性强，管理粗放。它喜光，但也耐半荫，可植于疏林下，较耐寒，在-20℃的低温时也不会发生冻害。对土壤要求不严，在肥沃且通透性好的砂壤土中生长最好，也耐轻度盐碱。

图3-2-73　平枝枸子

【观赏与应用】平枝枸子枝叶横展，叶小而稠密，花密集枝头，晚秋时叶色红色，红果累累，是布置岩石园、庭院、绿地、墙沿和角隅的优良材料。另外可作地被和制作盆景，果枝也可用于插花，根可药用。

16. 蔷薇科蔷薇属

月季 *Rosa chinensis* Jacq.（图3-2-74）

【识别特征】①常绿或半常绿灌木，枝梢开张，高达2m。②通常具钩状皮刺。③奇数羽状复叶，小叶 3~5 枚，长 2.5~6cm，卵状椭圆形，叶缘有锐锯齿，表面有光泽。④花单生或几朵集生成伞房状，重瓣，有紫、红、粉红等色，直径 4~6cm，芳香，萼片羽裂状。花期 5~10 月，果 9~11 月成熟。

【变种、变型与品种】①月月红'Semperfloens'：茎较纤细，常带紫红晕，叶较薄，常带紫晕，花常单生，紫色或深粉红色，花梗细长而常下垂，花期长，我国长期栽培。②小月季'Minima'：植株矮小，一般低于 25cm，多分枝，花较小，直径约 3cm，玫瑰红色，单瓣或重瓣，宜盆栽观赏。③绿月季'Viridiflora'：花绿色，单瓣。④紫玫瑰'Rubra'：花红紫色，单瓣。⑤重瓣紫玫瑰'Rubroplena'：偶见栽培。

【分布与习性】原产我国华中及西南地区，18 世纪中叶传入欧洲，现国内外普遍栽培观赏。喜光，不耐荫，喜温暖湿润气候及肥沃、微酸性土壤，不抗盐，钙质土上生长良好，耐寒性不强，北京可露地越冬，夏季高温对开花不利，以春秋两季开花最多最好。

图 3-2-74　月季

【观赏与应用】月季花艳丽芳香，花期长，生长季节陆续开花，色香俱佳，是美化庭园的传统优良花木。宜作花坛、花境及基础种植用，也可盆栽或做切花或作为专类园树种。

附：现代月季 Rosa hybrida Hort. 是我国的香水月季、月季和七姊妹等输入欧洲后，在 19 世纪上半叶与当地及西亚的多种蔷薇属植物（如法国蔷薇 R. gallica 等）杂交，并经多次改良而成的一大类群优秀的月季，19 世纪正式形成现代月季体系，进入 20 世纪，各种现代月季向全世界扩散，也进入中国，新的月季品种逐渐取代老的品种，但名称依旧沿用，真正的月季已不再受重视，实际上我们现在看到的月季大多应称为现代月季或杂种月季 Rosa hybrida Hort.，品种多达 20000 个以上。目前广为栽培的品种主要有杂种长春月季 Hybrid Perpetual Roses、杂种香水月季 Hybrid Tea Roses、丰花月季 Floribunda Roses、壮花月季 Grandiflora Roses、微型月季 Miniature Roses、地被月季 Grand Cover Roses、藤本月季 Climbing Roses 七大类群，目前以杂种香水月季栽培最广、品种最多。

17. 瑞香科瑞香属

瑞香（风流树、瑞兰）*Daphne odora* Thunb.（图 3-2-75）

【识别特征】①常绿直立灌木，高 1.5~2m。②枝粗壮，常二歧分枝，小枝无毛，紫红色或紫褐色。③叶互生，纸质，长卵形或长圆形，长 7~13cm，先端钝，基部楔形，全缘，两面无毛，上面中脉凹下，侧脉 9~13 对，两面均显著，叶柄长 0.4~1cm，疏被淡黄色丝状毛或无毛。④头状花序顶生，多花，苞片披针形或卵

图 3-2-75　瑞香

状披针形，长 5~8mm，宽 2~3mm，无毛，花外面淡紫红色，内面肉红色。萼筒壶状，长 0.6~1cm，外面无毛，裂片 4，卵形或卵状披针形，基部心形，与萼筒等长。雄蕊 8，2 轮，下轮着生于萼筒中部以上，上轮着生于萼筒喉部稍下，花药 1/2 伸出萼筒喉部，花盘环状，不裂，子房长圆形，无毛，顶端钝尖，花柱短，柱头头状。花期 3~5 月。⑤果红色，果期 7~8 月。

【变种、变型与品种】①金边瑞香 var. *marginata* Mak.：叶缘淡黄色，较耐寒。②白瑞香'Alba'：花纯白色，无毛。

【分布与习性】产于长江流域。喜荫，喜排水良好的酸性土壤，不耐寒。

【观赏与应用】早春开花，美丽芳香。可植于庭园观赏或盆栽。

18. 桃金娘科红千层属

红千层（瓶刷木、金宝树）*Callistemon rigidus* R. Br.

【识别特征】①常绿灌木或小乔木，株高 3~5m。②树皮暗灰色，不易剥离。幼枝有白色柔毛。③叶条形，革质，坚硬而尖，长 5~9cm，宽 2~4mm，中脉和边脉明显，叶片内有透明腺点少而大。④穗状花序较稠密，生于枝顶，有多数花，花瓣绿色，花丝多数，鲜红色，长 10cm 似瓶刷状。夏至秋季开花。⑤蒴果顶端开裂。

【同属其他种】柳叶红千层 *Callistemon salignus* DC.：常绿乔木，嫩枝圆柱形，有丝状柔毛，叶片革质，线状披针形，长 6~7.5cm，宽 0.7cm，先端渐尖或短尖，基部渐狭，两面均密生有黑色腺点。

【分布与习性】原产澳大利亚，属热带树种。引进中国后，在中国多个地区都有栽种。喜光，喜高温高湿气候，喜稍有荫蔽的阳坡，能耐烈日酷暑，不很耐寒，喜肥沃潮湿的酸性土壤，也能耐干旱贫瘠。生长缓慢，萌芽力强，耐修剪，抗风，抗大气污染。在北方只能盆栽于高温温室中。

【观赏与应用】红千层株形飒爽美观，开花珍奇美艳，花期长（春至秋季），每年春末夏初，火树红花，满枝吐焰，甚为奇特。为热带地区常见的园林观赏树和行道树。

19. 卫矛科卫矛属

大叶黄杨（冬青卫矛）*Euonymus japonicus* Thunb.（图 3-2-76）

【识别特征】①常绿灌木或小乔木，高可达 8m。②小枝绿色，稍四棱形。③叶革质，有光泽，椭圆形至倒卵形。④花绿白色，6~12 朵呈密集聚伞花序。花期 5~6 月。⑤蒴果近球形，淡红色，直径 8~10mm，熟时 4 瓣裂，假种皮橘红色。9~10 月果成熟。

【变种、变型与品种】①金心大叶黄杨'Awens'：干皮灰褐色，小枝和叶柄均为淡黄色，叶片中央呈金黄色。②银边大叶黄杨'Albo-marginatus'：叶柄和小枝呈白绿色或灰色，叶片边缘具很窄的银白色条带。③金边大叶黄杨'Ovatus Aureus'：叶缘金黄色。

【分布与习性】产于贵州西南部、广西东北部、广东西北部、湖南南部（宜章）、江西南部。喜光，稍耐荫，有一定的耐寒力，在淮河流域可露地自然越冬，华北地区需保护越冬，

图 3-2-76　大叶黄杨

在东北和西北的大部分地区均作盆栽。对土壤要求不严，在微酸、微碱土壤中均能生长，在肥沃和排水良好的土壤中生长迅速，分枝也多。

【观赏与应用】大叶黄杨是优良的园林绿化树种，可栽植作绿篱及背景种植材料，也可单株栽植在花境内，将它们整形成低矮的巨大球体，相当美观，更适合用于规则式的对称配植。

20. 冬青科冬青属

枸骨（枸骨冬青）*Ilex cornuta* Lindl. ex Paxt. （图3-2-77）

【识别特征】①常绿灌木或小乔木，高3~4m，最高可达10m以上。②树皮灰白色，平滑不裂。枝开展而密生。③叶片革质，矩圆形，长4~8cm，顶端扩大并有3枚刺齿，中央一枚向背面弯，基部两侧各有1~2枚刺齿，表面深绿而有光泽，背面淡绿色，叶有时全缘，基部圆形，往往常年生于枝叶腋。④花小，黄绿色，簇生于二年生枝叶腋。花期4~5月。⑤核果球形，鲜红色，具4核。果熟期9~12月。

【分布与习性】产于我国长江中下游各省，多生于山坡谷地灌木丛中，朝鲜也有分布。现各地庭园常有栽培。喜光，稍耐荫，喜温暖气候及肥沃湿润而排水良好的微酸性土壤，耐寒性不强。颇能适应城市环境，对有害气体有较强抗性。生长缓慢，耐修剪。

图3-2-77 枸骨

【观赏与应用】枝叶稠密，叶形奇特，深绿光亮，入秋后红果累累，鲜艳美丽，是良好的观叶、观果树种。单植、对植或丛植均可，也是很好的绿篱植物及盆栽材料。

21. 黄杨科黄杨属

（1）黄杨（瓜子黄杨）*Buxus sinica*（Rehd. et Wils.）（图3-2-78）

【识别特征】①常绿灌木或小乔木，高可达7m。②枝叶较疏散，嫩枝及冬芽外鳞均有短柔毛。③叶倒卵状、倒卵状椭圆形至广卵形，长1.5~3.5cm，先端圆或微凹，基部楔形，叶柄及叶背中脉基部有毛。④花簇生叶腋或枝端，黄绿色。花期3月，果5~6月成熟。

【分布与习性】产于我国，北至辽宁、河北、山东，南至海南，东至台湾、福建，西至云南、四川均有分布。喜半荫，在无荫蔽处生长叶片常发黄。喜温暖湿润气候及肥沃的中性及微酸性土壤。生长缓慢，耐修剪。对多种有毒气体抗性强。

【观赏与应用】为优良的庭园观赏和盆景植物。

（2）朝鲜黄杨 *Buxus microphylla* var. *Koreana*

【识别特征】①常绿灌木，高约60cm。②枝条紧

图3-2-78 黄杨

密，小枝近四棱形，灰色，嫩枝绿色或褐色。③叶椭圆形，卵圆形或长椭圆形，革质，全缘，先端微凹，基部楔形，叶面深绿色，背面淡绿色，叶柄、叶背中脉密生毛。④花簇生于叶脉，或顶生。花期4月中、下旬。⑤蒴果3室，每室具两粒黑色有光泽的种子。果熟期7月下旬~8月上旬。

【分布与习性】分布于我国东北南部至华中，北部暖温带落叶阔叶林区。耐寒力极强。具有抗风沙、耐干旱、喜荫等特性。

【观赏与应用】园林中常用作绿篱及背景种植材料，也可丛植于草地边缘或列植于园路两旁，若加以整形，更适合用于规划式对称配植。在上海、杭州一带常将其修剪成圆球形或半球形，用于花坛中心或对植于门旁。也是基础种植、街道绿化和工厂绿化的好材料。其花叶、斑叶变种更宜盆栽，用于室内绿化及会场装饰等。

(3) 锦熟黄杨（窄叶黄杨）*Buxus sempervirens* L.

【识别特征】①常绿灌木或小乔木，高可达6~9m。②小枝近四棱形，黄绿色，具条纹，近于无毛。③叶革质，长卵形或卵状长圆形，长1.5~2cm，宽1~1.2cm，顶端圆形，偶有微凹，基部楔形，叶面暗绿色光亮，中脉突起。④总状花序腋生。花期4月。⑤蒴果球形，3瓣室背开裂。种子黑色，光亮。果期7月。

【变种、变型与品种】锦熟黄杨在欧洲园林中应用十分普遍，并有金边、斑叶、金尖、垂枝、长叶等栽培变种。

【分布与习性】原产中欧，南欧至高加索。我国华南地区常有栽培。耐荫性树种，不宜阳光直射，喜温暖湿润气候。适宜在排水良好、深厚、肥沃的土壤中生长。耐干旱，忌低洼积水，较耐寒。生长很慢，耐修剪。

【观赏与应用】本种枝叶茂密而浓绿，经冬不凋，又耐修剪，观赏价值甚高。宜于庭园作绿篱或在花坛边缘种植，也可以在草坪孤植、丛植及在路边列植。可点缀山石，或作盆栽、盆景，用于室内绿化。

(4) 雀舌黄杨（匙叶黄杨）*Buxus bodinieri* Levl.

【识别特征】①常绿矮小灌木，高通常不到1m。分枝多而密集，成丛。②树皮灰褐色，有深纵裂纹。③叶对生，形较长，倒披针形、长圆状倒披针形或倒卵状匙形，长2~4cm，先端钝尖或微凹，基部窄楔形，中脉两面隆起，干后侧脉显著，与中脉呈45°~50°角，下面中脉被白色钟乳体，叶柄长1~2mm，疏被柔毛。④花密集成球状，总梗长约2.5mm。雄花近无梗，花柱长1.5~2mm，柱头面不下延。⑤果卵圆形，长约7mm。

【分布与习性】产于云南、四川、贵州、广西、广东、江西、浙江、湖北、河南、甘肃、陕西（南部）。喜温暖湿润和阳光充足环境，耐干旱和半荫，要求疏松、肥沃和排水良好的砂壤土。弱阳性，耐修剪，较耐寒，抗污染。

【观赏与应用】枝叶繁茂，叶形别致，四季常青，常用于绿篱、花坛和盆栽，修剪成各种形状，是点缀小庭院和入口处的好材料。

22. 大戟科红桑属（铁苋菜属）

红桑（红叶铁苋）*Acalypha wilkesiana* Muell. -Arg.

【识别特征】①常绿灌木，高1~4m，分枝茂密，形成密丛。②嫩枝被短毛。③叶纸质，互生，宽卵形或卵状长圆形，长10~18cm，顶端渐尖，红色、绛红色或常带不规则的红色或紫色斑块，顶端渐尖，基部圆钝，边缘具粗圆锯齿，下面沿叶脉具疏毛，托叶狭三角形，具短毛④雌雄同株异序，雄花序1~2个腋生，长10~20cm，淡紫色。春夏两季为开花期。

【变种、变型与品种】常见变种有金边红桑 var. *marginata*：叶片浅绿色或浅红色，叶缘黄色，花序与花均同红桑。

【分布与习性】原产于东南亚。我国南方广泛栽培。喜光，喜温暖至高温多湿气候，日照充足，叶色艳丽，极耐干旱，忌水湿，不耐严寒。生命力强，生长迅速。

【观赏与应用】叶色变化，十分美观，是南方各地庭园或公园栽培最为常见的观叶植物之一。

23. 大戟科变叶木属

变叶木（洒金榕）*Codiaeum variegatum* (L.) A. Juss.（图3-2-79）

【识别特征】①灌木或小乔木，高1.1~2m。②单叶互生，厚革质，叶形和叶色依品种不同而有很大差异，叶片形状有线形、披针形至椭圆形，边缘全缘或者分裂，波浪状或螺旋状扭曲，甚为奇特，叶片上常具有白、紫、黄、红色的斑块和纹路，全株有乳状液体。③总状花序生于上部叶腋，雄花白色不显眼，雌花淡黄色，花被片5枚。④蒴果球形，暗褐色。

【变种、变型与品种】主要的变型有：①柳叶变叶榕 *f. platyphyllum* 'Graciosum'：叶条形，细而长，绿色，上面有金黄色斑。②晨星变叶榕 *f. platyphyllum* 'Harvest Moon'：叶大，长10cm以上，卵形、倒卵形或椭圆形，叶色浓绿，叶脉及叶缘鲜黄色。③彩叶变叶榕 *f. platyphyllum* 'Mons-florin'：叶大，卵形、倒卵形或椭圆形，长10~15cm，嫩叶黄色、淡红色至绿色，叶脉黄色或淡红色。④雁爪变叶木 *f. lobatum* 'Cragii'：叶宽，有3裂，绿叶上有黄色斑点。近年来，又有莫纳利萨'MonaLisa'、布兰克夫人'Mad. Blanc'、奇异'Exotica'、金太阳'Goldsun'、艾斯汤小姐'Mrs. Iceton'等品种。

图3-2-79 变叶木

【分布与习性】原产于澳洲、印度、马来西亚，现广泛栽培于热带地区，我国华南地区也常见栽培。喜温暖湿润气候，不耐霜冻，喜光，光照越足，叶色越鲜艳。变叶木的生长适温为20~30℃，冬季温度应不低于13℃。短期在10℃，叶色不鲜艳，出现暗淡，缺乏光泽；温度在4~5℃时，叶片受冻害，造成大量落叶，甚至全株冻死。土壤以肥沃、保水性强的黏质壤土为宜。盆栽可用培养土、腐叶土和粗砂的混合土壤。

【观赏与应用】变叶木叶色、叶形以及花纹多变，为热带、亚热带地区常见的庭园或公园的观叶植物。可丛植或做绿篱，也可盆栽观赏或做插花、花环、花篮的配叶材料。

24. 楝科米仔兰属

米仔兰（米兰，树珠兰）*Aglaia odorata* Lour.（图3-2-80）

【识别特征】①常绿灌木或小乔木，株高可达4~7m。分枝多，树冠呈半圆形。②顶芽、小枝先端常被褐色星形盾状鳞。③单数羽状复叶互生，叶长约13cm，叶柄上有黑色腺点，叶轴上稍有翅，小叶3~5（7）片，倒卵形至长椭圆形，长3~7cm，先端钝或钝尖，基部楔形。④圆锥花序腋生，花繁密，黄色，直径约2~3cm，极芳香。花期从夏至秋。⑤果为浆果，卵形或近球形，长10~12mm。

【同属其他种】四季米仔兰 Aglaia duperreana Pierre，与米仔兰的主要区别是小叶小，倒卵形，先端圆。

【分布与习性】原产亚洲南部，中国华南地区、越南、印度、泰国、马来西亚等均有分布，我国主要分布在广东、广西、海南等省。华南庭园常见栽培，长江流域及其以北盆栽观赏，温室越冬。喜温暖湿润、阳光充足的环境，忌严寒，忌强阳光直射，不耐旱，稍耐荫，喜肥沃、富有腐殖质、排水良好的微酸性壤土，忌盐碱。

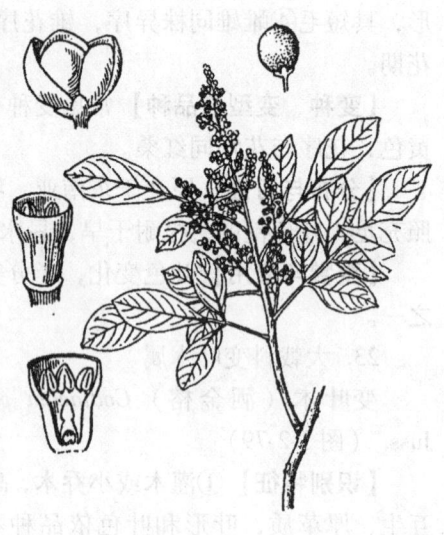

图3-2-80　米仔兰

【观赏与应用】树姿优美，叶形秀丽，四季常青，花金黄如粟，芬芳似兰，是优良的庭园观形、赏香树种。因能耐荫，室内陈设也颇为适宜，可给人清幽雅致之感。

25. 芸香科柑橘属

佛手（五指柑、佛手柑）*Citrus medica* var. *sarcodactylis*

【识别特征】①常绿小乔木或灌木，高1m左右，最高可达3~4m。②枝梢有棱角，嫩枝带紫红色，有粗硬的短棘刺。③叶互生，长圆形或卵状长圆形，长5~12cm，宽3~5cm，先端圆钝或有凹缺，基部楔形，边缘有微锯齿。④花单生，簇生或为总状花序，花萼杯状，5浅裂，裂片三角形，花瓣5枚，内面白色，外面紫色。雄蕊多数，子房椭圆形，上部窄尖。花期4~5月。⑤柑果卵形或长圆形，先端分裂如拳状，或张开似指尖，其裂数代表心皮数，表面橙黄色，粗糙，果肉淡黄色。种子数颗，卵形，先端尖，有时不完全发育。果熟期10~12月。

【分布与习性】原产亚洲，主产我国广东、广西、福建、台湾、浙江等省区，现各地都有栽培。喜温暖湿润的气候，阳性，但怕强光，不耐荫。最适温度为25~35℃。喜排水良好、肥沃湿润的酸性砂质壤土。

【观赏与应用】佛手果状如人手，姿态奇特，又能散发出醉人的清香，是名贵的冬季观果盆栽花木。果实可沏茶、泡酒，花、果可药用。

26. 芸香科金橘属

金橘（金柑、枣橘）*Fortunella margarita* (Lour.) Swingle（图3-2-81）

【识别特征】①常绿灌木，高可达3m。②枝细，密生。③叶披针形或长圆形，长5~9cm，表面深绿

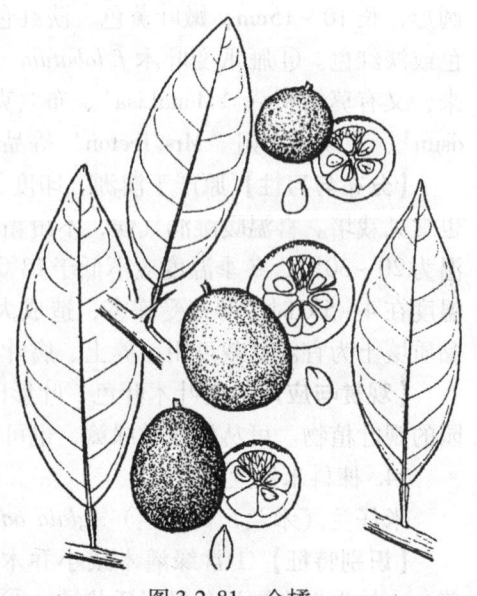

图3-2-81　金橘

光亮。④花1~3朵腋生。花期5~8月。⑤果长卵形或长圆形，熟时金黄，囊瓣4~5，连皮可食。果期11~12月。

【变种、变型与品种】金弹'Chintan'（*F. crassifolia* Swingle）、月月橘'Changshou Jingan'（*F. obovata* Tanaka）、四季橘'Calamondin'（*Citrus microcarpa* Bunge），观赏性及栽培与金橘相似，均为广东和港澳等沿海地区春节期间的常见盆花。

【分布与习性】主要分布于华南，凡柑橘产区均能栽培，各地多盆栽观赏。喜温暖湿润和阳光充足的环境，稍耐荫，较耐寒。要求深厚肥沃带酸性的砂质土壤。

【观赏与应用】枝叶茂密，树枝秀雅，四季常青。夏季花白如玉，芳香怡人，秋冬金果玲珑，色艳味甘，为观果的优良树种。可植于庭院、花坛、建筑物入口等处。盆栽是赏花、果、叶的上品，也是广东和港澳等沿海地区春节期间的必备盆花。

27. 芸香科九里香属

九里香（七里香、千里香）*Murraya paniculata* (L.) Jack.（图3-2-82）

【识别特征】①常绿小乔木或灌木，高可达8m。②羽状复叶，小叶3~7枚，互生，倒卵形或倒卵状椭圆形，中部以上最宽，顶端圆或钝。③聚伞花序顶生或生于上部叶腋，花白色，极芳香，萼小，雄蕊10，长短不一。花期4~8月。④浆果卵形或球形，橙黄色至朱红色，果期9~12月。

【分布与习性】产于我国台湾、广东、海南及广西。长江流域以北只能盆栽，气温低于5℃需入温室。喜温暖湿润，耐干热，不耐寒。要求阳光充足以及土层深厚肥沃、排水良好的砂质土。常见于离海岸不远的平地、缓坡和小丘的灌木林中。

图3-2-82 九里香

【观赏与应用】树冠优美，四季常青。花香怡人，为优良的芳香花木。可做绿篱或配植于庭院之中和建筑物周围。冬季较寒冷的地方宜盆栽观赏，是室内绿化装饰的良好材料。

28. 五加科八角金盘属

八角金盘 *Fatsia japonica* (Thunb.) Decne. et Planch.（图3-2-83）

【识别特征】①常绿灌木或小乔木，高达4~5m，常成丛生状。②幼嫩枝叶具易脱落的褐色毛。③单叶互生，近圆形，宽12~30cm，因裂叶约8片，看似有8个角而得名，叶缘有细锯齿，叶柄长，基部膨大。④花小，乳白色，球状伞形花序聚生成顶生圆锥状复花序。夏秋开花。⑤果近球形，

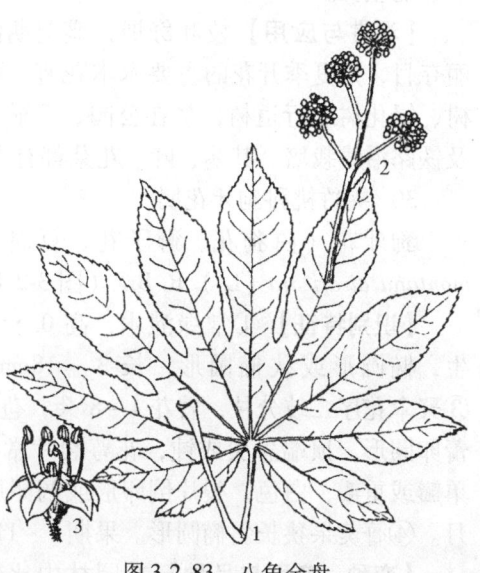

图3-2-83 八角金盘

直径5mm，熟时黑色。果熟期翌年4月。

【变种、变型与品种】常见的品种有：①白边八角金盘'Albo-marginata'，叶有白色边缘。②黄斑八角金盘'Variegata'，叶有黄色或白色斑。

【分布与习性】原产于日本，我国亚热带地区庭园中有栽培。稍耐荫，喜温暖湿润气候，耐寒性不强，要求排水良好、肥沃的微酸性土壤，中性土壤也能适应。萌蘖力较强。

【观赏与应用】八角金盘叶丛四季油光青翠，叶片像一只只绿色的手掌，是优良的观叶植物，经常在庭园栽植或用于室内、厅堂及会场陈设。

29. 夹竹桃科夹竹桃属

夹竹桃（洋夹竹桃，欧洲夹竹桃）*Nerium indicum* Mill.（图3-2-84）

【识别特征】①常绿灌木，高达6m。②茎无毛。嫩枝具棱，被微毛，老时脱落。含水液。③叶革质，狭椭圆形，长5~21cm，基部楔形或下延，顶端渐尖或急尖。④花显著，芳香，花萼裂片狭三角形或狭卵形，花冠紫红色、粉红色、白色、橙红色或黄色，单瓣或重瓣。几乎全年开花，盛花期6~10月。⑤蓇葖果圆柱形，长12~23cm。果期一般在冬春季。

【变种、变型与品种】白花夹竹桃'Paihua'，花白色、花冠乳白色。

【分布与习性】原产伊朗、印度、尼泊尔，现广植于热带及亚热带地区，我国各省区均有栽培。喜光，喜温暖、湿润的气候，生命力强，生长迅速，抗风，抗大气污染，不耐寒，耐海潮，但不耐荫。耐瘠薄，对土壤要求不严，但以偏干燥的土壤为佳。在碱性土上也能生长。

【观赏与应用】枝叶舒展，盛花期满树红花，艳丽夺目，是夏季开花的主要木本花卉。可做园林风景树、绿化树或行道树，多在公园、厂矿、道路绿化以及铁路沿线栽培。其茎、叶、花朵都有毒。

图3-2-84 夹竹桃

30. 夹竹桃科狗牙花属

狗牙花（白狗花、狮子花、豆腐花）*Tabernaemontana divaricata*（L.）R. Br.（图3-2-85）

【识别特征】①常绿灌木，高0.5~5m。②叶对生，椭圆形或狭椭圆形，长3~18cm，顶端渐尖。③聚伞花序二歧分枝，着花1~8朵，苞片鳞片状，花蕾卵圆形，顶端急尖或钝，花萼裂片常具缘毛，花冠单瓣或重瓣，白色，裂片倒卵形或阔卵形。花期4~9月。④蓇葖果狭长斜椭圆形。果期7~11月。

【变种、变型与品种】在园林中比较常见的栽培

图3-2-85 狗牙花

品种有重瓣狗牙'Floore~pleno'：花冠重瓣，开花期为夏至初冬。

【分布与习性】产于云南南部，台湾、福建、广东、广西、海南、云南均有栽培，孟加拉国、不丹、尼泊尔、印度、缅甸、泰国也有分布，亚洲热带、亚热带地区广泛栽培。喜光，喜高温湿润气候，不耐旱，不耐荫。栽培需肥沃湿润的砂质土壤。因根系发达，须土层深厚，不宜盆栽。

【观赏与应用】树姿整齐，花色素雅，为著名的香花植物，因其花冠裂片边缘有皱纹，状如狗牙，故名"狗牙花"。常植于庭园观赏，群植、列植均可。

31. 马鞭草科马樱丹属

马樱丹（五色梅、臭草、如意草）*Lantana camara* L.（图3-2-86）

【识别特征】①常绿灌木，高1~2m。②茎枝均四方形，有短柔毛，通常有短而倒钩状刺。③单叶对生，卵形至卵状长圆形，长3~9cm，先端渐尖，基部圆形，两面有粗糙毛，揉烂后有强烈的气味。④头状花序腋生，花冠黄色、橙黄色、粉红色至深红色。全年开花。⑤果圆球形，成熟时紫黑色。

【变种、变型与品种】常见的栽培品种有：①黄花马樱丹'Flava'：花黄色。②橙红马樱丹'Mista'：花初开时黄色后变为橙黄色。③白花马樱丹'Alba'：花白色。

【分布与习性】主要分布于南美洲、西印度，我国南方各省已归化为野生状，庭园中有栽培。喜光，喜温暖湿润气候。对土壤要求不严，以深厚肥沃、排水良好的砂壤土为佳。

【观赏与应用】花美丽，花期长，生长健壮，栽培容易，在南方各地庭园常作花坛和地被植物。北方可盆栽观赏。枝叶及未熟果有毒，全株皆可入药。

图3-2-86　马樱丹

32. 马鞭草科假连翘属

假连翘（番仔刺、篱笆树、洋刺、花墙刺、桐青）*Duranta repens* L.（图3-2-87）

【识别特征】①常绿灌木，植株高1.5~3m。②枝细长，拱形下垂，有刺或无刺，嫩枝有毛。③叶对生，稀为轮生，叶柄长约1cm，有柔毛，叶片纸质，卵状椭圆形、倒卵形或卵状披针形，长2~6.5cm，宽1.5~3.5cm，基部楔形，叶缘中部以上有锯齿，先端短尖或钝，有柔毛。④总状花序顶生或腋生，常排成圆锥状；花萼管状，有毛，长约5mm，具5棱，先端5裂，结果时先端扭曲，花冠蓝色或淡蓝紫色，长约8mm，先端5裂，裂片平展，内外有毛，花柱短于花

图3-2-87　假连翘

冠管，子房无毛。⑤核果球形，直径约5mm，熟时红黄色，有光泽，完全包于扩大的宿萼内。花、果期5~10月。

【变种、变型与品种】①白花假连翘'Alba'：花白色。②金叶假连翘'Dwarf Yellow'：嫩叶金黄色，花冠淡紫色。③花叶假连翘'Variegata'：叶有黄色或白色斑纹，花淡紫色。

【分布与习性】原产于墨西哥和巴西，热带地区广泛栽培。我国南方各省均有栽培。喜光，喜温暖湿润气候，在全日照或半日照条件下生长良好，耐半荫，不耐寒，耐修剪。对土壤要求不严，但需排水良好。

【观赏与应用】枝条柔软下垂，花与果极富色彩美，观花、观叶、观果并举，适于种植作绿篱、绿墙、花廊，或攀附于花架上，或悬垂于石壁、砌墙上，都很美丽。也常作花坛的布置材料。枝条柔软，耐修剪，可卷曲为多种形态，作盆景栽植，或修剪培育作桩景，效果尤佳。果入药，治疟疾，叶捣烂可敷治痈肿。

33. 木犀科素馨属（茉莉属）

茉莉（茉莉花）*Jasminum sambac*（L.）Aiton（图3-2-88）

【识别特征】①常绿灌木，枝细长呈藤木状，高0.5~3m。②幼枝有短柔毛或近无毛。③单叶，对生，纸质，宽卵形或椭圆形，长2.5~9cm，宽3~3.5cm，先端急尖，基部圆形或近心形，两端被疏柔毛，下面脉腋有簇毛。④聚伞花序顶生，通常有花3朵，白色，芳香，花后常不结实。花期5~11月，以7月开花最盛。

【变种、变型与品种】双瓣茉莉为直立丛生灌木，多分枝，茎枝较粗硬，茎基部表皮有灰褐色皱纹。花朵比单瓣茉莉肥硕，花冠裂片较多，基部呈覆瓦状联合排列成两层，内层4~8片，外层7~10片。

【分布与习性】原产于印度。现热带、亚热带和温带地区广泛栽培，我国长江以南各省均有栽培。喜光，喜炎热、潮湿气候，畏严寒。以土质深厚、疏松、肥沃的砂质土壤生长最好。

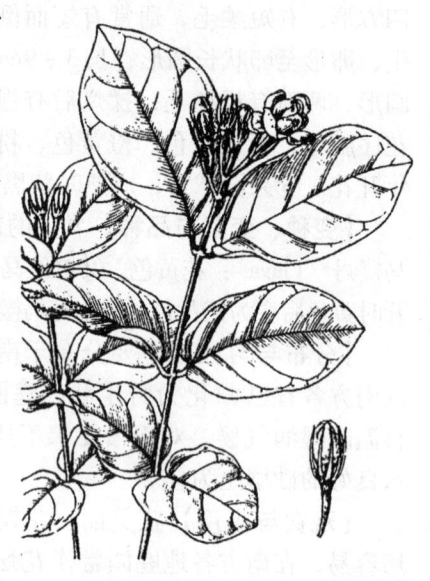

图3-2-88 茉莉

【观赏与应用】为著名的香花植物，花极香，可制作香精或制作茉莉花茶。花、叶、根均可入药。

34. 茜草科栀子属

栀子花（栀子、黄栀子）*Gardenia jasminoides* Ellis（图3-2-89）

【识别特征】①常绿灌木，高1~3m。②干灰色，小枝绿色，有垢状毛。③叶长椭圆形，长6~12cm，先端渐尖，全缘，无毛，侧脉明显，每侧6~9条，托叶呈鞘状包围小枝。④花单生枝顶或叶腋，花萼5~7裂片，裂片线形，花冠高脚碟状，先端6裂，白色，浓香，花丝短，花药线形。花期较长，从5~6月连续开花至8月。⑤果实倒卵形、椭圆形或长椭圆形，长1.4~3.5cm，直径0.8~1.8cm。表面红棕色或红黄色，微有光泽，有翅状纵棱6~8条。果期8~11月。

【变种、变型与品种】①大叶栀子 var. *grandiflora* Nakai：也称大花栀子，栽培变种，叶大,花大而富浓香,重瓣,不结果。②卵叶栀子 var. *ovalifolia* Nakai:叶倒卵形,先端圆。③狭叶栀子 var. *angustifolia* Nakai:叶狭窄,野生于香港。④斑叶栀子 var. *aureo-variegata* Nakai. 叶具斑纹。

【分布与习性】产于长江流域,我国中部或中南部分布。喜光,也耐荫,在荫蔽条件下叶色浓绿,但开花较少。喜温暖湿润气候,耐热也耐寒。喜肥沃、排水良好的酸性土,也耐干旱瘠薄。抗二氧化硫能力较强。耐修剪。

【观赏与应用】叶色亮绿,四季常青,花大洁白,芳香馥郁,又有一定的耐荫和抗有毒气体的能力,故为良好的绿化、美化、香化的材料,可成片丛植或配植于林缘、庭园,植作花篱也极为适宜。植株较矮小,可盆栽观赏或制作盆景。

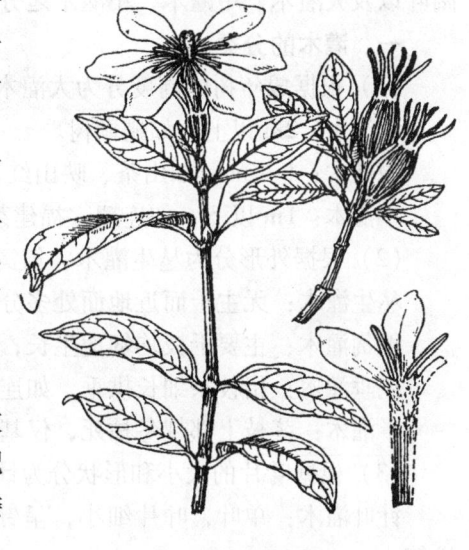

图3-2-89 栀子花

35. 茜草科龙船花属

龙船花(英丹、仙丹花、百日红)*Ixora chinensis* Lam.(图3-2-90)

【识别特征】①常绿灌木,高0.5~2m。②单叶对生,椭圆状披针形或倒卵状长椭圆形,长6~13cm,先端钝或钝尖,基部楔形或浑圆,边全缘,侧脉稍明显,叶柄短或几无。③顶生伞房状聚伞花序,花序分枝红色,花冠红色或橙红色,高脚碟状,筒细长。裂片4,先端圆。花期长,几乎全年开花。④浆果近球形,成熟时紫红色。

【变种、变型与品种】①红龙船花 var. *coccinea* L.:又称红仙丹花,植株低矮,叶片细小,花色殷红。②白仙丹 var. *parvifora* Vahl.:花较小,花冠白色,裂片为狭窄的线形。③黄龙船花 var. *lutea* (Veitch) Hutchins.:又称黄仙丹,花冠金黄色。

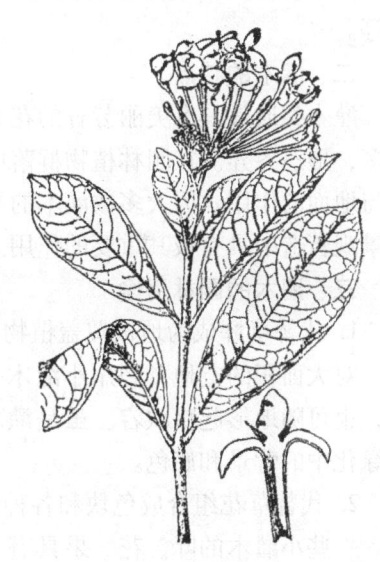

图3-2-90 龙船花

【分布与习性】产于亚洲热带地区,我国华南地区有野生,现热带地区普遍栽培。喜高温多湿,喜光,在全日照或半日照时开花繁多,在荫蔽处则开花不良。在富含腐殖质、疏松肥沃的砂壤土上生长最佳。

【观赏与应用】四季常绿,盛花期花团锦簇,艳丽夺目,为优良的热带木本花卉,单植、丛植或植于花坛均可。在中国南方可露地栽植,适合庭院、宾馆、风景区布置,北方温室宜盆栽观赏。是缅甸的国花。

【知识链接】灌木概说

灌木是指树体矮小、主干低矮或无明显主干、分枝点低的树木,通常高5m以下,有些乔木树种因环境条件限制或人为栽培措施可能发育为灌木状。灌木也有常绿和落叶、针叶和阔叶以及大灌木、中灌木、小灌木之分。

一、灌木的分类

（1）根据成年树的高度分为大灌木、中灌木、小灌木。

大灌木：2m 以上，如珊瑚树。

中灌木：1~2m，如山茶、映山红、栀子花。

小灌木：1m 以下，如连翘、福建茶。

（2）根据外形分为丛生灌木、匍匐灌木、拱垂灌木和半灌木等。

丛生灌木：无主干而近地面处多分枝，如千头柏。

匍匐灌木：主要干枝均匍地生长，高度有限，如铺地柏。

拱垂灌木：指枝条细长拱垂，如连翘、迎春。

半灌木：茎枝上部越冬枯死，仅基部为多年生并木质化，如富贵草、苦参等。

（3）根据叶片的大小和形状分为针叶灌木和阔叶灌木。

针叶灌木：单叶，叶片细小，呈针状、鳞片状或线形、条形、钻形、披针形，如罗汉松等。

阔叶灌木：有单叶也有复叶，叶片宽阔，大小差异悬殊，叶形各异，如鸡蛋花、绣球等。

二、灌木的特点

灌木类通常具有美丽芳香的花朵、色彩丰富的叶片或诱人可爱的果实等观赏性状，种类繁多，形态各异。在园林植物群落中，灌木处于中间层，起到连接和过渡乔木与地面、建筑物与地面的作用。因大多数灌木的平均高度与人的平视高度一致，极易形成视觉焦点，在园林景观营造中具有极其重要的作用。

三、灌木的园林用途

1. 代替草坪成为地被覆盖植物

对大面积的空地，利用小灌木一株一株紧密栽植，而后对植株进行修剪，使其平整划一，也可随地形起伏跌宕。虽是灌木，但整体组合却是一片"立体草坪"的效果，成为园林绿化中的背景和底色。

2. 代替草花组合成色块和各种图案

一些小灌木的叶、花、果具有不同的色彩，可运用小灌木密集栽植法组合成不同的曲线、色块、花形等图案，这些色块和图案在园林绿地中或大片草坪中可起到画龙点睛的作用。对一些形状各异的花坛，采取小灌木密集栽植法进行绿化，形成花境、花台，会产生不同的视觉效果。小灌木密集栽植造景虽不能完全取代草坪和草本地被植物所产生的作用和效果，但也因其便于管理，效果上乘而被广泛应用于园林绿化中，满足现代城市园林绿化建设需要。

3. 灌木在园林绿化中，有着不可或缺的地位

无论道路、公园、小区或河堤，只要有绿化的地方，大多都有灌木的应用。

【学习评价】

学生成绩评分标准见表 3-2-2。

项目三 被子植物门园林树木分类

表3-2-2 学生成绩评分标准

任务二 灌木类园林树木分类

序号	评价项目	评 价 内 容	分值
1	学习态度	全勤（5分）；学习积极主动，态度认真、努力（5分）；回答问题准确率高（5分）	15
2	学习方法	能够充分准备理论资料（5分）；任务调查计划周密、实施到位（5分）；善于运用多种手段，具有一定的探索精神（5分）	15
3	团队精神	积极参加小组合作，团队意识强（5分）；共同研究、认真讨论，解决问题效率高（5分）	10
4	能力水平	任务报告按时完成，内容完整、表述正确（30分）；条理清晰、电子版报告图文并茂（10分）；实践能力突出（10分）；完成任务有创新之处（10分）	60

【复习思考】

1. 从园林造景应用的角度，分析灌木的类型和景观作用。
2. 调查当地常见灌木的树形，探讨它们在造景中的功能。
3. 当地春季观花灌木有哪些？谈谈主要识别特征和应用特点。
4. 当地夏、秋季观花灌木有哪些？谈谈主要识别特征和应用特点。
5. 谈谈本地彩色灌木树种有哪些。
6. 列举8种以上能够做绿篱的灌木树种。
7. 比较蔷薇、月季、玫瑰的主要特征。
8. 区别大叶黄杨、小叶黄杨、朝鲜黄杨和雀舌黄杨。

任务三　藤本类园林树木分类

【任务描述】

本任务旨在学习被子植物门中的藤本类园林树种，掌握各藤本类树种的识别特征、观赏特色和园林应用特点。包括落叶藤本和常绿藤本两部分内容。

【任务分析】

本任务的学习以植物形态分类学知识为基础，结合项目一园林树木分类与应用基础的有关理论，按照科、属、种的体系，通过树木识别与应用调查任务驱动的形式，认知园林常见应用的藤本树种，能够准确鉴别并合理应用。在学习过程中，注意掌握各科代表性树种，善于运用特征比较法，举一反三，掌握更多的有关树种；要特别注意区别形态相似的树种。

【任务目标】

准确识别本地区常用的落叶藤本和常绿藤本；掌握相关藤本树种的观赏特色和园林应用特点，掌握主要藤本树种特别是代表性藤本树种的主要习性；能够根据常见树种的观赏特点和应用特点进行合理配植。

【任务实施】

教师运用多媒体进行案例式教学，同时利用校内树木园、本地区公园和城市绿地通过现场教学或实训实习等形式，引导学生认知代表性树种；发挥学生主体学习作用，布置以学习小组为单位合作完成树种实地调查的任务，主要内容包括各藤本树种的识别特征、观赏特点和园林应用特点。

一、材料与用具

本地区生长正常的各种藤本树种、照相机、手持放大镜、解剖镜、枝剪、记录夹等。

二、任务实施步骤

（一）教师规划调查区域；学生分组（4~5人一组，每组选出一名组长）

（二）调查准备

（1）每小组制定一套调查方案，包括目的、分工、范围、路线、时间、方法和成果等。

（2）查找资料，形成初步的园林藤本树种名录。

（3）明确常见藤本树种的识别特征。

（4）设计调查表格，准备调查工具。

（三）外业调查

按照制定的调查路线，识别和记录各个藤本树种，并拍摄照片，填写表格（表3-3-1）。

表3-3-1　____市____公园（小区、校园）藤本类园林树种识别与应用调查表

序号	树种名称	照片编号	识别要点	分布区域及数量	生长情况	园林应用特点
1						
2						
…						

后附树种图片。

（四）内业整理

查找相关资料对调查的植物进行整理与鉴定，并完善园林绿化藤本树种名录。

（五）调查报告

调查结束后，每组自行设计写出一份调查报告（Word格式或PPT格式），要求调查代表性藤本树种10~15种或以上，重点对结果作出分析。

三、树种认知

（一）落叶藤本

1. 五味子科五味子属

北五味子（山花椒，乌梅子）Schisandra chinensis (Turcz.) Baill. （图3-3-1）

【识别特征】①落叶藤本，高达8m，最高可达15m。②老藤皮暗褐色，幼茎紫红色或淡黄色，密布圆形突出的皮孔，枝皮片状脱落。根系发达，主根不明显，有密集须根。还有大量的匍匐茎分布于土壤浅层，横向伸长，也称走茎。③单叶互

图3-3-1　北五味子

生，倒卵形或椭圆形，先端锐尖，基部全缘，叶缘有具腺点的疏细齿。叶面绿色，有光泽，叶背淡绿色，沿脉有疏毛，叶柄长 2～3cm。芽为单芽或混合芽。④花单性，多雌雄同株，罕见异株，花被 6～9，乳白色，雄蕊 5～6，长约 2mm，雌蕊的心皮离生，集合排在突起的花托上，果期花托伸长成穗状聚合果，似长果序。花期 5～6 月。⑤果为聚合浆果，近球形，成熟时为艳红色，直径约 1cm。有 1～2 粒种子，肾形，淡橘黄色，表面光滑。果期 8～9 月。

【分布与习性】自然分布于我国黑龙江省小兴安岭、完达山、张广才岭、老爷岭等山区，人工栽培于东北和河北等地。喜凉爽、湿润的气候，极耐寒，耐荫，但在光照条件好的环境下，有利于形成花芽而且雌性花明显增多。喜肥沃、湿润、疏松、土层深厚，含腐殖质多，排水良好的暗棕壤，不耐水湿地，不耐干旱贫瘠和黏湿的土壤。

【观赏与应用】五味子叶片秀丽，花朵淡雅芳香，果实红艳，是优良的垂直绿化树种，可作篱垣、棚架、门厅绿化材料或缠绕大树、点缀山石。以阔叶树、亚乔木作为庇荫和攀缘物，如山杨、白桦、毛榛子、珍珠梅、水曲柳和胡桃楸。

2. 木通科大血藤属

大血藤（红藤、血藤）*Sargentodoxa cuneata* (Oliv.) Rehd. et Wils. （图 3-3-2）

【识别特征】①落叶藤本，长达到 10 余米。藤径粗达 9cm。②全株无毛。当年枝条暗红色，老树皮有时纵裂。③复叶三出，互生，叶柄长 3～12cm，小叶革质，顶生小叶近棱状倒卵圆形，先端急尖，基部渐狭成 6～15mm 的短柄，全缘，侧生小叶斜卵形，先端急尖，基部内面楔形，外面截形或圆形，上面绿色，下面淡绿色，干时常变为红褐色，比顶生小叶略大，无小叶柄。④总状花序，雄花与雌花同序或异序。同序时，雄花生于基部；苞片 1 枚，长卵形，膜质，长约 3mm，先端渐尖；萼片 6 枚，花瓣状，长圆形，顶端钝；花瓣 6 枚，小，圆形，长约 1mm。花期 4～5 月。⑤果实为聚合果，由多个肉质小浆果组成，每一浆果近球形，直径约 1cm，成熟时黑蓝色，小果柄长 0.6～1.2cm。种子卵球形，长约 5mm，基部截形，种皮黑色，光亮、平滑，种脐显著。果期 6～9 月。

图 3-3-2　大血藤

【分布与习性】分布于中国中东部，中南半岛北部。常见于山坡灌丛、疏林和林缘等。

【观赏与应用】大血藤枝叶青翠茂盛，花朵色彩艳美，适用于花廊、花架、建筑物墙面等的垂直绿化，也可配植于亭榭、山石旁。

3. 木通科木通属

三叶木通 *Akebia trifoliata* (Thunb.) Koidz. （图 3-3-3）

【识别特征】①落叶藤本，长达 6m，无毛。②掌状复叶，

图 3-3-3　三叶木通

小叶3枚，卵圆形、宽卵圆形或长卵形，长4~7cm，宽3~4.5cm，中央小叶较大，先端钝圆或凹缺，中央有小尖头，基部圆形或宽楔形，边缘具明显波状浅圆齿，侧脉5~7对。③雄花淡紫色，雌花红褐色。花期4~6月。④果实长椭圆形，长10cm，成熟时略带紫色。果期7~9月。

【分布与习性】产于我国华北至长江流域。喜阴湿，较耐寒，常生于低海拔山坡林下草丛中，在微酸性、多腐殖质的黄壤中生长良好，也能适应中性土壤。

【观赏与应用】叶片秀丽，花朵淡紫色，果实初为翠绿，后变紫色，观赏价值高，是垂直绿化的良好材料，可用于篱垣、花架、凉亭、门廊的绿化，或令其缠绕树木、点缀山石。

4. 防己科千金藤属

千金藤（小青藤，铁板膏药，粉防己）*Stephania japonica* (Thunb.) Miers（图3-3-4）

【识别特征】①落叶稍木质藤本，全株无毛。②根圆柱状，皮暗褐色，内面黄白色。小枝有细槽，老茎木质化。③叶盾状着生，阔卵形，长4~8cm，宽4~7cm，顶端钝，背面粉白色，掌状脉7~9条，叶柄长5~10cm。④花序伞状至聚伞状，总花梗长2~3cm，花黄绿色，雄花萼片6~8枚，花瓣3~5枚，雄蕊6，合生，雌花萼片和花瓣3~5枚，花柱3~6裂，外弯。花期6~7月。⑤核果近球形，直径约6mm，熟时红色。果期8~9月。

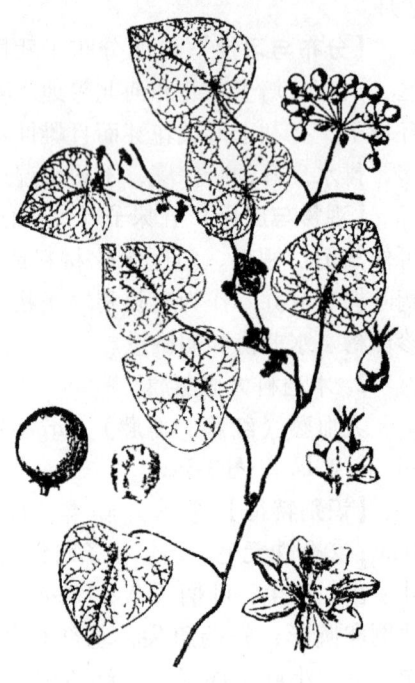

图3-3-4 千金藤

【分布与习性】分布于亚洲和非洲的热带和亚热带地区，少数产大洋洲，我国产长江流域及其以南各省区，以云南和广西种类最多。

【观赏与应用】是垂直绿化的良好材料，可用于篱垣、花架、凉亭、门廊的绿化。

5. 防己科蝙蝠葛属

蝙蝠葛（山豆根、黄条香）*Menispermum dauricum* DC.（图3-3-5）

【识别特征】①落叶木质藤本，长达13m。②根褐色，垂直生，生有多数须根。一年生茎纤细，有条纹，无毛。干燥藤茎，圆柱形，直径2~10mm。表面黄棕色至黑棕色，有明显纵沟，节上有叶痕、侧枝痕或芽痕。③叶纸质或近膜质，轮廓通常为心状扁圆形，边缘有3~9角或3~9裂，很少近全缘，基部心形至近截平，两面无毛，下面有白粉，掌状脉9~12条，其中向基部伸展的3~5条很纤细，均在背面突起，叶

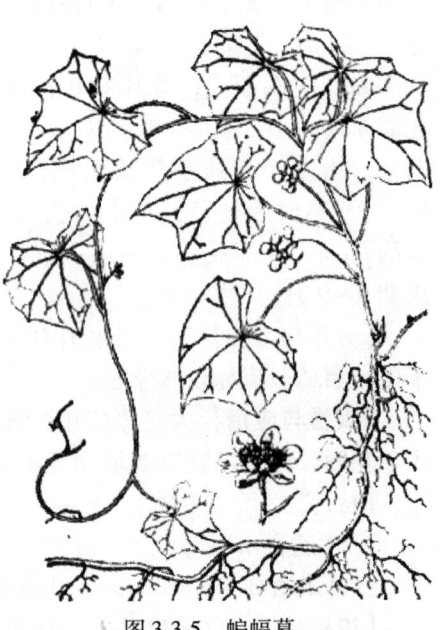

图3-3-5 蝙蝠葛

柄长 3~10cm 或稍长，有条纹。④花单性，雌雄异株。圆锥花序单生或有时双生，有细长的总梗，有花数朵至 20 余朵，花密集成稍疏散，花梗纤细，长 5~10mm。花黄绿色；萼片 4~8，膜质，绿黄色，倒披针形至倒卵状椭圆形；花瓣 6~8 片或多至 9~12 片，肉质，凹成兜状，有短爪。花期 6~7 月。⑤果实核果状，近球形，直径 8~10mm，成熟时紫色。核果紫黑色；果核宽约 10mm，高约 8mm，基部弯缺深约 3mm。果期 8~9 月。

【分布与习性】分布于中国东北、华北和华东，朝鲜，日本，西伯利亚地区也有。耐寒，多生于海拔 200~1500m 的山地林缘、灌丛沟谷或缠绕在岩石上。

【观赏与应用】垂直绿化观花类。

6. 猕猴桃科猕猴桃属

（1）中华猕猴桃（藤梨、阳桃、白毛桃）Actinidia chinensis Planch.（图 3-3-6）

【识别特征】①落叶缠绕藤本。②枝有柔毛，髓层片状。③叶近卵形或宽倒卵形，顶端钝圆或微凹，基部圆形至心形，边缘有芒状小齿，表面有疏毛，背面密生灰白色星状绒毛。④花乳白色，后变黄色，单生或数朵生于叶腋，花药黄色，花柱丝状，多数。花期 5~6 月。⑤浆果卵形或长圆形，横径约 3cm，密被黄棕色有分枝的长柔毛，果熟期 8~10 月。

【分布与习性】产于长江以南各省区。喜光，耐半荫，喜温暖湿润气候，较耐寒，喜深厚湿润肥沃土壤。具肉质根，不耐涝，不耐旱，主侧根发达，萌芽力强，萌蘖性强。播种或扦插繁殖。

【观赏与应用】花淡雅芳香，硕果垂枝，适于棚架、绿廊、栅栏攀缘绿化，也可攀附在树上或山石陡壁上。果实营养丰富，味酸甜，可鲜食或制果酱、果脯。花是蜜源，也可提取香料。是园林结合生产的优良树种。

图 3-3-6　中华猕猴桃

（2）软枣猕猴桃 Actinidia arguta（Sieb. Et Zucc.）Planch.（图 3-3-7）

【识别特征】①落叶大藤本，长达 30m。②小枝有时有灰白色的疏柔毛，髓片状。③叶稍厚，革质或纸质，卵圆形、椭圆形或长圆形，长 5~6cm，宽 3~10cm，基部圆形或近心形，边缘有锐锯齿，常无毛。④腋生聚伞花序，有花 3~6 朵，直径 1.2~2cm，乳白色。花期 6~7 月。⑤浆果球形或长圆形，暗绿色，光滑无斑点，顶端有钝短尾状喙。果熟期 8~9 月。

【分布与习性】产于我国东北及华北、西北以及长江流域各省区。中性，耐寒。生于偏酸性土壤的阴坡或山谷。播种或扦插繁殖。

【观赏与应用】可攀缘棚架、篱垣，供绿化观赏。果实

图 3-3-7　软枣猕猴桃

可食用，营养价值很高，含大量维生素 C、淀粉、果胶质等，花为蜜源，也可提取芳香油。

7. 蔷薇科蔷薇属

木香 *Rosa banksiae* Ait.（图 3-3-8）

【识别特征】①落叶至半常绿攀缘灌木，高可达 6m。②枝细长绿色，具疏刺或无刺。③小叶 3~5 枚，稀 7 枚，椭圆状卵形或长圆状披针形，先端急尖或微钝，基部近圆形或楔形，具尖锐齿，表面无毛，背面沿中脉基部被柔毛，托叶条形，与叶柄离生，早落。④花白色或黄色，芳香，伞形花序。花期 4~5 月。⑤果球形，红色。果期 10 月。

【变种、变型与品种】①重瓣白木香 var. *albo-plena* Rehd.：花重瓣，白色，有芳香，小叶常 3 枚。②单瓣白木香 var. *nor-malis* Reg.：花单瓣，白色，味香，小叶 3~5 枚，稀 7 枚，为木香野生原始类型。③黄木香 var. *lutescens* Voss：花黄色，单瓣罕见。④重瓣黄木香 var. *lutea* Lindl.：花黄色，重瓣，无香气。

【分布与习性】产于我国西南部，全国各地均有栽培。喜光，耐寒性不强。

图 3-3-8 木香

【观赏与应用】晚春至初夏开花，芳香宜人。常栽培作棚架或花篱材料，或绿化斜坡、沟坎。

8. 豆科云实属

云实 *Caesalpinia decapetala*（Roth）Alston（图 3-3-9）

【识别特征】①落叶藤本。②树皮暗红色。枝、叶轴和花序均被柔毛和钩刺。③二回羽状复叶，羽片 3~10 对，对生，具柄，基部有刺 1 对，小叶 8~12 对，膜质，长圆形，两面均被短柔毛，老时渐无毛。④总状花序顶生，直立，长 15~30cm，具多花，花瓣黄色，膜质，圆形或倒卵形，长 10~12mm，盛开时反卷，基部具短柄。⑤荚果长圆状舌形，脆革质，栗褐色，无毛，有光泽，沿背缝线膨胀成狭翅，成熟时沿腹缝线开裂，先端具尖喙。种子 6~9 颗，椭圆形，种皮棕色。花果期 4~10 月。

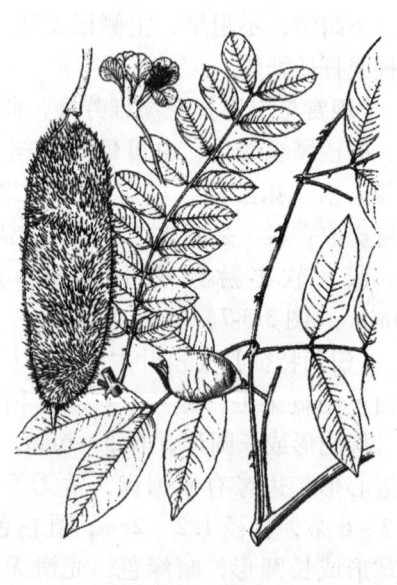

图 3-3-9 云实

【分布与习性】亚洲热带和温带地区有分布，产于中国广东、广西、云南、四川、贵州、湖南、湖北、江西、福建、浙江、江苏、安徽、河南、河北、陕西、甘肃等省区。喜光，耐半荫，喜温暖、湿润的环境，在肥沃、排水良好的微酸性壤土中生长为佳。耐修剪，适应性强，抗污染。

【观赏与应用】性强健，萌生力强，是暖地良好的刺篱树种。根、茎及果药用，性温、味苦、涩，无毒，有发表散寒、活血通经、解毒杀虫之效，治筋骨疼痛、跌打损伤。果皮和树皮含单宁，种子含油35%，可制肥皂及润滑油。

9. 豆科紫藤属

（1）紫藤（藤萝、朱藤）Wisteria sinensis（Sims）Sweet.（图3-3-10）

【识别特征】①落叶藤本。②茎左旋，枝较粗壮，嫩枝被白色柔毛，后秃净。冬芽卵形。③奇数羽状复叶，托叶线形，早落，小叶3～6对，纸质，卵状椭圆形至卵状披针形，基部钝圆或楔形，或歪斜，嫩叶两面被平伏毛，后秃净，小叶柄长3～4mm，被柔毛，小托叶刺毛状，长4～5mm，宿存。④总状花序发自一年生短枝的腋芽或顶芽，花序轴被白色柔毛；苞片披针形，早落，花长2～2.5cm，芳香，花梗细，长2～3cm，花萼杯状，长5～6mm，宽7～8mm，密被细绢毛，花冠被细绢毛，紫色，旗瓣圆形，先端略凹陷，花开后反折，基部有2胼胝体，翼瓣长圆形，基部圆，龙骨瓣较翼瓣短，阔镰形。花期4月中旬至5月上旬。⑤荚果倒披针形，长10～15cm，宽1.5～2cm，密被绒毛，悬垂枝上不脱落，有种子1～3粒。种子褐色，具光泽，圆形，宽1.5cm，扁平。果期5～8月。

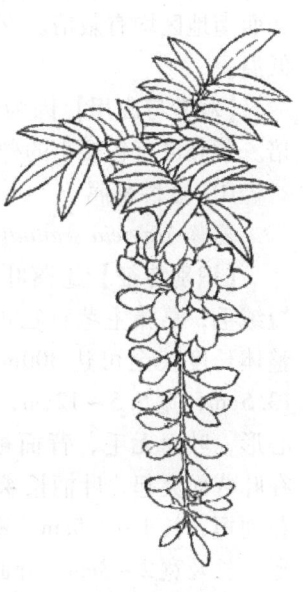

图3-3-10　紫藤

【分布与习性】原产中国，朝鲜、日本也有分布。我国华北地区多有分布，以河北、河南、山西、山东最为常见，华东、华中、华南、西北和西南地区均有栽培。紫藤为暖带及温带植物，对气候和土壤的适应性强，较耐寒，能耐水湿及瘠薄土壤，喜光，也较耐荫。以在土层深厚、排水良好、向阳避风的地方栽培最适宜。主根深，侧根浅，不耐移栽。生长较快，寿命很长。缠绕能力强，但对其他植物有绞杀作用。

【观赏与应用】春季紫花烂漫，别有情趣，一般应用于园林棚架，也适栽于湖畔、池边、假山、石坊等处，盆景也常用。

（2）多花紫藤 Wisteria floribunda DC.（图3-3-11）

【识别特征】①落叶藤本。②树皮赤褐色。茎右旋，枝较细柔，分枝密，叶茂盛，初时密被褐色短柔毛，后秃净。③羽状复叶长，托叶线形，早落，小叶5～9对，薄纸质，卵状披针形，先端渐尖，基部钝或歪斜，嫩时两面被平伏毛，后渐秃净，小叶柄长3～4mm，干后变黑色，被柔毛，小托叶刺毛状，长约3mm，易脱落。④总状花序生于当年生枝的枝梢，花序长30～90cm，直径5～7cm，花序轴密生白色短毛，苞片披针形，早落，花长1.5～2cm，花萼杯状，与花梗同被密绢毛，花冠紫色至蓝紫色，旗瓣圆形，先端圆，基部略呈心形，翼瓣狭长圆形，基部截平，具小尖角，龙骨瓣较阔，近镰形，先端圆钝。花期4月下旬至5月中旬。⑤荚果倒披针形，长12～19cm，宽1.5～2cm，平坦，

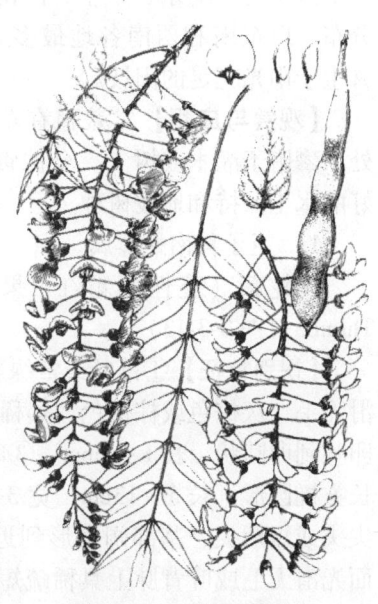

图3-3-11　多花紫藤

密被绒毛，有种子3~6粒。种子紫褐色，具光泽，圆形，直径1~1.4cm。果期5~7月，荚果宿存枝端。

【分布与习性】 原产日本，朝鲜、日本也有分布，中国东北、华东、华中、华南、西北和西南地区均有栽培。喜光，喜排水良好的土壤。极耐寒，植物可以耐受-15℃及以下的低温。

【观赏与应用】 因为紫藤是大藤本植物，为了使它生长良好，一般都设置棚架进行栽培。紫藤也有较矮小的种类和品种可作为盆栽或制作盆景。

10. 豆科葛属

葛藤 *Argyreia seguinii* (Levl.) Van. ex Levl. （图3-3-12）

【识别特征】 ①落叶藤本，高达3m。②茎圆柱形、被短绒毛，葛藤主茎直径可大至60cm，主茎长度可达40m，整体长度甚至可达300m。③叶互生，宽卵形，长10.5~13.5cm，宽5.5~12cm，先端锐尖或渐尖，基部圆形或微心形，叶面无毛，背面被灰白色绒毛，侧脉多数，平行，在叶背面突起，叶柄长4.5~8.5cm。④聚伞花序腋生，总花梗短，长1~2.5cm，密被灰白色绒毛，苞片明显，卵圆形，长及宽2~3cm，外面被绒毛，内面无毛，紫色，萼片狭长圆形，外面密被灰白色长柔毛，长13mm，宽5mm，内萼片较小，花冠管状漏斗形，白色，外面被白色长柔毛，长6~7cm，冠檐浅裂，雄蕊及花柱内藏，雄蕊着生于管下部，花丝短，花药箭形；花期8~9月。⑤荚果条形，扁平，密被黄褐色长硬毛。果期9月。

【分布与习性】 原产于中国、朝鲜、韩国、日本等地，在中国华南、华东、华中、西南、华北、东北等地区广泛分布，以东南和西南各地最多。葛藤喜温暖湿润的气候，喜生于阳光充足的阳坡。

【观赏与应用】 常栽植在草坡灌丛、疏林地及林缘等处，攀附于灌木或树上。全株匍匐蔓延，覆盖地面，是良好的水土保持和地被树种。

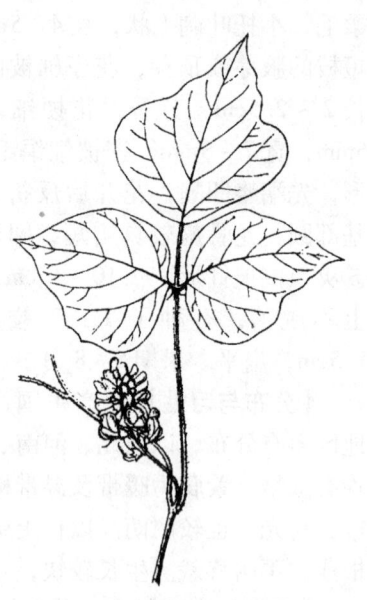

图3-3-12 葛藤

11. 卫矛科南蛇藤属

南蛇藤（蔓性落霜红、果山藤）*Celastrus orbiculatus* Thunb. （图3-3-13）

【识别特征】 ①落叶或常绿藤本，长达12m。②小枝光滑无毛，灰棕色或棕褐色，具稀而不明显的皮孔。腋芽小，卵状到卵圆状，长1~3mm。③叶通常阔倒卵形，近圆形或长方椭圆形，长5~13cm，宽3~9cm，先端圆阔，具有小尖头或短渐尖，基部阔楔形到近钝圆形，边缘具锯齿，两面光滑无毛或叶背脉上具稀疏短柔毛，侧脉3~5对，叶柄细长1~2cm。④聚伞花序腋生，间有顶生，花序长1~

图3-3-13 南蛇藤

3cm，小花1~3朵，偶仅1~2朵，小花梗关节在中部以下或近基部。雄花萼片钝三角形，花瓣倒卵椭圆形或长方形，长3~4cm，宽2~2.5mm，花盘浅杯状，裂片浅，顶端圆钝；雌花花冠较雄花窄小，花盘稍深厚，肉质。花期5~6月。⑤蒴果近球形，直径8~10mm。种子椭圆形稍扁，长4~5mm，直径2.5~3mm，赤褐色。果期7~10月。

【分布与习性】产于黑龙江、吉林、辽宁、内蒙古、河北、山东、山西、河南、陕西、甘肃、江苏、安徽、浙江、江西、湖北、四川。南蛇藤为我国分布最广泛的树种之一。喜阳耐荫，分布广，抗寒耐旱，对土壤要求不严。栽植于背风向阳、肥沃湿润而排水好的砂质壤土中生长最好。

【观赏与应用】南蛇藤植株姿态优美，茎、蔓、叶、果都具有较高的观赏价值，是城市垂直绿化的优良树种。特别是秋季叶片经霜变红或变黄时，美丽壮观；成熟的累累硕果，竞相开裂，露出鲜红色的假种皮，宛如颗颗宝石。作为攀缘绿化材料，南蛇藤宜植于棚架、墙垣、岩壁等处，如在湖畔、塘边、溪旁、河岸种植南蛇藤，则倒映成趣。种植于坡地、林缘及假山、石隙等处也颇具野趣。可剪取成熟果枝瓶插，装点居室。

12. 葡萄科葡萄属

（1）葡萄 *Vitis vinifera* L. （图3-3-14）

【识别特征】①落叶藤本，高10~30m。②树皮红褐色，老时条状剥落。枝有节，卷须间歇性与叶对生。③叶互生，近圆形，3~5掌状裂，基部心形，叶缘有粗齿。④圆锥花序大而长，与叶对生，花小，黄绿色，两性或杂性异株。花期5~6月。⑤果序圆锥状，浆果近球形，黄绿色、紫色或紫红色，被白粉。果期7~9月。

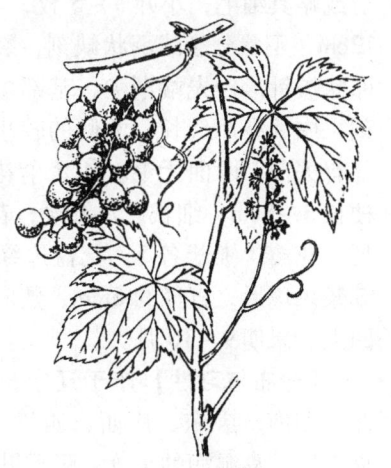

图3-3-14 葡萄

【分布与习性】原产于亚洲西部，我国辽宁中部以南各地有栽培，但以长江以北栽培较多。喜光，喜干燥及昼夜温差大的大陆性气候，冬季需要一定低温，但严寒时必须埋土防寒，在肥沃、土层较深厚的土壤中生长最好，耐干旱，怕涝。深根性，主根可深入土层2~3m，生长快，结果早。

【观赏与应用】绿叶成荫，硕果晶莹，适应性强，寿命长，是叶果俱佳，遮阴、观赏、经济效益并重的优良垂直绿化材料。除专业果园栽培外，园林中常应用于棚架、门厅、跨路长廊、花廊等处，也可盆栽，布置于庭院、美化阳台。

（2）山葡萄 *Vitis amurensis* Rupr. （图3-3-15）

【识别特征】①木质藤本。②枝条粗壮，嫩枝具柔毛。③叶互生，阔卵形，长6~14cm，宽5~12cm，先端渐尖，基部心形，通常3浅裂，裂片三角状卵形，边缘有较大的圆锯齿，上面暗绿色，无毛或具细毛，下面淡绿色，被柔毛，叶柄长3~7cm，被柔毛。④聚伞花序与叶对生，花序梗长2~3.5cm，被柔毛，花多数，细小，绿黄色，萼片5枚，几成截形，花瓣5枚，长圆形，镊合状排列。花期6~7月。⑤浆果近球形或肾形，宽6~7mm，由深绿色变蓝黑色。果

图3-3-15 山葡萄

期9～10月。

【分布与习性】原产中国东北、华北及朝鲜、俄罗斯远东地区，中国主要分布于黑龙江、吉林、辽宁、内蒙古等地，生长于海拔200～1200m的地区。对土壤要求不严，但土层深厚、耕性佳、土壤疏松、排灌方便的田地更适合于山葡萄的生长，是高产栽培的有利条件。不论旱地与水田均适于山葡萄的栽种。

【观赏与应用】应用于棚架、长廊等处，也可布置于庭院、美化阳台。

13. 葡萄科蛇葡萄属

白蔹（山地瓜、野红薯）*Ampelopsis japonica* (Thunb.) Makino（图3-3-16）

【识别特征】①落叶藤本，长约1m。②块根粗壮，肉质，卵形、长圆形或长纺锤形，深棕褐色，数个相聚。茎多分枝，幼枝带淡紫色，光滑，有细条纹。卷须与叶对生。③掌状复叶互生，叶柄长3～5cm，微淡紫色，光滑或略具细毛，小叶3～5枚，叶片长6～10cm，宽7～12cm，羽状分裂或羽状缺刻，裂片卵形至椭圆状卵形或卵状披针形，先端渐尖，基部楔形，边缘有深锯齿或缺刻，中间裂片最长，两侧的较小，中轴有闲翅，裂片基部有关节，两面无毛。④聚伞花序小，与叶对生，花序梗长3～8cm，细长，常缠绕，花小，黄绿色，花萼5浅裂，花瓣、雄蕊各5，花盘边缘稍分裂。花期5～6月。⑤浆果球形，直径约6mm，熟时白色或蓝色，有针孔状凹点。果期9～10月。

图3-3-16 白蔹

【分布与习性】产于辽宁、吉林、河北、山西、陕西、江苏、浙江、江西、河南、湖北、湖南、广东、广西、四川，日本也有分布。喜光，喜干燥，喜湿润的土壤，耐干旱，怕涝。

【观赏与应用】作为攀缘绿化材料，宜植于棚架、墙垣等处。

14. 葡萄科爬山虎属

（1）地锦（爬山虎）*Parthenocissus tricuspidata* (Sieb. et Zucc.) Planch.（图3-3-17）

【识别特征】①落叶藤本。②枝条粗壮。卷须短，多分枝，枝端有吸盘。③单叶互生，叶柄长8～20cm，叶片宽卵形，长10～20cm，宽8～17cm，先端常3浅裂，基部心形，边缘有粗锯齿，上面无毛，下面脉上有柔毛，幼苗或下部枝上的叶较小，常分成3小叶或为3全裂，中间小叶倒卵形，两侧小叶斜卵形，有粗锯齿。④花两性，聚伞花序通常生于短枝顶端的两叶之间，花绿色，5数，花萼小，全缘，花瓣先端反折。花期6～7月。⑤浆果，熟时蓝黑色，直径6～8mm。果期9月。

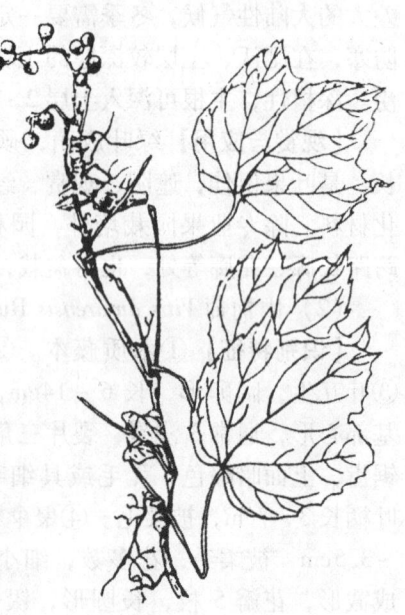

图3-3-17 地锦

【分布与习性】原产于亚洲东部、喜马拉雅山区及北美洲。在我国分布很广，北起辽宁，南至广东，黑龙江、新疆等地也有栽培。日本也有分布。地锦适应性强，既喜阳光，也能耐荫，对土质要求不严，肥瘠、酸碱均能生长。自身具有一定耐寒能力，也耐暑热，较耐荫。生长势旺盛，但攀缘力较差，在北方常被大风刮下。

【观赏与应用】地锦主要用于园林和城市垂直绿化，使其攀缘附于岩石或墙壁上，可增添生机。植于住宅、办公楼、宿舍的墙壁、围墙以及园林建筑物附近均宜。如使矮小平房建筑攀附地锦，则浓荫如盖，不仅美观，还能为室内带来不少凉意。

（2）美国地锦（五叶地锦、美国爬山虎）*Parthenocissus quinquefolia* (L.) Planch（图3-3-18）

【识别特征】①落叶藤本。②小枝圆柱形，无毛。卷须总状5~9分枝，相隔2节间断与叶对生，卷须顶端嫩时尖细卷曲，后遇附着物扩大成吸盘。③叶为掌状5小叶，小叶倒卵圆形、倒卵椭圆形或外侧小叶椭圆形，最宽处在上部或外侧小叶最宽处在近中部，顶端短尾尖，基部楔形或阔楔形，边缘有粗锯齿，上面绿色，下面浅绿色，两面均无毛或下面脉上微被疏柔毛。④花序假顶生形成主轴明显的圆锥状多歧聚伞花序，花蕾椭圆形，高2~3mm，顶端圆形，萼碟形，边缘全缘，无毛，花瓣5枚，长椭圆形。花期6~7月。⑤果实球形，直径1~1.2cm，有种子1~4颗。种子倒卵形，顶端圆形，基部急尖成短喙。果期8~10月。

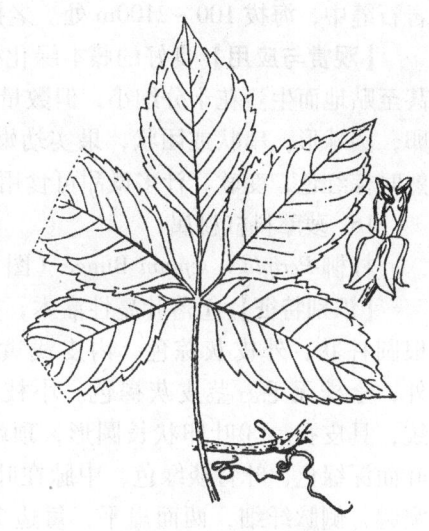

图3-3-18 美国地锦

【分布与习性】原产美国东部，中国引种栽培，较爬山虎更耐寒，沈阳可露地栽培，但攀缘能力、吸附能力较逊色，在北方墙面上的植株常被大风刮掉。喜光，能稍耐荫，耐寒，对土壤和气候适应性强，但在肥沃的砂质壤土上生长更好。

【观赏与应用】是优良的城市垂直绿化树种，也可做地被植物。蔓茎纵横，密布气根，翠叶遍盖如屏，秋后入冬，叶色变红色或黄色，十分艳丽。适于配植于宅院墙壁、围墙、庭园入口处、桥头石块等处。对二氧化硫等有害气体有较强的抗性，因此也宜作工矿区的绿化材料。藤茎、根可药用。

15. 葡萄科崖爬藤属

扁担藤 *Tetrastigma planicaule* (Hook.) Gagnep.（图3-3-19）

【识别特征】①落叶木质大藤本。②茎扁压，深褐色。小枝圆柱形或微扁，有纵棱纹，无毛。卷须不分枝，相隔2节间断与叶对生。③叶为掌状5小叶，小叶长圆披针形、披针形、卵披针形，顶端渐尖或急尖，基部楔形，边缘每侧有5~9个锯齿，锯齿不明显或细

图3-3-19 扁担藤

小，上面绿色，下面浅绿色，两面无毛，侧脉5~6对，网脉突出，叶柄长3~11cm，无毛。④花序腋生，下部有节，节上有褐色苞片，稀与叶对生，而基部无节和苞片，集生成伞形，花序梗长3~4cm，无毛，花梗长3~10mm，无毛或疏被短柔毛；花蕾卵圆形，高2.5~3mm，顶端圆钝，花瓣4枚，卵状三角形，高2~2.5mm，顶端呈风帽状，外面顶部疏被乳突状毛。花期4~6月。⑤果实近球形，直径2~3cm，多肉质，有种子1~3颗。种子长椭圆形，顶端圆形，基部急尖。果期8~12月。

【分布与习性】产于福建、广东、广西、贵州、云南、西藏东南部，生山谷林中或山坡岩石缝中，海拔100~2100m处。老挝、越南、印度和斯里兰卡也有分布。

【观赏与应用】良好的藤本绿化树种。扁担藤的花果都仅仅出现在较粗壮的藤茎基部，甚至贴地而生。花十分细小，但数量极多，呈淡紫色，密密麻麻，成丛成簇，果实大小如鸽卵，圆球形，串状或团状，果实幼嫩时绿色，较酸，成熟时棕红色，变软，汁多微甜可食用。

16. 萝藦科杠柳属

杠柳 *Periploca sepium* Bunge（图3-3-20）

【识别特征】①落叶蔓性灌木，长可达1.5m。②主根圆柱状，外皮灰棕色，内皮浅黄色。具乳汁，除花外，全株无毛。茎皮灰褐色。小枝通常对生，有细条纹，具皮孔。③叶卵状长圆形，顶端渐尖，基部楔形，叶面深绿色，叶背淡绿色，中脉在叶面扁平，在叶背微突起，侧脉纤细，两面扁平，每边20~25条，叶柄长约3mm。④聚伞花序腋生，着花数朵，花萼裂片卵圆形，顶端钝，花萼内面基部有10个小腺体，花冠紫红色，辐状，花冠筒短，裂片长圆状披针形，中间加厚呈纺锤形，反折，内面被长柔毛，外面无毛。花期5~6月。⑤蓇葖果2，圆柱状，长7~12cm，直径约5mm，无毛，具有纵条纹。种子长圆形，长约7mm，宽约1mm，黑褐色，顶端具白色绢质种毛。果期7~9月。

图3-3-20 杠柳

【分布与习性】产于俄罗斯远东地区乌苏里。我国主要分布在西北、东北、华北地区及河南、四川、江苏等省区。杠柳性喜光，耐寒，耐旱，耐瘠薄，耐荫。对土壤适应性强，具有较强的抗风蚀、抗沙埋的能力。

【观赏与应用】根蘖性强，常单株栽后不久即丛生成团。具有广泛的适应性，是优良的固沙和水土保持树种。

17. 紫葳科凌霄属

（1）凌霄（紫葳、女葳花）*Campsis grandiflora* (Thunb.) Schum.（图3-3-21）

【识别特征】①落叶攀缘藤本，长达10m。②茎木质，表皮脱落，枯褐色，以气生根攀附于它物之上。

图3-3-21 凌霄

③奇数羽状复叶，对生，小叶 7~9 枚，卵形至卵状披针形，顶端尾状渐尖，基部阔楔形，两侧不等大，侧脉 6~7 对，两面无毛，边缘有粗锯齿，叶轴长 4~13cm，小叶柄长 5~10mm。④顶生疏散的短圆锥花序，花序轴长 15~20cm。花萼钟状，长 3cm，分裂至中部，裂片披针形，长约 1.5cm。花冠内面鲜红色，外面橙黄色，长约 5cm，裂片半圆形。花期 5~8 月。⑤蒴果细长，顶端钝。果期 11 月。

【分布与习性】产于长江流域各地，河北、山东、河南、福建、广东、广西、陕西、台湾有栽培，日本、越南、印度、西巴基斯坦也有分布。喜充足阳光，也耐半荫。适应性较强，耐寒、耐旱、耐瘠薄、耐盐碱，病虫害较少，但不适宜暴晒或在无阳光下。

【观赏与应用】干枝虬曲多姿，翠叶团团如盖，花大色艳，花期长，为庭园中棚架、花门之良好绿化材料，用于攀缘墙垣、枯树、石壁，均极适宜，也可点缀于假山间隙。经修剪、整枝等栽培措施，可修成灌木状观赏。管理粗放、适应性强，是理想的城市垂直绿化材料。

(2) 美国凌霄 *Campsis radicans* (L.) Seem. （图 3-3-22）

【识别特征】①落叶藤本，藤长可达 10m 或更长。②羽状复叶对生，小叶 9~11 枚，椭圆形至卵状长圆形，长 3~6cm，叶缘有 4~5 粗锯齿，叶轴、叶背被柔毛。③顶生圆锥花序，萼片裂浅，约 1/3，花冠较凌霄小，花甚密集，花大型，花冠筒部橘红色，裂片鲜红色。花期 6~8 月。④蒴果圆筒形，顶端尖。果期 11 月。

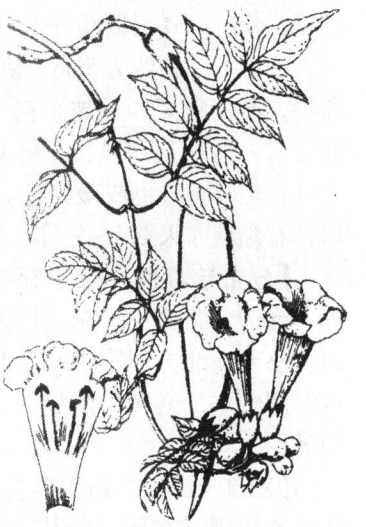

图 3-3-22 美国凌霄

【分布与习性】原产于北美。我国南北各地露地或温室引栽。喜光，稍耐荫，耐寒力较强，耐干旱，对土壤要求不严，耐水湿，耐盐碱。深根性，萌蘖力、萌芽力强，适应性强。

【观赏与应用】同凌霄。

18. 忍冬科忍冬属

金银花（忍冬、金银藤）*Lonicera japonica* Thunb. （图 3-3-23）

【识别特征】①多年生半常绿缠绕及匍匐茎的灌木，长 9m。②小枝细长，中空，藤为褐色至赤褐色。③叶子对生，卵形或椭圆状卵形，枝叶均密生柔毛和腺毛，纸质，顶端尖或渐尖，少有钝、圆或微凹缺，基圆或近心形。④花成对生于叶腋，花冠白色，有时基部向阳面呈微红色，色后变黄色，唇形，筒稍长于唇瓣，上唇裂片顶端钝形，下唇带状而反曲，雄蕊和花柱均高出花冠。花期 4~6 月。⑤球形浆果，熟时黑色。果期 10~11 月。

【分布与习性】中国各省均有分布，朝鲜和日本也有分布。适应性很强，喜阳，耐荫，耐寒性强，也耐干旱和水湿，

图 3-3-23 金银花

对土壤要求不严，但以在湿润、肥沃深厚的砂质壤上生长最佳，每年春夏两次发梢。根系繁密发达，萌蘖性强，茎蔓着地即能生根。

【观赏与应用】植株轻盈，冬叶微红，花先白后黄，芳香，为色香俱全的藤本植物。可缠绕篱垣、花架、花廊等作垂直绿化，或用作地被，是庭院布置、美化屋顶花园的好材料。

（二）常绿藤本

1. 桑科榕属

薜荔 *Ficus pumila* Linn. （图3-3-24）

【识别特征】①常绿攀缘或匍匐灌木。②枝节上生不定根，幼时以气根附生于树木或墙垣、岩石上。③叶两型，状心形，长约2.5cm，薄革质，基部稍不对称，尖端渐尖，叶柄很短，下被黄褐色柔毛，基生叶脉延长，背面突起，网脉甚明显，呈蜂窝状。④隐花果梨形，单生叶脉，熟时黄绿色或微红色。花期5~6月。⑤瘦果近球形，有黏液。果期7~9月。

【分布与习性】产于福建、江西、浙江、安徽、江苏、台湾、湖南、广东、广西、贵州、云南东南部、四川及陕西，北方偶有栽培，日本、越南北部也有。喜温暖湿润气候，喜荫，耐旱，不耐寒，适生于富含腐殖质的酸性土壤。

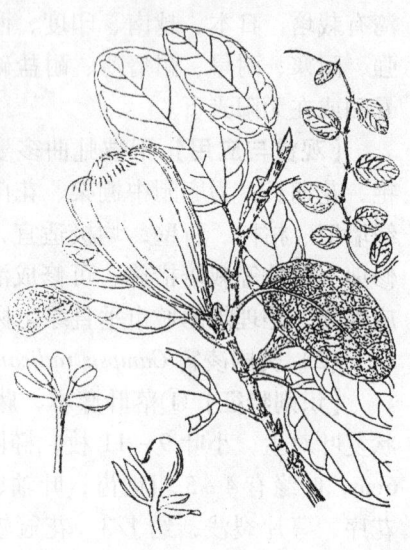

图3-3-24 薜荔

【观赏与应用】由于薜荔的不定根发达，攀缘及生存适应能力强，在园林绿化方面可用于垂直绿化、护坡、护堤，既可保持水土，观赏价值高。

2. 卫矛科卫矛属

扶芳藤 *Euonymus fortunei* （Turcz.）Hand.-Mazz. （图3-3-25）

【识别特征】①常绿藤本，茎匍匐或攀缘，高至数米。②小枝方棱不明显。③叶薄革质，椭圆形、长方椭圆形或长倒卵形，长3.5~8cm，宽1.5~4cm，先端钝或急尖，基部楔形，边缘齿浅不明显，侧脉细微和小脉全不明显。④聚伞花序，花序梗长1.5~3cm，第一次分枝长5~10mm，第二次分枝5mm以下，最终小聚伞花密集，有花4~7朵，分枝中央有单花，小花梗长约5mm，花白绿色，4数，直径约6mm，花盘方形，直径约2.5mm。花期6月。⑤蒴果粉红色，果皮光滑，近球状，直径6~12mm。种子长方椭圆状，棕褐色，假种皮鲜红色，全包种子。果期10月。

【分布与习性】分布于中国江苏、浙江、安徽、江西、湖北、湖南、四川、陕西等省。喜温暖，较耐寒，

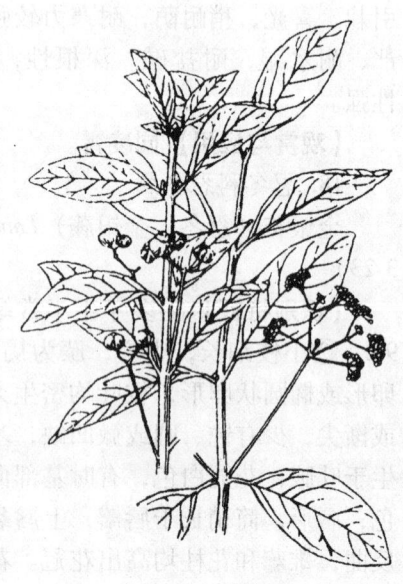

图3-3-25 扶芳藤

江淮地区可露地越冬，冬季盆栽苗应移入室内窗口处，耐荫，不喜阳光直射。

【观赏与应用】扶芳藤为地面覆盖的最佳绿化观叶植物，特别是它的彩叶变异品种，有更高的观赏价值。夏季黄绿相容，有如绿色的海洋泛起金色的波浪，到了秋冬季，叶色艳红，又成了一片红色海洋，是园林彩化绿化的优良植物。

3. 五加科常春藤属

常春藤 *Hedera nepalensis var. sinensis*（Tobl.）Rehd.（图3-3-26）

【识别特征】①多年生常绿攀缘灌木，长3～20m。②茎灰棕色或黑棕色，光滑，有气生根，幼枝被鳞片状柔毛，鳞片通常有10～20条辐射肋。③单叶互生，叶柄长2～9cm，有鳞片，无托叶；叶二型，不育枝上的叶为三角状卵形或戟形，长5～12cm，宽3～10cm，全缘或三裂，花枝上的叶椭圆状披针形，条椭圆状卵形或披针形，稀卵形或圆卵形，全缘，先端长尖或渐尖，基部楔形、宽圆形、心形，叶上表面深绿色，有光泽，下面淡绿色或淡黄绿色，无毛或疏生鳞片，侧脉和网脉两面均明显。④伞形花序单个顶生，或2～7个总状排列或伞房状排列成圆锥花序，直径1.5～2.5cm，有花5～40朵，花萼密生被鳞片，长约2mm，边缘近全缘，花瓣5枚，三角状卵形，长3～3.5mm，淡黄白色或淡绿白色，外面有鳞片，雄蕊5枚，花丝长2～3mm，花药紫色；花盘隆起，黄色。花期9～11月。⑤果实圆球形，直径7～13mm，红色或黄色，宿存花柱长1～1.5mm。果期翌年3～5月。

图3-3-26 常春藤

【分布与习性】分布地区广，北自甘肃东南部、陕西南部、河南、山东，南至广东（海南岛除外）、江西、福建、西自西藏波密，东至江苏、浙江的广大区域内均有生长。越南也有分布。

【观赏与应用】在庭院中可用以攀缘假山、岩石，或在建筑阴面作垂直绿化材料。在华北宜选小气候良好的稍荫环境栽植。也可盆栽供室内绿化观赏用。它不仅可有绿化、美化效果，同时也发挥着增氧、降温、减尘、减少噪声等作用，是藤本类绿化植物中用得最多的材料之一。

4. 夹竹桃科络石属

络石（万字茉莉、白花藤、石龙藤）*Trachelospermum jasminoides*（Lindl.）Lem.（图3-3-27）

【识别特征】①常绿木质藤本，长达10m。②茎赤褐色，圆柱形，有皮孔。小枝被黄色柔毛，老时渐无毛。具乳汁。③叶革质或近革质，椭圆形至卵状椭圆形或宽倒卵形，长2～10cm，宽1～4.5cm，叶面无毛，叶背和叶柄被疏短柔毛，老渐无毛，叶柄内和叶腋外腺体钻形，长约1mm。④聚伞花序腋生或顶生，

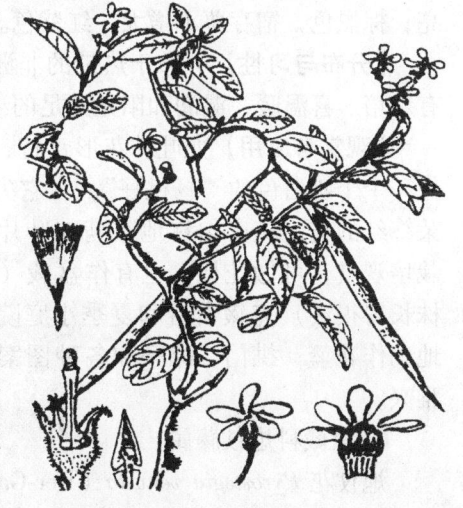

图3-3-27 络石

花多朵组成圆锥状，与叶等长或较长，花白色，芳香，花萼5深裂片，裂片线状披针形，顶部反卷，长2~5mm，外面被有长柔毛及缘毛，内面无毛，基部具10枚鳞片状腺体，花蕾顶端钝，花冠筒圆筒形，中部膨大。花期3~7月。⑤蓇葖果双生，叉开，无毛，线状披针形，向先端渐尖，长10~20cm。种子多颗，褐色，线形，长1.5~2cm，直径约2mm，顶端具白色绢质种毛。果期7~12月。

【分布与习性】本种分布很广，我国山东、安徽、江苏、浙江、福建、台湾、江西、河北、河南、湖北、湖南、广东、广西、云南、贵州、四川、陕西等省区都有分布。日本、朝鲜和越南也有。喜阳，耐践踏，耐旱，耐热，耐水淹，具有一定的耐寒力。

【观赏与应用】络石在园林中多作地被，或盆栽观赏，并且为芳香花卉。

5. 马鞭草科赪桐属

龙吐珠（麒麟吐珠）*Clerodendrum thomsonae* Balf.（图3-3-28）

【识别特征】①常绿攀缘状灌木，高2~5m。②幼枝四棱形，被黄褐色短绒毛，老时无毛。小枝髓部嫩时疏松，老后中空。③叶片纸质，狭卵形或卵状长圆形，长4~10cm，宽1.5~4cm，顶端渐尖，基部近圆形，全缘，表面被小疣毛，略粗糙，背面近无毛，基脉三出，叶柄长1~2cm。④聚伞花序腋生或假顶生，二歧分枝，长7~15cm，宽10~17cm，苞片狭披针形，长0.5~1cm，花萼白色，基部合生，中部膨大，有5棱脊，顶端5深裂，外被细毛，裂片三角状卵形，顶端渐尖，花冠深红色，外被细腺毛，裂片椭圆形，长约9mm，花冠管与花萼近等长，雄蕊4，与花柱同伸出花冠外；柱头2浅裂。花期3~5月。⑤核果近球形，直径约1.4cm，内有2~4分核，外果皮光亮，棕黑色，宿存萼不增大，红紫色。

图3-3-28 龙吐珠

【分布与习性】分布于热带的非洲西部、墨西哥，中国有栽培。喜温暖、湿润和阳光充足的半荫环境，不耐寒。

【观赏与应用】龙吐珠花形奇特、开花繁茂，菱形花萼像一个个奶白色的"杨桃仔"，在它尖端的裂口间，吐出五朵绛红的花，疏密匀称地布满在叶片之上。主要用于温室栽培观赏，可做花架，也有作盆栽（盆栽受剪枝限制，植株长得很矮）点缀窗台和夏季小庭院，或于公园或旅游基地砌作花篮、拱门、凉亭和各种图案等造型，为游客增添雅兴。

6. 紫葳科炮仗藤属

炮仗花 *Pyrostegia venusta*（Ker-Gawl.）Miers（*P. ingea* Presl.）（图3-3-29）

图3-3-29 炮仗花

【识别特征】①常绿藤本。②茎粗壮,有棱,小枝有纵槽纹。③复叶有小叶3枚,顶生小叶变成线形、3叉的卷须,叶卵状至卵状长椭圆形,长5~10cm,全缘,表面无毛,背面有穴状腺体。④圆锥状聚伞花序,下垂,花冠橙红色,筒状,端5裂,发育雄蕊4。初春开花。

【分布与习性】原产南美洲巴西,在亚洲热带已广泛作为庭园观赏藤架植物栽培。喜向阳环境和肥沃、湿润、酸性的土壤。生长迅速,在华南地区能保持枝叶常青。由于卷须多生于上部枝蔓茎节处,故全株得以固着在他物上生长。

【观赏与应用】多种植于庭院、廊架、花门和栅栏,作垂直绿化。可搭植于花棚、露天餐厅、庭院门首等处,作顶面及周围的绿化,也宜地植作花墙,覆盖土坡,或用于高层建筑的阳台作垂直或铺地绿化,是华南地区重要的攀缘花木。矮化品种可盘曲成图案形,或作盆花栽培。

【知识链接】藤本植物概说

一、藤本植物的概念

藤本植物是指茎部细长,不能直立,只能依附在其他物体或匍匐于地面上生长的一类植物,最典型的有葡萄、爬山虎等。藤本植物依茎质地的不同,又可分为木质藤本(如葡萄、紫藤等)与草质藤本两类。

藤本植物的大部分种类是攀缘种类,大多原产于温暖高湿地区,不耐寒冷与干旱,喜荫、耐寒,对土壤及气候适宜能力强,生长快,对氯气抗性强,常攀于岩壁、边坡上,有很好的观赏效果。而在北方地区如沈阳,能正常生长的藤本植物主要有猕猴桃科、马兜铃科、豆科、卫矛科、葡萄科、忍冬科的一些品种,如软枣猕猴桃、葛藤、南蛇腾、蛇白蔹、三叶地锦、五叶地锦、山葡萄等。

二、藤本植物在园林绿化中的生态效应

藤本植物同其他植物一样具有调节环境温度和湿度、杀菌、减噪、抗污染、平衡空气中的氧气与二氧化碳等多种生态功能。藤本植物习性特殊,能在一般直立生长植物无法存在的场所生长,因而具有独特的生态效应。不同的攀缘植物对环境产生的生态作用不尽相同。以降低气温为目的,应在屋顶、墙面园林绿化中选栽叶片密度大、日晒不易萎蔫、隔热性好的攀缘植物;欲在绿化中增加滞尘和隔声功能,应选择叶片大、表面粗糙、绒毛多或藤蔓纠结、叶片较小而密度大的种类较为理想;在空气污染较重的区域则应栽种能抗污染和吸收一定有毒气体的种类,以降低空气中的有毒成分,改善空气质量;地面滞尘、保持水土,则应选择根系发达、枝繁叶茂、覆盖密度高的匍匐、攀缘植物为地被。

三、藤本植物在园林绿化中的应用形式

要根据环境特点、建筑物的不同类型、绿化功能的要求,结合面积大小、气候变化以及植物的生态、习性和观赏特点,选用适宜的类型和具体种类;也可根据不同类型植物的特点,设计和制作相应的绿化风格。藤本植物的应用主要有以下几种形式。

1. 垂挂式

垂挂式常用紫藤、中华常春藤、地锦等垂挂于景点入口、高架立交桥、人行天桥、楼顶(或平台)边缘等处,形成独特的垂直绿化景观。

2. 凉廊式

凉廊式以紫藤、山葡萄、南蛇藤等攀缘植物覆盖廊顶,形成绿廊或花廊,增加绿色景观。

3. 蔓靠式（凭栏式）

蔓靠式常将蔷薇等栽植在围墙、栅栏、角隅附近，用于生物围墙的营建。对蔓靠式植物应设置适宜的缠绕、支撑结构并在初期对植物加以人工的辅助和牵引。

4. 附壁式

附壁式多以爬山虎、中华常春藤、地锦等附着建筑物或陡坡，形成绿墙、绿坡。用吸附型攀缘植物可直接攀附边坡，是常见且经济实用的园林绿化方式。不同植物吸附能力不同，应用时需了解各种边坡表层的特点与植物吸附能力的关系。边坡越粗糙对植物攀附越有利，多数吸附型攀缘植物均能攀附，而具有黏性吸盘的爬山虎、岩爬藤和具气生根的薜荔、常春藤等的吸附能力更强，有的甚至能吸附于玻璃幕墙之上。

四、藤本植物在园林绿化中的应用原则

1. 适地适树原则

选材恰当，适地适栽，不同的植物对生态环境有不同的要求和适应能力，环境适宜则生长良好，否则便生长不良甚至死亡。生态环境是由温、光、水、土等条件组成的综合环境，要根据不同藤本植物的生态习性来栽植，以最大限度地发挥其园林景观效果。

2. 选用具有自然美与意蕴美的种类

藤本植物自然美。应用时要同时关注科学性与艺术性，在满足植物生态要求、发挥植物生态功能的同时，通过植物的自然美和意蕴美要素来体现植物对环境的美化装饰作用，也是观赏植物应用的一个重要特点。攀缘植物种类繁多，姿态各异，通过茎、叶、花、果在形态、色彩、芳香、质感等方面的特点及其整体构成，表现出各种自然美。植物以绿色作为大自然赋予的主基调，同时又以多彩的花、果、叶以动态的形式向人们展现出美的形象。不同色彩的花、叶可以形成不同的审美心理感受，如红、橙、黄色常给人温暖、热烈、兴奋之感；绿、紫、蓝、白色常使人感觉清凉、宁静。形与色的完美结合也是观赏植物能取得良好视觉美感的重要原因。除视觉形象外，很多花、果、叶甚至整个植株还能发出清香、甜香、浓香、幽香等多种香味，引起人的嗅觉美感。攀缘植物除具有一般直立植物形、色、香的完美结合外，它们的体态更显纤弱、飘逸、婀娜的风韵。

藤本植物意蕴美。藤本植物意蕴美与通常所说的联想美、含蓄美、象征美、意境美等相近，其审美特征在于将植物的自然形象与一定的社会文化、传统理念相联系，以物寓意、托物言情，使植物形象成为某种社会文化、价值观的载体，成为文人墨客、丹青妙手垂青的对象。典型的此类藤蔓植物有紫藤、凌霄、十姊妹、木香、素馨、迎春、忍冬等。通过植物自然美和意蕴美、内容与环境的协调配合来体现植物对环境的美化作用，是攀缘植物应用于观赏园艺的一个重要方面。

五、藤本植物在园林绿化中的应用方式

藤本植物是一类结构特殊、性能独特、功能多样的植物，具有较高的园林观赏价值。在园林绿化中有着广泛的应用，可以用于棚架、廊桥、绿门、花亭、墙面、竹篱、棚栏、屋顶、地被、阳台、山石、立交桥、挡土墙等处的绿化，还可用于室内装饰。

1. 墙面绿化

在建筑外面若搭配以软质景观藤本植物进行垂直绿化，既增添了绿意和生机，又可以有效地遮挡夏季的阳光直射，降低建筑物的温度。在旧墙面配以藤本植物，可以遮陋透新，使之与周围的环境和谐统一，又能提高绿化覆盖率，美化环境。

2. 构架绿化

利用构架布置藤本植物已成为园林绿化中的独立景观，如游廊、花架、拱门、灯柱、栅栏、阳台等。种植不同的藤本植物，既可以赏花观果，又提供了纳凉休憩的场所，既美化了环境又改善了生态。

3. 立交桥绿化

随着社会的发展，城市交通量日益增加，绿化的高架桥、立交桥成为许多城市的一道风景线。

4. 地面绿化

利用庞大、牢固的藤本植物覆盖地面，可以起到保持水土的作用。

5. 护坡绿化

在公路、河道护坡上用一些藤本植物（如爬山虎、常春藤）取代草坪，不仅为施工降低了难度，也降低了管理成本，保绿时间长，护坡能力也强。

6. 绿亭

绿亭也可视为花架的一种特殊形式。所不同的是其上端漏空，而在支架的四周种植藤本植物。

7. 屋面绿化

利用某些藤本（如佛甲草）耐热、耐瘠薄的特点进行屋面绿化，也能达到很好的绿化效果。

8. 山石、假山绿化

在自然山石或假山石的局部，用藤本植物加以点缀会让山石更加的富有自然情趣，同时还可以遮盖山石的局部缺陷，起到画龙点睛的作用。

9. 盆栽观赏

在室内摆放一些垂吊的藤本植物，点缀居住空间，会给生活带来更多的温馨和浪漫。

【学习评价】

学生成绩评分标准见表 3-3-2。

表 3-3-2 学生成绩评分标准

序号	评价项目	评价内容	评价方式	分值
		任务三　藤本类园林树木分类		
1	调查方案	内容完整，方案合理、分工明确	分组考核	10
2	调查准备	名录编写正确，材料准备充分	分组考核	10
3	外业调查	按照预定方案进行，调查全面	分组考核	10
4	内业整理	植物识别正确，资料整理清晰	分组考核	10
5	调查报告	内容全面、数据准确合理	分组考核	10
6	植物识别	正确命名	单人考核	10
		识别特征		20
		科属判断		10
7	团队协作	互帮互助、合作融洽	分组考核	10

【复习思考】

1. 藤本植物有哪些重要特征？适合在园林中做哪些方面的应用？
2. 简述你所在地区藤本植物的种类及其在园林环境中的应用方式。
3. 比较紫藤（白花紫藤）、多花紫藤、葛藤的形态区别特征。
4. 比较葡萄、山葡萄、白蔹的形态区别特征。
5. 比较地锦、美国地锦的形态区别特征。
6. 比较凌霄、美国凌霄的形态区别特征。
7. 简述你所在地区适宜垂直绿化的藤本种类及园林观赏特性。
8. 简述你所在地区适宜棚架配植的藤本种类及园林观赏特性。

任务四　观赏棕榈和竹类园林树木分类

【任务描述】

本任务旨在学习常见棕榈类和竹类园林树种，掌握两大类观赏树种的识别特征、分布习性、观赏特色和园林应用特点。

【任务分析】

本任务的学习以植物形态分类学知识为基础，结合项目一园林树木分类与应用基础的有关理论，按照属、种的体系，通过树木识别与应用调查任务驱动的形式，认知棕榈科和竹类在园林中的常用树种，能够准确鉴别并合理应用。在学习过程中，注意先掌握这两类代表性树种，善于运用特征比较法，举一反三，掌握更多的有关树种；要特别注意区别形态相似的树种。

【任务目标】

准确识别本地区常用的观赏棕榈类和竹类；掌握相关树种的观赏特色和园林应用特点，掌握主要棕榈类和竹类树种特别是代表性树种的主要习性；能够根据常见树种的观赏特点和园林应用特点进行合理创造景观。

【任务实施】

教师运用多媒体进行案例式教学，同时利用校内树木园、本地区公园、温室和城市绿地通过现场教学或实训实习等形式，引导学生认知代表性树种；发挥学生主体学习作用，布置以学习小组为单位合作完成树种实地调查任务，主要内容包括各棕榈类和竹类的识别特征、观赏特点和园林应用特点等。

一、材料与用具

本地区生长正常的各种棕榈类和竹类树种、照相机、手持放大镜、解剖镜、枝剪、记录夹等。

二、任务实施步骤

（1）运用多种教学手段，如多媒体教学、现场教学、实训实习等，教师指导学生学习代表性棕榈类和竹类树种。

（2）完成本地区棕榈类和竹类园林树种调查报告（Word 格式或 PPT 格式），要求调查代表性树种棕榈类 15 种和竹类 8 种以上（南北方同学根据本地实际适当增减），其调查记录表见表 3-4-1。

表 3-4-1　棕榈类和竹类园林树种识别与应用调查记录表

序号	树种	科属	识别要点	观赏特点	主要生态习性	园林应用特点
1						
2						
3						
…						

后附树种图片。

三、树种认知

（一）观赏棕榈

1. 棕榈科棕榈属

（1）棕榈（唐棕、拼棕、中国扇棕）*Trachycarpus fortunei*（Hook.）H. Wendl.（图 3-4-1）

【识别特征】①常绿乔木，高 25m。树干圆柱形，高达 10m，干茎达 24cm。②常残存有老叶柄密集的网状纤维（叶鞘），叶簇竖干顶，形如扇，近圆形，茎 50~70cm，掌状裂深达中下部，叶柄长 40~100cm，两侧细齿明显。③雌雄异株，圆锥状肉穗花序腋生，花小而黄色。花期 4~5 月。④核果肾状球形，茎约 1cm，蓝褐色，被白粉。10~12 月果熟。

【分布与习性】原产我国，除西藏外我国秦岭以南地区均有分布，北起陕西南部，南到广东、广西和云南，西达西藏边界，东至上海、浙江。从长江出海口，沿长江上游西岸 500km 地带广为分布。棕榈是国内分布最广，分布纬度最高的棕榈科种类。喜温暖湿润气候，耐寒性极强，喜光，稍耐荫。适生于排水良好、湿润肥沃的中性、石灰性或微酸性土壤，耐轻盐碱，也耐一定的干旱与水湿。易风倒，生长慢。棕榈对烟尘、二氧化硫、氟化氢等多种有害气体具较强的抗性，并具有吸收能力，适于空气污染区大面积种植。

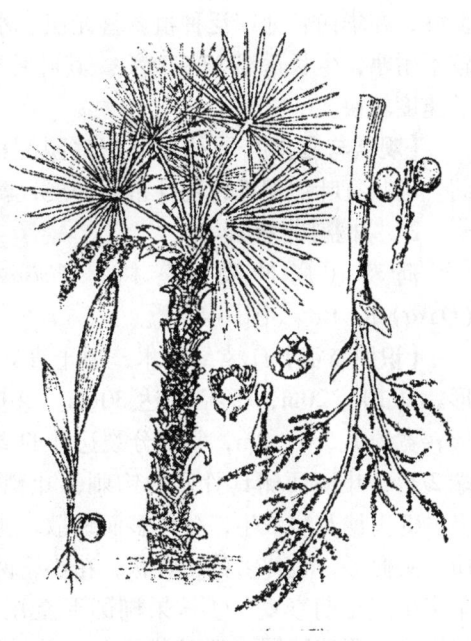

图 3-4-1　棕榈

【观赏与应用】棕榈树适栽于庭院、路边及花坛之中，树势挺拔，叶色葱茏，适于四季观赏。木材可以制器具。棕榈叶鞘为扇子型，有棕纤维，叶可制扇、帽等工艺品，根入药。单子叶植物中的棕榈科植物以其特有的形态特征构成了热带特有的景观。

（2）酒瓶椰子（棍棒椰子）*Hyophorbe lagenicaulis* H. E. Moore

【识别特征】①常绿乔木，茎干高达 2m。②树干平滑，酒瓶状，中部以下膨大，近顶部渐狭成长颈状。③叶聚生于干顶，羽状叶拱形、旋转，于基部侧向扭转而使羽片的叶面和叶轴所在的平面呈 45°，有时羽片和叶柄边缘略带红色。小叶线状披针形，淡绿色。④肉穗花序多分支，油绿色。花期 8 月。⑤浆果椭圆形，熟时黑褐色。果期为翌年 3~4 月。

【分布与习性】原产马斯克林群岛，中国台湾、广西、海南、广东、福建等地有引种栽培。性喜高温、湿润、阳光充足的环境，怕寒冷，耐盐碱、生长慢，冬季需在 10℃ 以上越冬。

【观赏与应用】株形奇特，生长较慢，从种子育苗到开花结果常需 20 多年，每株开花至果实成熟需 18 个月，但寿命可长达数十年，其形似酒瓶，非常美观，是一种珍贵的观赏棕榈植物。既可盆栽用于装饰宾馆的厅堂和大型商场，也可孤植于草坪或庭院之中，观赏效果极佳。此外，酒瓶椰子与华棕、皇后葵等植物一样，还是少数能直接栽种于海边的棕榈植物之一。

（3）国王椰子（佛竹、密节竹、河岸雷文葵）*Ravenea rivularis* Jun. et Perrier

【识别特征】①常绿乔木。②单干，树干基部有时膨大。③羽状裂片密生，裂片多，条形。④雌雄异株，穗状花序生于叶间。⑤果球形，红色。

【分布与习性】原产马达加斯加南部，在热带和亚热带地区广为栽培，引入我国后表现良好，在华南各地广泛种植。喜光照、水分充足的生长环境，生长速度快，喜温，耐半荫，较不耐寒，生长适温 22~30℃。其叶片受风面小，茎秆纤维柔韧，是极为抗风的树种。生长速度较快。

【观赏与应用】园林上可作庭园配植、行道树，作盆栽观赏也甚雅。树型优美，性耐荫。羽状复叶似羽毛，羽叶密而伸展，飘逸而轻盈，树干粗壮，为优美的热带风光树。

2. 棕榈科蒲葵属

蒲葵（扇叶葵、葵树）*Livistona chinensis* (Qaxq) R. Br. （图 3-4-2）

【识别特征】①常绿乔木，单干直立，树冠近球形。高 10~20m，干径可达 30cm。②叶阔肾状扇形，宽约 1.5~1.8m，掌状分裂达叶的 2/3，裂片先端 2 裂，叶柄两侧具骨质的钩刺，叶鞘褐色，纤维多。③肉穗花序腋生，分枝多而疏散，佛焰苞 1，革质，圆筒形，苞片多数，管状，花小，两性，通常 4 朵集生。花期春夏。④核果椭圆形至矩圆形，形状如橄榄，两端钝圆，熟时紫黑色，外被白粉。果期 11 月。

【分布与习性】分布于我国南部，越南、日本也有。喜温暖湿润的气候，较耐寒，喜光，稍耐荫。适生于土层深厚、湿润肥沃的黏质土壤上。抗污染和抗风能力强。

【观赏与应用】四季常青，树冠伞形，叶大如扇

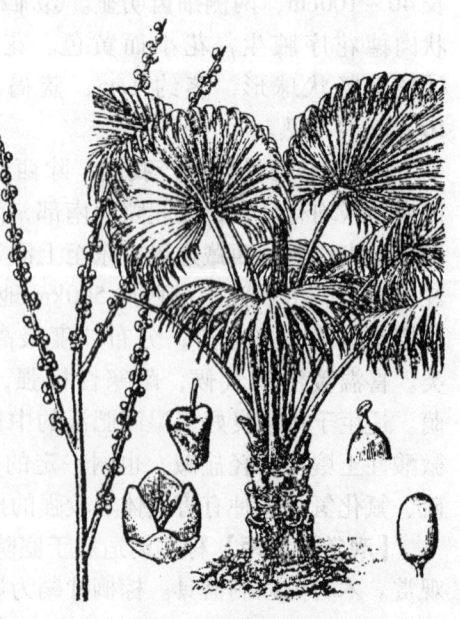

图 3-4-2 蒲葵

形，树形婆娑，为热带地区重要绿化树种，可列植作行道树或丛植作园景树。

3. 棕榈科棕竹属

（1）棕竹（观音竹、筋头竹、棕榈竹、矮棕竹）*Rhapis excelsa* (Thunb.) Henry ex Rehd. （图3-4-3）

【识别特征】①常绿丛生灌木，高2～3m。②茎干直立圆柱形，有节，直径1.5～3cm，茎纤细如手指，不分枝，有叶节，上部被叶鞘，但分解成稍松散的马尾状淡黑色粗糙且硬的网状纤维。③叶集生茎顶，掌状深裂，裂片4～10片，不均等，具2～5条肋脉，在基部（即叶柄顶端）1～4cm处连合，长20～32cm或更长，宽1.5～5cm，宽线形或线状椭圆形，先端宽，具多对稍深裂的小裂片，边缘及肋脉上具稍锐利的锯齿，横小脉多而明显；叶柄细长，约8～20cm，两面突起或上面稍平坦，边缘微粗糙，宽约4mm，顶端的小戟突略呈半圆形或钝三角形，被毛。④肉穗花序腋生，长约30cm，花小，淡黄色，极多，单性，雌雄异株。花期4～5月，⑤果实球状倒卵形，直径8～10mm。种子球形，胚位于种脊对面近基部。果期10～12月。

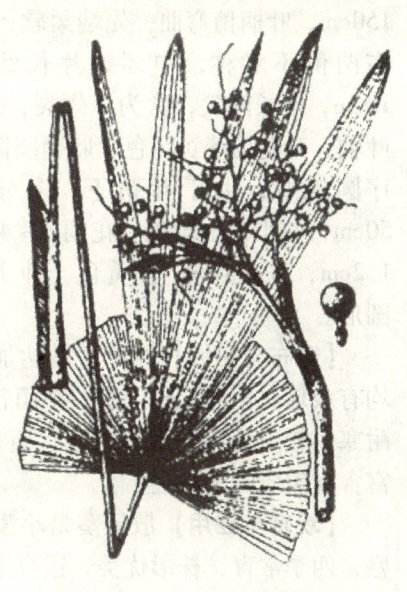

图3-4-3　棕竹

【变种、变型与品种】常见的栽培变种有斑叶棕竹'Variegata'，叶片具金黄色或白色斑纹。

【分布与习性】产于我国东南部至西南部以及日本。我国南方各地均有栽培。喜温暖湿润及通风良好的半荫环境，不耐积水，极耐荫，畏烈日，夏季炎热光照强时，应适当遮阴。适宜温度10～30℃，气温高于34℃时，叶片常会焦边，生长停滞，越冬温度不低于5℃，但可耐0℃左右低温，最忌寒风霜雪，在一般居室可安全越冬。株形小，生长缓慢，对水肥要求不十分严格，要求疏松肥沃的酸性土壤，不耐瘠薄和盐碱，要求较高的土壤湿度和空气湿度。

【观赏与应用】株丛挺拔，叶形清秀，为良好的观叶植物。丛植或盆栽均可。

（2）金山棕竹（多裂棕竹、多裂小棕竹、多裂叶棕竹）*Rhapis multifida* Burr.

【识别特征】①茎丛生，高1～1.5m。②叶扇形，长18～25cm，掌状深裂，裂片25～35片，狭线形，劲直伸展，边缘有小齿，两侧及中间1片最宽，宽1.5～2.2cm，有2条纵向平形脉，其余裂片有1条纵向叶脉；叶柄边缘稍锐利，有淡黄色密绒毛。③花期3～4月。④果椭圆形，长约1cm，稍肉质。

【分布与习性】产于我国云南南部。我国华南及东南省区有引种。避免强光或光照长期照射，应严格控制氮肥的施用，宜保持一定的空气湿度。

【观赏与应用】植株秀丽，叶裂片细而匀称。适合于我国南方庭园栽培，供观赏或制作大型盆景。

4. 棕榈科散尾葵属

散尾葵（黄椰子、紫葵）*Chrysalidocarpus lutescens* H. Wendl. （图3-4-4）

【识别特征】①常绿丛生灌木，高7～8m。②茎干光滑，黄绿色，无毛刺，嫩时披蜡粉，上有明显叶痕，呈环纹状。基部多分蘖，呈丛生状生长。③叶面滑细长，羽状复叶，全裂，长40～150cm，叶柄稍弯曲，先端柔软，裂片条状披针形，左右两侧不对称，中部裂片长约50cm，顶部裂片仅10cm，端长渐尖，常为2短裂，背面主脉隆起；叶柄、叶轴、叶鞘均淡黄绿色，叶鞘圆筒形，包茎。④肉穗花序圆锥状，生于叶鞘下，多分支，长约40cm，宽50cm，花小，金黄色。花期3～4月。⑤果近圆形，长1.2cm，宽1.1cm，橙黄色。种子1～3枚，卵形至椭圆形。

【分布与习性】原产于马达加斯加，我国南方各地均有栽培。性喜温暖湿润、半荫且通风良好的环境，不耐寒，较耐荫，畏烈日，适宜生长在疏松、排水良好、富含腐殖质的土壤上。

【观赏与应用】散尾葵是小型的棕榈植物，枝叶茂盛，四季常青，株形优美，适合于庭园中丛植或盆栽供室内摆设。家居中摆放散尾葵，能够有效去除空气中的苯、三氯乙烯、甲醛等挥发性的有害物质。散尾葵与滴水观音一样，具有蒸发水汽的功能，如果在家居种植一棵散尾葵，能够将室内的湿度保持在40%～60%，特别是冬季室内湿度较低时，能有效提高室内湿度。

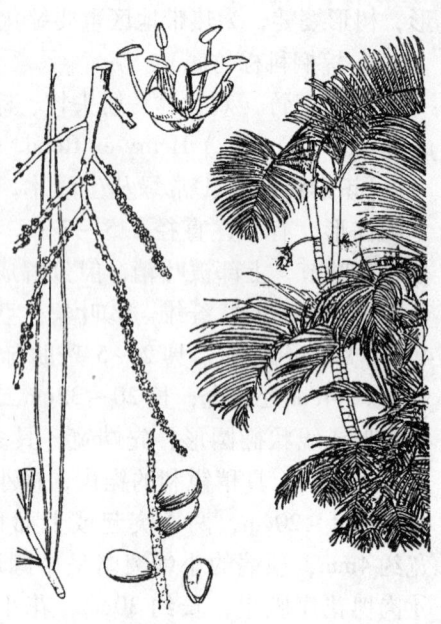

图3-4-4　散尾葵

5. 棕榈科椰子属

椰子 *Cocos nucifera* L.（图3-4-5）

【识别特征】①植株高大，乔木状，高18～20m。②树干常倾斜或稍弯曲，茎粗壮，有环状叶痕，基部增粗，常有簇生小根。③叶羽状全裂，长3～4m，裂片多数，外向折叠，革质，线状披针形，长65～100cm或更长，宽3～4cm，顶端渐尖，叶柄粗壮，长达1m以上。④花序腋生，长1.5～2m，多分枝，佛焰苞纺锤形，厚木质，最下部的长60～100cm或更长，老时脱落。雄花萼片3枚，鳞片状，长3～4mm，花瓣3枚，卵状长圆形，长1～1.5cm，雄蕊6枚，花丝长1mm，花药长3mm；雌花基部有小苞片数枚，萼片阔圆形，宽约2.5cm，花瓣与萼片相似，但较小。⑤果卵球状或近球形，顶端微具三棱，长约15～25cm，外果皮薄，中果皮厚纤维质，内果皮木质坚硬，基部有3孔，其中的1孔与胚相对，萌发时即由此孔穿出，其余2孔坚实，果腔内有胚乳（即"果肉"或种仁），胚和汁液（椰子水）。花果期主要在秋季。

图3-4-5　椰子

【分布与习性】原产于亚洲热带，其中以菲律宾、印度尼西亚、印度和斯里兰卡等地区较多，我国海南岛等热带地区有栽培。热带喜光作物，在高温、多雨、阳光充足和海风吹拂的条件下生长发育良好。要求年平均温度在 24～25℃ 以上，温差小，全年无霜，椰子才能正常开花结果，最适生长温度为 26～27℃。水分条件应为年降雨量 1500～2000mm 以上，而且分布均匀，但在地下水源较丰富或能进行灌溉的地区，年降雨量为 600～800mm 也能良好生长，干旱对椰子产量的影响长达 2～3 年，长期积水也会影响椰子的长势和产量。

【观赏与应用】树姿雄伟，冠大叶多，苍翠挺拔，极富热带风情，是热带地区，特别是热带海滨景色的象征。在热带、南亚热带地区可作园景树、行道树。

6. 棕榈科王棕属

王棕（大王椰子）*Roystonea regia* (Kunth) O. F. Cook（图 3-4-6）

【识别特征】①茎直立，乔木状，高 10～20m。②茎幼时基部膨大，老时近中部不规则地膨大，向上部渐狭。③叶羽状全裂，弓形并常下垂，长约 4～5m，叶轴每侧的羽片多达 250 片，羽片呈 4 列排列，线状披针形，渐尖，顶端浅 2 裂，长 90～100cm，宽 3～5cm，顶部羽片较短而狭，在中脉的每侧具粗壮的叶脉。④花序长达 1.5m，多分枝，佛焰苞在开花前象 1 根垒球棒，花小，雌雄同株，雄花长 6～7mm，雄蕊 6，与花瓣等长，雌花长约为雄花之半。花期 4～6 月。⑤果实近球形至倒卵形，长约 1.3cm，直径约 1cm，暗红色至淡紫色。种子歪卵形，一侧压扁，胚乳均匀，胚近基生。果期 10 月。

【分布与习性】原产于美国佛罗里达州与古巴。喜高温多湿的热带气候，能耐短暂低温，对土壤适应性强，但以疏松湿润、排水良好、土层深厚为佳。

图 3-4-6　王棕

【观赏与应用】树姿高大雄伟，树干通直，为世界著名的热带风光树种，可丛植、行植，也可作行道树。

7. 棕榈科槟榔属

槟榔（槟榔子、宾门、槟楠）*Areca catechu* L.

【识别特征】①茎直立，乔木状，高 10m，最高可达 30m。②干挺直，无分枝。有明显的环状叶痕。③叶簇生于茎顶，长 1.3～2m，羽片多数，两面无毛，狭长披针形，长 30～60cm，宽 2.5～4cm，上部的羽片合生，顶端有不规则齿裂。④雌雄同株，花序多分枝，花序轴粗壮压扁，分枝曲折，长 25～30cm，上部纤细，着生 1 列或 2 列的雄花，而雌花单生于分枝的基部；雄花小，无梗，通常单生，很少成对着生，萼片卵形，花不到 1mm，花瓣长圆形，长 4～6mm；雌花较大，萼片卵形，花瓣近圆形，长 1.2～1.5cm。花期 3～8 月。⑤果实长圆形或卵球形，长 3～5cm，橙黄色，中果皮厚，纤维质。种子卵形，基部截平，胚乳嚼烂状，胚基生。果期 12 月至翌年 5 月。

【分布与习性】广布于亚洲热带及美洲热带、亚热带、澳大利亚。喜高温高湿的热带气候，不耐寒，一般气温 16℃ 就有落叶现象，5℃ 会受冻害，最适生长温度为 24～26℃。要求土层深厚、保水力强、排水良好、富含有机质的冲积土或壤土，在砂质壤土中也能适应。

【观赏与应用】槟榔是典型的热带风光树种之一。若配植于水边，倒影清秀，植于桥头，线条构图简洁，是热带优良的绿化树种。未熟果实，热带地区人民多作咀嚼料。种子可入药。

8. 棕榈科鱼尾葵属

鱼尾葵（孔雀椰子，假桃榔）*Caryota ochlandra* Hance（图3-4-7）

【识别特征】①常绿大乔木，高可达20m。②单干直立，有环状叶痕。③二回羽状复叶，大而粗壮，长2~3m，宽1~1.5m，每侧羽片14~20片，中部较长，下垂，裂片厚革质，先端下垂，羽片厚而硬，不规则啮齿状齿缺，酷似鱼鳍，先端延长成长尾尖，近对生，叶轴及羽片轴上均被褐色毛，叶鞘巨大，长圆筒状，抱茎。④圆锥状肉穗花序下垂，雄花花蕾卵状长圆形；雌花花蕾三角状卵形。花期6~7月。⑤果球形，直径约2cm，熟时淡红色，有种子1~2颗。

图3-4-7 鱼尾葵

【分布与习性】产于广东、广西、云南、福建，生于低海拔林中。喜温暖，湿润。较耐寒，能耐受短期-4℃低温霜冻，耐荫。根系浅，不耐干旱，茎干忌暴晒。要求排水良好、疏松肥沃的土壤。

【观赏与应用】茎干挺直，叶片翠绿，叶形奇特，花色鲜黄，果实如圆珠成串，适宜作园景树和行道树。

（二）竹类

1. 禾本科箣竹属

（1）孝顺竹（凤凰竹、蓬莱竹、慈孝竹）*Bambusa multiplex* (Lour.) Raeuschel（图3-4-8）

【识别特征】①秆丛生，高4~7m，直径1.5~2.5cm。②枝低出，秆节粗大。③箨宽而硬，向上渐尖，被紧贴粗毛，箨舌狭，全缘。秆节分枝多，主枝较粗。④叶两列，叶片背面粉绿色，5~10片生于小枝上。⑤笋期6~9月。

【变种、变型与品种】①观音竹 var. *riviereorum* R. Maire：本变种与原变种的主要区别在于秆密丛生，高1~3m，实心，小枝柔软而下垂，具叶13~23枚，叶片披针形，在小枝排成二列，形似羽状复叶，因竹丛矮小，丛态优美，常作绿篱或盆栽，原产于华东、华南、西南至台湾。②小琴丝竹'Alphonse~Karr'：秆与分枝的节间金黄色，间有不同宽度的绿色纵条纹，秆箨新鲜时绿色，具黄白色纵条纹。③银丝竹'Silverstripe'：与原变种的主要区别在于秆下部的节间以及

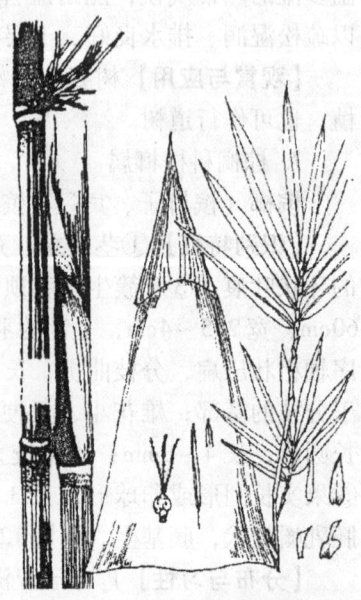

图3-4-8 孝顺竹及其变种

箨鞘和少数叶片等皆为绿色而具有白色纵条纹，广东、香港均有栽培。④凤尾竹'Fernleaf'：与观音竹相似，但植株高大，秆中空，小枝稍下弯，具9~13叶，叶线状披针形至披针形，长3.3~6.5cm，宽0.4~0.7cm，宜作盆栽或作低矮绿篱。

【分布与习性】产于长江以南各省区，越南也有分布。喜温暖湿润的气候，喜深厚、湿润、肥沃的土壤。

【观赏与应用】现广泛应用于庭园中作绿篱，或植于建筑物附近及假山边。

(2) 佛肚竹（佛竹，罗汉竹，密节竹，大肚竹，葫芦竹）*Bambusa ventricosa* McClure（图3-4-9）

【识别特征】①丛生灌木状竹类，株高可达5m，通常为2~3m。②茎秆基部及中部均为畸形，节较短，两节间膨大如瓶，形似佛肚，故名。幼秆深绿色，稍被白粉，老茎橄榄黄色，秆每节分枝1~3枚。③叶片卵状披针形至长矩圆披针形，背具微毛。

【分布与习性】产于广东，现我国南方各地以及亚洲的马来西亚和美洲均有引种栽培。喜湿暖湿润，抗寒力较低，能耐轻霜及极端0℃左右低温，但遇长期4~6℃低温，植株受寒害，北回归线以南的热带地区，可在露地安全越冬，华南北部的背风向阳处，尚可栽培，华中至华北的广大地区，均只宜盆栽，置温室或室内防寒越冬。喜光，也稍耐荫。喜肥沃湿润的酸性土，颇耐水湿，不耐干旱，地植或盆栽均宜，土壤需经常保持湿润。

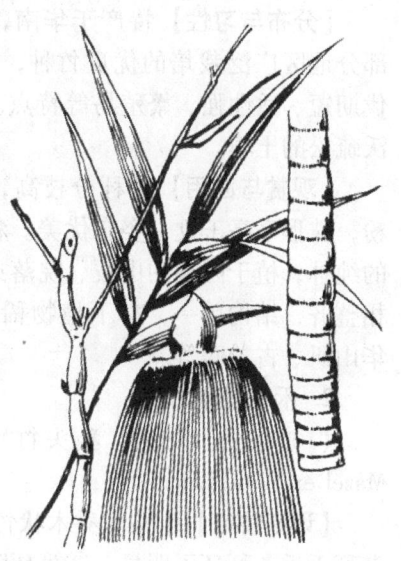

图3-4-9 佛肚竹

【观赏与应用】秆形奇特，古朴典雅，在园林中自成一景。适于庭院、公园、水滨等处种植，与假山、崖石等配置，更显优雅。苏东坡有"宁可食无肉，不可居无竹"以及"无竹则俗"等诗句，古人称"梅、兰、竹、菊"为四君子，因此竹在园林中占有重要位置。由于各地的气温差异较大，适宜栽培的竹种各有不同，佛肚竹是观赏竹类的佼佼者，不但宜作露地栽植，也宜盆栽供陈列。同属栽培较多的还有黄金间碧玉竹，秆黄色，挂有绿色条纹。

(3) 青皮竹（山青竹、黄竹）*Bambusa textilis* McClure

【识别特征】①丛生竹，秆高达9~12m，直径3~5cm。②秆直立，节间甚长，竹壁薄，近基部数节无芽。③箨环倾斜，箨鞘初有毛，后无之，箨耳小，长椭圆形，不甚相等，箨舌略呈弧形，中部高约2~3mm，箨叶窄三角形，直立。④出枝较高，基部附近数节不见出枝，分枝密集丛生达10~12枚。每小枝上叶片8~14枚，长10~25cm。⑤笋期5~9月。

【分布与习性】主产于广东、广西，福建、湖南、云南南部也有栽培。喜疏松、湿润、肥沃的，河岸溪畔、平原、丘陵、"四旁"均可生长。适生于温暖湿润的气候环境。

【观赏与应用】竹秆甚密集，枝稠叶茂，绿荫成趣。于庭园或公园中、家前屋后均宜成片栽植。秆较细小，叶片也较小，适宜于较小空间的庭院配置。

(4) 粉单竹（单竹）*Bambusa cmlngii* McClure（图3-4-10）

【识别特征】①秆高达18m，直径约5cm，顶端下垂甚长。②秆表面幼时密被白粉，节间长30~60cm。每节分枝多数且近相等。③箨鞘坚硬，鲜时绿黄色，被白粉，背面遍生淡色细短毛，箨落后箨环上有一圈较宽的木栓质环，箨耳长而狭窄，箨叶反转，卵状披针形，近基部有刺毛。④每小枝有叶4~8枚，叶片线状披针形，长20cm，宽2cm，质地较薄，背面无毛或疏生微毛。

【分布与习性】特产于华南，是两广及湖南、福建部分地区广泛栽培的优良竹种，具有生长快、成林快、伐期短、适性强、繁殖易等特点。喜温暖湿润气候及肥沃疏松的土壤。

【观赏与应用】竹秆分枝高，节间长，被明显的白粉，株形亭亭玉立，姿态优美。粉单竹林多为人工栽培的纯林，植于园林的山坡、院落或道路、立交桥边。林相整齐，结构单一，林下植物稀少，常见的有野牡丹、华山矾、古羊藤等。

2. 禾本科刚竹属

（1）毛竹（楠竹，猫头竹）*Phyllostachys pubescens* Mazel ex H. de Lehaie

图3-4-10 粉单竹

【识别特征】①高大乔木状竹类，高达20m。②幼秆密被细柔毛及厚白粉，箨环有毛，老秆无毛。秆环不明显。③箨环隆起，箨鞘厚革质，长于节间，褐紫色，密被棕色毛或深褐色斑点，箨耳小，繸毛发达，箨舌弓形，两侧下延，箨叶长三角形至披针形。④每小枝2~3叶，叶片披针形，叶舌隆起，叶耳不明显，繸毛脱落。⑤笋期3月下旬至4月。

【分布与习性】分布自秦岭、汉水流域至长江流域以南和台湾省。1737年引入日本栽培，后又引至美国。浅根性，要求疏松、肥沃、湿润的黄土壤。

【观赏与应用】叶色青绿，竹秆挺直，秀丽可爱。自古以来与松、梅共享"岁寒三友"之称，是点缀园林或绿化风景区的优良植物，也是我国栽培历史悠久、栽培面积大、富有经济价值的重要竹种。

（2）桂竹（月季竹，麦黄竹）*phyllostachys bambusoides* Sieb. et Zucc.

【识别特征】①秆高达8m，直径达14cm，中部节间长达40cm。②秆绿色无毛，无白粉，秆环和箨环均隆起。③叶长椭圆状披针形，长7~15cm，宽1.3~2.3cm，下面粉绿色，有叶耳和长肩毛。④花药长11~14mm。花期5月，未见种子。⑤笋期6月。结红色，边缘绿色，平直或微皱，下垂。

【分布与习性】分布较广，黄河流域至长江以南各省区均有，江西省红安县产此竹，其北部山区几乎都有，从武夷山脉向西，经五岭山脉至西南各省区均可见野生的竹株。

【观赏与应用】是优良的绿化树种。竹秆可供建筑、棚架用，或用作撑篙、农具柄、扁担、旗杆。竹篾较水竹和淡竹硬脆，可编晒席、篓等。笋可食。

（3）金竹（黄皮刚竹、黄皮绿筋竹、黄金竹、黄竹）*Phyllostachys sulphurea*（Carr.）A. et C. Riv.

【识别特征】①秆高6~15m，直径4~10cm。②幼时无毛，微被白粉，绿色，成长的秆呈绿色或黄绿色，中部节间长20~45cm，壁厚约5mm，秆环在较粗大的秆中于不分枝的各节上不明显。③箨环微隆起，箨鞘背面呈乳黄色或绿黄褐色又多少带灰色，有绿色脉纹，无毛，微被白粉，有淡褐色或褐色略呈圆形的斑点及斑块，箨耳及鞘口繸毛俱缺，箨舌绿黄色，拱形或截形，边缘生淡绿色或白色纤毛，箨片狭三角形至带状，外翻，微皱曲，绿色，但具橘黄色边缘。④末级小枝有2~5叶，叶鞘几无毛或仅上部有细柔毛，叶耳及鞘口繸毛均发达，叶片长圆状披针形或披针形，长5.6~13cm，宽1.1~2.2cm。⑤花枝未见。笋期5月中旬。

【分布与习性】原产我国，黄河至长江流域及福建均有分布，西南地区也广为栽培，1840年由上海引至法国栽培，1928年由法国引至美国。喜温凉气候，在滇中地区主要分布在海拔1600~2100m的坝区和半山区。

【观赏与应用】庭园中栽培供观赏。

（4）紫竹（黑竹、竹茄、乌竹）*Phyllostachys nigra* (Lodd.) Munro

【识别特征】①高3~6m，直径1~4cm。②新竹秆有细毛茸，初为绿色，后渐变为紫色，老秆则变为深紫色以至近于黑色。秆环隆起。③箨环及箨鞘均具有较密的刚毛，每节分枝2，不等大，箨耳镰刀形，紫色而具有繸毛，箨舌长而强烈隆起，箨叶小，绿色，有皱褶。④小枝顶端具2~3叶，叶片窄披针形，长4~10cm，先端长而质薄，下面基部有细毛。⑤笋期4月下旬至5月上旬。

【分布与习性】主要产于亚热带地区，黄河以南各地广为栽培。性较耐寒，适生于土层深厚湿润、地势平坦的地方。

【观赏与应用】株型优美，秆紫黑色，宜植于庭园山石之间或书斋、厅堂四周以及远路两旁、池旁水边。

（5）早园竹（沙竹、桂竹、雷竹）*Phyllostachys propinqua* McClure

【识别特征】①秆高3~8m，直径3~5cm。②节间短而均匀，长约20cm。新秆节绿色，密被白粉。③箨环、秆环均略隆起，呈明显双环，箨鞘红褐色或黄褐色，有紫斑，被白粉，上缘常枯焦。④每小枝3~5叶，背面中脉有细毛。

【分布与习性】原产我国，广泛分布于我国华北、华中及华南各地，北京地区常见栽培，生长良好。喜湿润环境，也较耐干旱，对土壤要求不严，早园竹生性强建，较耐盐碱，非常适合在北方盐碱地区种植。

【观赏与应用】非常耐修剪，易整形。主要用于庭院观赏、公园绿化、住宅区绿化等。

（6）黄槽竹（玉镶金竹）*Phyllostachys aureosulcata* McClure（图3-4-11）

【识别特征】①秆高达9m，粗4cm。②在较细的秆的基部有2或3节常作"之"字形折曲，幼秆被白粉及柔毛，毛脱落后手触秆表面微觉粗糙。节间长达39cm，分枝一侧的沟槽为黄色，其他部分为绿色或黄绿色。秆环中度隆起，高于箨环。③箨鞘背部紫绿色常有淡黄色纵条纹，散生褐色小斑点或无斑点，被薄

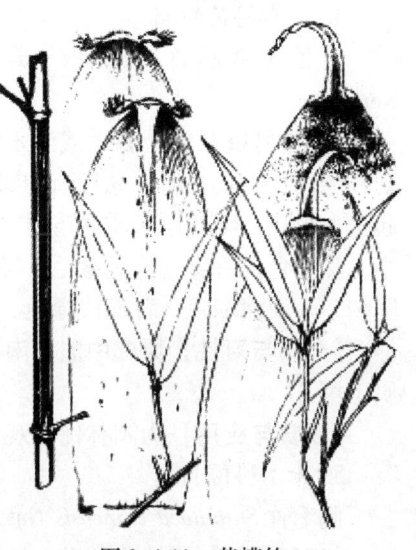

图3-4-11 黄槽竹

白粉，箨耳淡黄带紫或紫褐色，系由箨片基部向两侧延伸而成，或与箨鞘顶端明显相连，边缘生继毛，箨舌宽，拱形或截形，紫色，边缘生细短白色纤毛，箨片三角形至三角状披针形，直立或开展，或在秆下部的箨鞘上外翻，平直或有时呈波状。④末级小枝2或3叶，叶耳微小或无，继毛短，叶舌伸出，叶片长约12cm，宽约1.4cm，基部收缩成3～4mm长的细柄。⑤花枝呈穗状，长8.5cm，基部约有4片逐渐增大的鳞片状苞片，佛焰苞4或5片，无毛或疏生短柔毛，无叶耳和鞘口继毛，缩小叶呈锥状，每片佛焰苞内生5～7枚假小穗，唯最下方的1片佛焰苞内常不生假小穗。花期5～6月，笋期4月中旬至5月上旬。

【分布与习性】产于北京、浙江，美国在1907年从浙江余杭区塘栖镇引入栽培。宜栽植在背风向阳处，喜空气湿度较大的环境。

【观赏与应用】秆因其下部二、三节常折曲而无多大用途，主要供观赏。

3. 禾本科箬竹属

阔叶箬竹（寮竹，箬竹）*Indocalamus latifolius* (Keng) McClure（图3-4-12）

【识别特征】①株高约1m。②秆箨宿存，质坚硬，背部有紫棕色小刺毛，箨舌平截，鞘口顶端有流苏状缘毛。③小枝具叶1～3片，长10～30cm，宽2～5cm，长椭圆形，表面无毛，背面灰白色，略生微毛，叶缘粗糙。

【分布与习性】原产于华东、华中等地，在北京及以南地区也有栽培。适应性强，较耐寒，喜湿耐旱，对土壤要求不严，在轻度盐碱土中也能正常生长，喜光，耐半荫。

【观赏与应用】园林中多用作地被植于疏林下，也可植于河边护岸。

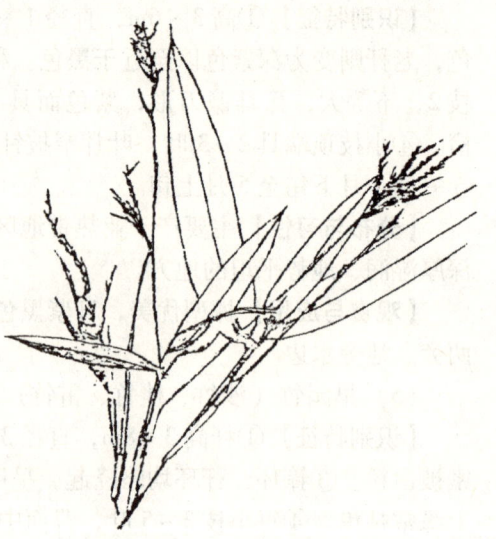

图3-4-12 阔叶箬竹

4. 禾本科苦竹属

苦竹（伞柄竹）*Pleioblastus amarus* (Keng) Keng f.

【识别特征】①小乔木或灌木状，秆高3～5m，粗1.5～2cm，直立。②秆壁厚约6mm，幼秆淡绿色，具白粉，老后渐转绿黄色，被灰白色粉斑，秆散生或丛生，圆筒形。③箨环隆起呈木栓质，箨鞘厚纸质或革质，绿色，有棕色或白色刺毛，边缘密生金黄色纤毛，箨耳细小，深褐色，有直立棕色缘毛，箨舌平截，箨叶细、长披针形。④叶鞘无毛，有横脉，叶舌坚韧，表面深绿色，背面浅绿色，有微毛。

【分布与习性】原产中国河南山区及长江流域。适应性强，较耐寒，喜肥沃、湿润的砂质土壤。

【观赏与应用】为园林优良观赏竹种。

5. 禾本科倭竹属

鹅毛竹 *Shibataea chinensis* Nakai（图3-4-13）

【识别特征】①矮小竹类，株高尺余。②秆直立，纤细，中空极小或近于实心，每节分枝三至六枝，分枝通常只有2节，仅上部1节生叶。③一般每小枝生3小叶，厚纸质，表面疏被毛，稍具白粉，叶鞘厚纸质或近于薄革质，光滑无毛，鲜绿色，老熟后变为厚纸质乃至稍呈革质，卵状披针形，长6~10cm，宽1~2.5cm，基部较宽且两侧不对称，先端渐尖，两面无毛，叶缘有小锯齿。④花果未见，笋期5~6月。

【分布与习性】广布于江苏、安徽、江西、福建等省。

【观赏与应用】鹅毛竹竹秆矮小密生，叶大而茂，可作地被树种栽培，可栽培于公园中供观赏。

【知识链接】竹类概说

竹类属于禾本科。

竹类的植物，秆一般为木质，多为灌木或乔木状，秆的节间常中空，主秆叶（秆箨即笋壳）与普通叶明显不同，秆箨的叶片（箨片）通常缩小而无明显的中脉，普通叶片具短柄，且与叶鞘相连处成一关节，叶易自叶鞘脱落。花期不固定，一般相隔甚长（数年、数十年乃至百年以上），某些种终生只有一次开花期，花期常可延续数月之久。竹子地下茎，又称竹鞭，常分为合轴型和单轴型，在单轴和合轴之间有过渡类型，因此通常将竹类植物的地下茎分为四种类型（图3-4-14）。竹鞭的节有芽，不出土的芽可长成新的竹鞭，芽长大出土便称为竹笋，笋上的变态叶称为竹箨，也称为秆箨，秆箨由箨鞘、箨叶、箨耳组成。笋发育成秆。竹秆具有明显的节和节间，节部有2环，下一环称箨环，上一环称秆环，两环间称为节内，其上生芽，芽萌生成枝，通常1至数枚，该特征是竹类植物分类的重要依据。（图3-4-15）。

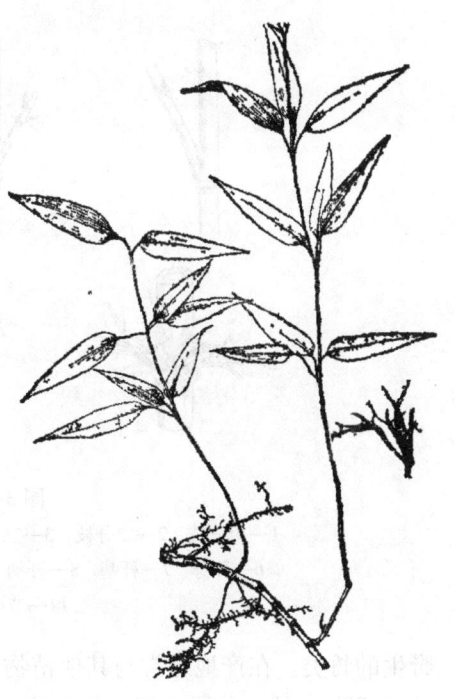

图3-4-13 鹅毛竹

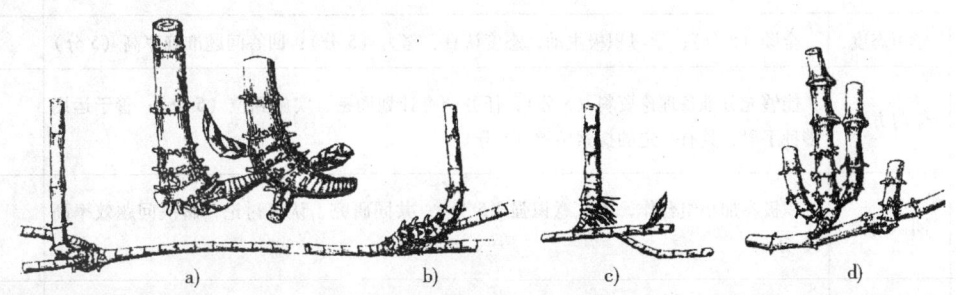

图3-4-14 竹类地下茎类型
a) 合轴丛生 b) 合轴散生 c) 单轴散生 d) 复轴混生

竹类（不包括我国不产的草本竹类）按狭义计有70余属1000种左右，一般生长在热带和亚热带，尤以季风盛行的地区为多，但也有一些种类可分布到温寒地带和高海拔的山岳上部，亚洲和中、南美洲属种数量最多，非洲次之，北美洲和大洋洲很少，欧洲除栽培外则无

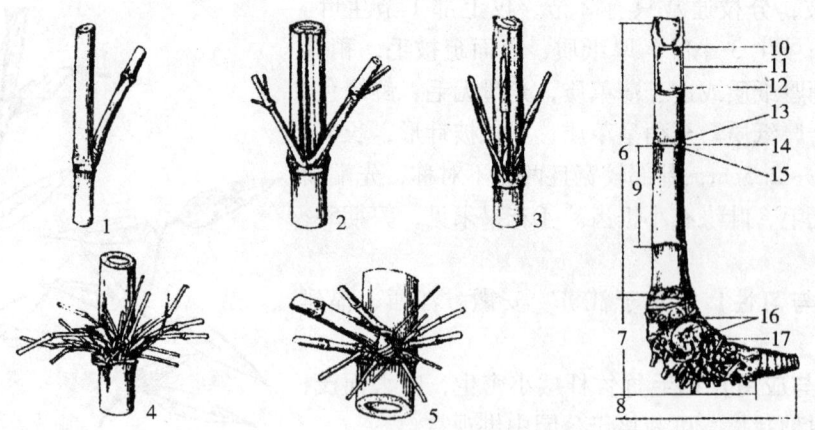

图 3-4-15　竹类秆及分枝类型
1—单分枝　2—二分枝　3—三分枝　4—多分枝，主枝不明显　5—多分枝，主枝明显
6—秆身　7—秆基　8—秆柄　9—节　10—节隔　11—节壁　12—竹腔　13—秆环
14—节内　15—箨环　16—芽　17—根

野生的竹类。在产地通常与其他植物伴生，但也可形成纯群。我国除引种栽培者外，已知有37属500余种，分属6族，其自然分布限于长江流域及其以南各省区，少数种类还可向北延伸至秦岭、汉水及黄河流域各处。一般山区和偏北地区以散生竹为主，偏南的平原地区以丛生竹为主。竹类四季常青，在中国园林绿化中占有重要地位。

【学习评价】

学生成绩评分标准见表3-4-2。

表 3-4-2　学生成绩评分标准

任务四　观赏棕榈和竹类园林树木分类			
序号	评价项目	评价内容	分值
1	学习态度	全勤（5分）；学习积极主动，态度认真、努力（5分）；回答问题准确率高（5分）	15
2	学习方法	能够充分准备理论资料（5分）；任务调查计划周密、实施到位（5分）；善于运用多种手段，具有一定的探索精神（5分）	15
3	团队精神	积极参加小组合作，团队意识强（5分）；共同研究、认真讨论，解决问题效率高（5分）	10
4	能力水平	任务报告按时完成，内容完整、表述正确（30分）；条理清晰、电子版报告图文并茂（10分）；实践能力突出（10分）；完成任务有创新之处（10分）	60

【复习思考】

1. 简述竹的观赏特性，举两种你认为有发展前景的竹种，说明其园林用途。

2. 棕榈科植物有何重要形态特征、观赏特性？区别棕竹、棕榈、蒲葵三种植物。
3. 北方常用的竹子种类有哪些？
4. 简述竹类的观赏价值和文化内涵。
5. 如何建设竹子专类园？
6. 简述禾本科的相关术语，各科代表树种的形态特征。
7. 简述秆和地下茎的生长类型及主要应用方式。
8. 棕榈科有什么突出的特点？本科有哪些主要园林用途？

附录：我国主要园林树种生长习性与园林用途速查表

为方便了解和应用我国南北方主要园林树木的生长习性和应用特点，现将500种园林树木以速查表的形式归类列出，供教材使用者参考（变种、品种请参考原种使用）。

附表1 我国裸子植物主要园林树种习性速查表

生长类型	落叶性	常绿性
乔木	银杏、落叶松、黄花落叶松、华北落叶松、日本落叶松、金钱松、水松、池杉、落羽杉、水杉等	苏铁、南洋杉、异叶南洋杉、冷杉、日本冷杉、杉松、臭冷杉、黄杉、云杉、青杆、白杆、麦吊云杉、鱼鳞云杉、雪松、华山松、红松、金松、日本五针松、白皮松、油松、樟子松、马尾松、黄山松、黑松、湿地松、火炬松、刚松、杉木、日本柳杉、柳杉、台湾杉、北美红杉、侧柏、北美香柏、罗汉松、柏木、干香柏、墨西哥柏木、日本扁柏、日本花柏、福建柏、圆柏、北美圆柏、刺柏、杜松、鸡毛松、罗汉松、百日青、竹柏、榧树、三尖杉、粗榧、红豆杉、南方红豆杉、东北红豆杉、油杉、铁坚油杉等
灌木		砂地柏、铺地柏、兴安桧、鹿角柏、偃柏、偃松、塔柏、鳞枇泽米铁、麻黄等

附表2 我国被子植物主要园林树种习性速查表

生长类型	落叶性	常绿性
乔木	毛白杨、加拿大杨、银白杨、新疆杨、小叶杨、青杨、黑杨、钻天杨、箭杆杨、胡杨、银中杨、河北杨、垂柳、旱柳、皂柳、银芽柳、山核桃、薄壳山核桃、化香、核桃、野核桃、核桃楸、枫杨、白桦、红桦、桤木、赤杨、鹅耳枥、板栗、麻栎、栓皮栎、蒙古栎、辽	杨梅、苦槠、青冈栎、木菠萝、榕树、垂叶榕、菩提树、高山榕、印度榕、银桦、乳源木莲、红花木莲、广玉兰、山玉兰、白兰花、黄兰花、醉香含笑、乐昌含笑、黄心夜合、八角、披针叶八角、樟树、云南樟、肉桂、阴香、天竺桂、红楠、刨花润

附录：我国主要园林树种生长习性与园林用途速查表

（续）

生长类型	落叶性	常绿性
乔木	东枥、榭树、榭枥、白榆、黑榆、春榆、黄榆、榔榆、榉树、朴树、小叶朴、紫弹树、黑弹树、珊瑚朴、青檀、桑树、蒙桑、构树、柘树、山榕、黄葛树、玉兰、二乔玉兰、厚朴、凹叶厚朴、鹅掌楸、北美鹅掌楸、枫香、杜仲、二球悬铃木、三球悬铃木、一球悬铃木、山楂、花楸、水榆花楸、木瓜、白梨、沙梨、棠梨、豆梨、秋子梨、苹果、花红、海棠果、海棠花、西府海棠、山荆子、桃、山桃、杏、梅、李、紫叶李、京东晚樱、樱花、大山樱、稠李、合欢、大叶合欢、皂荚、山皂荚、凤凰木、红豆树、怀槐、马鞍树、槐树、龙爪槐、黄檀、南岭黄檀、刺槐、毛刺槐、刺桐、龙牙花、黄檗、枸桔、臭椿、香椿、柽柳、油桐、千年桐、乌桕、重阳木、南酸枣、黄连木、黄栌、盐肤木、火炬树、丝绵树、三角枫、青榨槭、茶条槭、五角枫、羽叶槭、鸡爪槭、中华槭、元宝槭、七叶树、欧洲七叶树、无患子、栾树、全缘叶栾树、复羽叶栾树、文冠果、枣、枳椇、南方枳椇、紫椴、蒙椴、糠椴、木棉、梧桐、紫薇、大花紫薇、石榴、喜树、珙桐、蓝果树、刺楸、灯台树、山茱萸、柿树、君迁子、白蜡树、水曲柳、洋白蜡、绒毛白蜡、花曲柳、暴马丁香、流苏树、泡桐、毛泡桐、楸树、梓树、黄金树、蓝花楹等	楠、闽楠、桢楠、紫楠、香叶树、黑壳楠、月桂、蚊母树、石楠、椤木石楠、枇杷、南洋楹、银荆、金合欢、相思树、海红豆、红花羊蹄甲、羊蹄甲、腊肠树、铁刀木、黄花槐、阳桃、柚、柑橘、甜橙、金橘、香橼、酸橙、金柑、橄榄、石栗、秋枫、杧果、冬青、狗骨、铁冬青、大叶冬青、樟叶槭、荔枝、龙眼、山杜英、猴欢喜、瓜栗、木荷、厚皮香、赤桉、柠檬桉、隆缘桉、蓝桉、大叶桉、白千层、红千层、蒲桃、洋蒲桃、番石榴、鹅掌柴、女贞、木犀、糖胶树、孝顺竹、青皮竹、黄金间碧玉竹、大佛肚竹、粉单竹、慈竹、麻竹、紫竹、桂竹、淡竹、罗汉竹、箭竹、苦竹、蒲葵、丝葵、棕榈、椰子、槟榔、鱼尾葵、短穗鱼尾葵、软叶刺葵、加纳利海枣、王棕、金山葵、假槟榔等
灌木	无花果、牡丹、小檗、阿穆尔小檗、紫玉兰、天女玉兰、蜡梅、绣球、东陵八仙花、溲疏、大花溲疏、太平花、山梅花、东北茶藨子、金缕梅、蜡瓣花、榛、华榛、笑靥花、麻叶绣线菊、喷雪花、三裂绣线菊、粉花绣线菊、珍珠梅、东北珍珠梅、白鹃梅、榆叶梅、匍匐栒子、平枝栒子、多花栒子、贴梗海棠、木瓜海棠、日本贴梗海棠、垂丝海棠、棠棣花、金露梅、月季、玫瑰、香水月季、野蔷薇、黄刺玫、黄蔷薇、郁李、毛樱桃、紫荆、紫穗槐、骆驼刺、盐豆木、锦鸡儿、胡枝子、花椒、山麻杆、卫矛、酸枣、鼠李、木芙蓉、木槿、红柳、结香、沙棘、沙枣、红瑞木、满山红、迎红杜鹃、照山白、羊蹄躅、越桔、雪柳、连翘、金钟花、水蜡、迎春花、赪桐、海州常山、黄荆、小紫珠、宁夏枸杞、锦带花、糯米条、金银木、新疆忍冬、绣球荚蒾、蝴蝶荚蒾、天目琼花、猬实、接骨木、紫丁香、什锦丁香、欧洲丁香、红丁香等	十大功劳、阔叶十大功劳、南天竹、夜香木兰、含笑、海桐、火棘、窄叶火棘、朱缨花、沙冬青、九里香、米兰、一品红、虎刺梅、变叶木、红背桂、红桑、大叶黄杨、黄杨、小叶黄杨、匙叶黄杨、细叶黄杨、钝齿冬青、雀梅藤、朱槿、吊灯扶桑、悬铃花、山茶花、云南山茶花、油茶、茶、金花茶、茶梅、金丝桃、金丝梅、瑞香、鹅掌藤、八角金盘、杜鹃花、锦绣杜鹃、小蜡、小叶女贞、日本女贞、茉莉花、云南黄馨、素馨、灰莉、夹竹桃、黄花夹竹桃、黄蝉、软枝黄蝉、鸡蛋花、基及树、龙吐珠、假连翘、马缨丹、枸杞、鸳鸯茉莉、夜香树、木本曼陀罗、栀子花、龙船花、六月雪、珊瑚树、红刺露兜树、凤凰竹、佛肚竹、方竹、阔叶箬竹、棕竹、散尾葵、朱蕉、小花龙血树、香龙血树、酒瓶兰、凤尾丝兰等
藤本	凌霄、美国凌霄、金银花、紫藤、多花紫藤、南蛇藤、五叶地锦、爬山虎、异叶爬山虎、三叶爬山虎、五味子、木香、葡萄、山葡萄、猕猴桃、软枣猕猴桃、白蔹、三叶白蔹等	买麻藤、薜荔、炮仗花、常春藤、洋常春藤、络石、扶芳藤、三角梅、光叶三角梅等

（续）

生长类型	落叶性	常绿性
风景树	银白杨、毛白杨、胡杨、垂柳、旱柳、皂柳、山核桃、薄壳山核桃、核桃、野核桃、核桃楸、枫杨、白桦、鹅耳枥、蒙古栎、辽东栎、白榆、黑榆、春榆、黄榆、榔榆、榉树、朴树、紫弹树、黑弹树、珊瑚朴、青檀、山榕、黄葛树、玉兰、厚朴、凹叶厚朴、鹅掌楸、北美鹅掌楸、枫香、杜仲、悬铃木、三球悬铃木、一球悬铃木、水榆花楸、白梨、沙梨、苹果、海棠果、海棠花、西府海棠、山荆子、梅、东京樱花、樱花、合欢、大叶合欢、皂荚、山皂荚、凤凰木、红豆树、怀槐、马鞍树、槐树、龙爪槐、刺槐、毛刺槐、刺桐、龙牙花、黄檗、臭椿、香椿、麻楝、楝树、川楝、乌桕、重阳木、南酸枣、黄连木、三角枫、茶条槭、五角枫、羽叶槭、鸡爪槭、中华槭、元宝槭、七叶树、欧洲七叶树、无患子、栾树、全缘叶栾树、复羽叶栾树、紫椴、蒙椴、糠椴、木棉、梧桐、珙桐、蓝果树、刺楸、灯台树、柿树、白蜡树、水曲柳、花曲柳、泡桐、毛泡桐、楸树、梓树、黄金树、蓝花楹等	榕树、垂叶榕、菩提树、高山榕、印度榕、银桦、红花木莲、荷花玉兰、山玉兰、乐东拟单性木兰、白兰花、黄兰花、醉香含笑、乐昌含笑、黄心夜合、八角、披针叶八角、樟树、云南樟、阴香、天竺桂、红楠、刨花润楠、闽楠、桢楠、紫楠、香叶树、细柄阿丁枫、石楠、椤木石楠、南洋楹、银荆、相思树、海红豆、红花羊蹄甲、羊蹄甲、腊肠树、铁刀木、黄花槐、阳桃、柚、橄榄、石栗、秋枫、杜果、冬青、枸骨、铁冬青、大叶冬青、樟叶槭、荔枝、龙眼、山杜英、猴欢喜、厚皮香、赤桉、柠檬桉、隆缘桉、蓝桉、白千层、红千层、蒲桃、洋蒲桃、女贞、木犀、糖胶树、孝顺竹、青皮竹、黄金间碧玉竹、大佛肚竹、粉单竹、慈竹、麻竹、毛竹、刚竹、紫竹、蒲葵、丝葵、棕榈、椰子、槟榔、鱼尾葵、短穗鱼尾葵、加那利海枣、王棕、金山葵、假槟榔等
行道树	银白杨、新疆杨、毛白杨、加拿大白杨、小叶杨、黑杨、钻天杨、箭杆杨、胡杨、垂柳、旱柳、薄壳山核桃、枫杨、白桦、白榆、榔榆、榉树、山榕、黄葛树、鹅掌楸、北美鹅掌楸、枫香、悬铃木、三球悬铃木、一球悬铃木、海棠果、海棠花、西府海棠、山荆子、东京樱花、樱花、合欢、大叶合欢、凤凰木、红豆树、怀槐、马鞍树、槐树、南岭黄檀、刺槐、毛刺槐、刺桐、龙牙花、臭椿、香椿、麻楝、楝树、川楝、千年桐、乌桕、重阳木、南酸枣、黄连木、三角枫、茶条槭、五角枫、鸡爪槭、元宝槭、七叶树、欧洲七叶树、无患子、栾树、全缘叶栾树、复羽叶栾树、木棉、梧桐、大花紫薇、喜树、蓝果树、白蜡树、水曲柳、泡桐、毛泡桐、蓝花楹等	榕树、垂叶榕、菩提树、高山榕、银桦、荷花玉兰、乐东拟单性木兰、白兰花、黄兰花、醉香含笑、乐昌含笑、樟树、云南樟、阴香、天竺桂、刨花润楠、闽楠、桢楠、细柄阿丁枫、南洋楹、银荆、相思树、红花羊蹄甲、羊蹄甲、腊肠树、铁刀木、黄花槐、柚、橄榄、石栗、秋枫、杜果、樟叶槭、荔枝、龙眼、山杜英、赤桉、柠檬桉、隆缘桉、蓝桉、大叶桉、白千层、蒲桃、洋蒲桃、女贞、木犀、糖胶树、蒲葵、丝葵、椰子、加那利海枣、王棕、金山葵、假槟榔等
庭荫树	银白杨、毛白杨、加拿大白杨、胡杨、垂柳、旱柳、核桃、核桃楸、枫杨、白桦、红桦、桤木、蒙古栎、辽东栎、白榆、黑榆、春榆、黄榆、榔榆、榉树、朴树、紫弹树、黑弹树、山榕、黄葛树、玉兰、鹅掌楸、北美鹅掌楸、枫香、悬铃木、三球悬铃木、一球悬铃木、白梨、沙梨、梅、东京樱花、樱花、合欢、大叶合欢、凤凰木、红豆树、怀槐、马鞍树、槐树、刺槐、毛刺槐、臭椿、香椿、麻楝、楝树、川楝、千年桐、乌桕、重阳木、黄连木、三角枫、元宝槭、七叶树、欧洲七叶树、无患子、栾树、全缘叶栾树、复羽叶栾树、文冠果、紫椴、糠椴、木棉、梧桐、灯台树、市树、白蜡树、水曲柳、花曲柳、流苏树、泡桐、毛泡桐、楸树、梓树、黄金树、蓝花楹等	杨梅、木波罗、榕树、垂叶榕、菩提树、高山榕、乳源木莲、红花木莲、荷花玉兰、山玉兰、乐东拟单性木兰、白兰花、黄兰花、醉香含笑、乐昌含笑、黄心夜合、八角、披针叶八角、樟树、云南樟、肉桂、阴香、天竺桂、红楠、刨花润楠、闽楠、桢楠、紫楠、香叶树、细柄阿丁枫、石楠、椤木石楠、枇杷、南洋楹、银荆、相思树、海红豆、红花羊蹄甲、羊蹄甲、腊肠树、铁刀木、阳桃、柚、橄榄、石栗、秋枫、杜果、铁冬青、樟叶槭、荔枝、龙眼、山杜英、猴欢喜、瓜栗、赤桉、柠檬桉、隆缘桉、蓝桉、大叶桉、蒲桃、洋蒲桃、木犀、糖胶树、蒲葵、丝葵等

附录：我国主要园林树种生长习性与园林用途速查表

（续）

生长类型	落 叶 性	常 绿 性
绿篱树	小檗、细叶小檗、紫叶小檗、溲疏、大花溲疏、麻叶绣线菊、三裂绣线菊、粉花绣线菊、珍珠梅、东北珍珠梅、白鹃梅、匍匐栒子、平枝栒子、多花栒子、贴梗海棠、木瓜海棠、日本贴梗海棠、棣棠花、金露梅、紫穗槐、骆驼刺、盐豆木、锦鸡儿、花椒、山麻杆、鼠李、木槿、沙棘、红瑞木、连翘、金钟花、水蜡、迎春花、宁夏枸杞、锦带花、糯米条、金银木、紫薇等	十大功劳、阔叶十大功劳、南天竹、海桐、含笑、火棘、窄叶火棘、朱樱花、沙冬青、九里香、米兰、虎刺梅、变叶木、红背桂、红桑、匙叶黄杨、细叶黄杨、黄杨、钝齿冬青、大叶黄杨、雀梅藤、朱槿、吊灯扶桑、悬铃花、茶、茶梅、金丝桃、金丝梅、瑞香、鹅掌藤、杜鹃花、锦绣杜鹃、小蜡、小叶女贞、日本女贞、云南黄馨、素馨、灰莉、夹竹桃、黄蝉、软枝黄蝉、基及树、龙吐珠、假连翘、马缨丹、枸杞、鸳鸯茉莉、栀子花、龙船花、六月雪、珊瑚树、凤凰竹等
垂直绿化	凌霄、美国凌霄、金银花、紫藤、多花紫藤、南蛇藤、五叶地锦、爬山虎、异叶爬山虎、三叶爬山虎、五味子、木香、葡萄、山葡萄、猕猴桃、软枣猕猴桃、白蔹、三叶白蔹等	买麻藤、薛荔、炮仗花、常春藤、洋常春藤、络石、扶芳藤、三角梅、光叶三角梅等
花木类	牡丹、紫玉兰、天女木兰、蜡梅、绣球、东陵八仙花、溲疏、大花溲疏、太平花、山梅花、金缕梅、蜡瓣花、笑靥花、喷雪花、麻叶绣线菊、三裂绣线菊、粉花绣线菊、珍珠梅、东北珍珠梅、白鹃梅、贴梗海棠、木瓜海棠、日本贴梗海棠、垂丝海棠、棣棠花、金露梅、月季、玫瑰、香水月季、野蔷薇、黄刺玫、黄蔷薇、郁李、紫荆、木芙蓉、木槿、满山红、迎红杜鹃、羊踯躅、连翘、金钟花、迎春花、楸桐、锦带花、绣球荚蒾、蝴蝶荚蒾、天目琼花等	夜香木兰、含笑、朱缨花、九里香、米兰、一品红、虎刺梅、朱槿、吊灯扶桑、悬铃花、山茶花、云南山茶花、金花茶、茶梅、金丝桃、金丝梅、瑞香、杜鹃花、锦绣杜鹃、茉莉花、云南黄馨、素馨、灰莉、夹竹桃、黄花夹竹桃、黄蝉、软枝黄蝉、鸡蛋花、龙吐珠、马缨丹、鸳鸯茉莉、夜香树、木本曼陀罗、栀子花、龙船花等

参考文献

[1] 郑万钧. 中国树木志 [M]. 北京：中国林业出版社, 1983.
[2] 陈有民. 园林树木学 [M]. 修订版. 北京：中国林业出版社, 2006.
[3] 张天麟. 园林树木 1600 种 [M]. 北京：中国建筑工业出版社, 2010.
[4] 任宪威. 树木学 [M]. 北京：中国林业出版社, 1997.
[5] 卓丽环. 园林树木 [M]. 北京：高等教育出版社, 2006.
[6] 陈龙清. 园林树木学 [M]. 北京：中国农业出版社, 2004.
[7] 潘文明. 观赏树木 [M]. 2 版. 北京：中国农业出版社, 2008.
[8] 庄雪影. 园林树木学（华南本）[M]. 3 版. 广州：华南理工大学出版社, 2014.
[9] 楼炉焕. 观赏树木学 [M]. 北京：中国农业出版社, 2000.
[10] 吴玉华. 园林树木 [M]. 北京：中国农业大学出版社, 2008.
[11] 邱国金. 园林树木 [M]. 北京：中国农业出版社, 2006.
[12] 周秀梅, 李保印. 园林树木学 [M]. 北京：中国水利水电出版社, 2013.
[13] 赵九洲. 园林树木 [M]. 重庆：重庆大学出版社, 2014.
[14] 何国生. 园林树木学 [M]. 北京：航空工业出版社, 2008.
[15] 刘弘. 植物组织培养技术 [M]. 北京：机械工业出版社, 2012.
[16] 王玉凤. 园林树木栽培与养护 [M]. 北京：机械工业出版社, 2010.
[17] 潘伟. 花卉生产技术 [M]. 北京：航空工业出版社, 2013.
[18] 胡作栋. 园林植物保护 [M]. 北京：航空工业出版社, 2013.
[19] 关继东. 园林植物生长发育 [M]. 北京：科学出版社, 2014.
[20] 臧德奎. 园林植物造景 [M]. 北京：中国林业出版社, 2008.
[21] 关文灵. 园林植物造景 [M]. 北京：中国水利水电出版社, 2013.
[22] 胡长龙. 园林规划设计 [M]. 2 版. 北京：中国农业出版社, 2002.
[23] 刘少宗. 园林设计 [M]. 北京：中国建筑工业出版社, 2008.
[24] 周武忠. 园林植物配置 [M]. 北京：中国农业出版社, 1999.
[25] 中国科学院植物研究所. 中国高等植物图鉴 [M]. 北京：科学出版社, 1972.
[26] 中国植物物种信息数据库. http：//db. kib. ac. cn/eflora/default. aspx.